DROEMER

Über das Buch
Noch nie zuvor gab es so viel Wissen – und so viele Meinungen. Überall werden wissenschaftliche Fragen diskutiert, ob über Viren und das Immunsystem, über die biologischen Unterschiede zwischen Frauen und Männern, über die Psychologie von Attentätern und die Erblichkeit von Intelligenz. Dabei geraten Tatsachen und Behauptungen nicht selten genauso durcheinander wie Ursache und Wirkung. Zeit also für den fundamentalen Faktencheck von Dr. Mai Thi Nguyen-Kim. Auf Grundlage neuester wissenschaftlicher Erkenntnisse widmet sie sich den brennenden Themen unserer Zeit und zeigt, was wahr, was falsch und was plausibel ist. Sie prüft Streitfragen auf Herz und Nieren, mit Daten unterfüttert, leicht zu lesen und garantiert frei von Bullshit. Dieses Buch ist die Grundlage für die kleinste gemeinsame Wirklichkeit, die es in jeder Diskussion braucht. Egal ob am Küchentisch oder im Bundestag.

Über die Autorin
Dr. Mai Thi Nguyen-Kim ist Chemikerin und Wissenschaftsjournalistin. Sie moderiert *Terra X* im *ZDF* und *MAITHINK X* auf *ZDFneo*. Für ihre Arbeit erhielt sie unter anderem das Bundesverdienstkreuz und die Leibniz-Medaille. Ihre bei Droemer erschienenen Bücher »Komisch, alles chemisch!« (2019) und »Die kleinste gemeinsame Wirklichkeit« (2021) wurden zu Bestsellern.

MAI THI NGUYEN-KIM

DIE KLEINSTE GEMEINSAME WIRKLICHKEIT

Wahr, falsch, plausibel?

Die größten Streitfragen
wissenschaftlich geprüft

Mit Illustrationen
von Ivonne Schreiber

Besuchen Sie uns im Internet:
www.droemer.de

Aktualisierte und erweiterte Taschenbuchausgabe Mai 2025
© 2025 Droemer Verlag
Ein Imprint der Verlagsgruppe Droemer Knaur GmbH & Co. KG
Maria-Luiko-Straße 54, 80636 München
Alle Rechte vorbehalten. Das Werk darf – auch teilweise –
nur mit Genehmigung des Verlags wiedergegeben werden.
Die Nutzung unserer Werke für Text- und Data-Mining im Sinne
von § 44b UrhG behalten wir uns explizit vor.
Covergestaltung: Verlagsgruppe Droemer Knaur
Coverabbildung: Thomas Duffé
Lektorat: Heike Gronemeier, München
Layout: Sandra Hacke, Dachau
Druck und Bindung: CPI books GmbH, Leck
ISBN 978-3-426-30250-7

Kontaktadresse nach EU-Produktsicherheitsverordnung:
produktsicherheit@droemer-knaur.de

5 4 3 2 1

Für meine Tochter

INHALT

Vor-Vorwort zur Taschenbuchausgabe   11

Vorwort   17

KAPITEL 1
DIE LEGALISIERUNG VON DROGEN:
KEINE MACHT DEN PAUSCHALISIERUNGEN   21

Cannabis ist kein Brokkoli, aber Ecstasy ist auch kein Pferdereiten 22 • Methoden, Methoden, Methoden 26 • Kein Alkohol ist auch keine Lösung 29 • Der Fall Portugal 34 • Die Teufligkeit steckt im Detail 40 • Alle Drogen sind schon da 44 • Lieber fehlerhaft als gar keine Wissenschaft? 51

KAPITEL 2
VIDEOSPIELE UND GEWALT:
VIEL »NOISEBLAST« UM NICHTS   54

Psychologie in (k)einer Krise: Das umstrittene Reproduzierbarkeitsproblem 58 • Puzzle für Fortgeschrittene: Warum Aggressionsforschung besonders kompliziert ist 62 • Wer sucht, der findet: Das signifikante Problem mit dem p-Hacking 75 • Auf die Größe kommt es an 82 • Meta-Krieg um einen Hauch von nichts 83 • Die verlockende Suche nach einfachen Antworten 89

KAPITEL 3
GENDER PAY GAP: DIE UNERKLÄRLICHEN
UNTERSCHIEDE ZWISCHEN MÄNNERN UND FRAUEN   95

Wie rein darf's sein? – Warum es für den Gender Pay Gap unterschiedliche Zahlen gibt 97 • Die unerklärliche Lücke: Warum der bereinigte Gender Pay Gap nicht automatisch eine »Diskriminierungslücke« ist 101 • Der (un)faire erklärte Rest 103 • er dynamische Gender Pay Gap 105 • Gewollt, aber nicht gekonnt? 109 • Who cares? 112 • Systemrelevant & verkannt 113

KAPITEL 4
BIG PHARMA VS. ALTERNATIVE MEDIZIN:
EIN UNGESUNDER DOPPELSTANDARD 120
Zwischen gesunder Skepsis und Verschwörungsmythen: Genaue
Lupen für alle!! 123 • Der Markt regelt das! Nicht. 128 • Wirksamkeit
ist das, was du draus machst 134 • All die geheimen Wundermittel:
Der Mythos der unterdrückten Heilmittel 145 • Kurkuma – ein schmerzhaftes Multi-Hit-Wonder 147 • Mir hat's aber geholfen: Warum der
Placeboeffekt Falle und Hoffnung zugleich ist 152 • Lasst uns reden:
Die Kraft der sprechenden Medizin 159 • Die unbequeme Wahrheit:
Der Fall Hevert 162 • Schadet ja nicht? Fünf Geschichten 164 •
Ergänzend, nicht ersetzend 168

KAPITEL 5
WIE SICHER SIND IMPFUNGEN?
GETRÜBTE RISIKOFREUDE 175
There's no glory in prevention 176 • Lasst die Impfgegner in
Ruhe! 181 • Die Schweinegrippe und Narkolepsie 186 • No risk, no
Zulassung: Warum sich seltene Nebenwirkungen immer erst
nach der Zulassung zeigen 195 • Vernunft ist keine Bürgerpflicht.
Schade eigentlich 203 • Nachklapp: Impfen ist kein Käsebrot 205

KAPITEL 6
DIE ERBLICHKEIT VON INTELLIGENZ:
WARUM DIE ANZAHL UNSERER FINGER WENIGER
ERBLICH IST ALS DAS ERGEBNIS EINES IQ-TESTS 210
Ein doppeltes Missverständnis 211 • Was ist Intelligenz? 215 • Drei
Gesetze für die Genetik komplexer Persönlichkeitseigenschaften 227 •
Die Anzahl unserer Finger ist kaum erblich: Was Erblichkeit bedeutet –
und vor allem, was nicht 231 • Woher weiß man, wie groß die Erblichkeit
ist? 240 • Die große Matschepampe aus Genen und Umwelt 242 •
Epigenetik: Die Wissenschaft hinter weiblichen und männlichen
Schildkröten 245 • Zeig mir deine Gene, und ich sage dir, wie schlau
du bist? 248 • Gute und schlechte Gründe für IQ-Tests 253

KAPITEL 7
WARUM DENKEN FRAUEN UND MÄNNER UNTERSCHIEDLICH? ACHTUNG, DIESES KAPITEL VERÄNDERT DEIN GEHIRN 257

Ähnlicher oder verschiedener als gedacht? 258 • Dieser Abschnitt verändert dein Gehirn – denk mal drüber nach 263 • Auf der Suche nach Unterschieden: Verschieden vernetzt 270 • Was Unterschiede im Gehirn bedeuten: Zeig mir dein Gehirn, und ich sag dir nicht, was du denkst 272 • Spektrum oder Mosaik? Über Gehirne und Affengesichter 282 • Warum eigentlich? 287

KAPITEL 8
SIND TIERVERSUCHE ETHISCH VERTRETBAR? DER ZUG BLEIBT NICHT STEHEN 291

Emotional: Bilder von Stella 293 • Irrational: Von Hunden, Lämmern und Schweinen 295 • Müssen Tierversuche wirklich sein? – IN MICE. Just saying 298 • Kosten vs. Nutzen: Warum eine Abwägung schwerer ist, als es scheint 312 • Das echte Trolley-Problem: Eine faktenbasierte ethische Diskussion 320

KAPITEL 9
DIE KLEINSTE GEMEINSAME WIRKLICHKEIT: NICHT WENIGER STREITEN, NUR BESSER 325

Warum wir eine kleinste gemeinsame Wirklichkeit brauchen 327 • Falsche Bilder von »Wissenschaftsreligion« und »Cancel Culture« 330 • Die Kunst des wissenschaftlichen Konsenses 334 • Der wissenschaftliche Spirit 344 • Der Debattenfehlschluss 352

Danke	354
Anmerkungen	355
Bildnachweis	377

VOR-VORWORT
ZUR TASCHENBUCHAUSGABE

Ein dumpfes, trauriges »Peng-Peng!« tönte durch die geschlossenen Fenster. Ich hob kurz den Kopf und sah zwei einsame Silvesterraketen, die gegen das Böllerverbot demonstrierten, indem sie den Himmel für vier Sekunden rot und grün erleuchteten. Ein halbherziges Gegröle von der Straße, dann wieder Stille. Ich seufzte einmal tief und selbstmitleidig, streckte mich kurz, und beugte mich wieder über meine Tastatur, um Kapitel 9 fertigzuschreiben. Mein Ziel, das Manuskript der »Kleinsten gemeinsamen Wirklichkeit« noch im Jahr 2020 fertig zu kriegen, hatte ich damit knapp, aber offiziell verfehlt. Ich verfluchte mich einmal mehr selbst. Warum in aller Welt hatte ich zugestimmt, noch ein Buch schreiben? Zu meiner Verteidigung: Als ich zusagte, war es Anfang 2019. Ich wusste weder, dass ich 2020 Mutter werden würde, noch, dass eine globale Pandemie ausbrechen würde. Aber ich wusste, dass ich unbedingt über wissenschaftliche Methoden schreiben wollte.

Im Winter 2018, passend zur Vorweihnachtszeit, zog ein Professor die Aufmerksamkeit auf sich, indem er behauptete, ein Adventskranz verursache mehr Feinstaub als ein Dieselauto.[1] Dieser Professor, Dieter Köhler, legte Anfang 2019 mit einer Stellungnahme nach, die er außerdem von »100 Lungenärzten« unterschreiben ließ.[2] In diesem Statement wurden Dieselgrenzwerte als zu streng bewertet, denn: Die Wissenschaft zu Stickoxiden und Feinstaub sei fehlerhaft und nicht aussagekräftig! Der damalige Bundesverkehrsminister Andreas Scheuer lobte die Stellungnahme für eine »Versachlichung der Debatte«, sie habe »noch mal Fakten« in die Diskussion gebracht, und wenn sich 100 Lungenärzte zusammenschließen, dann sei das doch

»ein Signal«. Absolut. Ein Signal war's. Ein lautes, das sehr viel Aufmerksamkeit bekam. Nur eben ein falsches. Denn kurz gesagt: Ein Adventskranz ist natürlich nicht schädlicher als ein Dieselauto. (Die lange Antwort kann man bei Gelegenheit gerne bei YouTube nachschauen.[3])

Aber warum waren die 100 Lungenärzte so erfolgreich mit ihren falschen Behauptungen? Naja, den ersten Grund hatte Scheuer auf den Kopf getroffen: Die Stellungnahme war ein Signal. Es passierte ja nicht oft, dass sich Wissenschaft proaktiv in politische Debatten einmischte. (Wohlgemerkt befanden wir uns hier noch vor der Pandemie.) Die initiale Stellungnahme von Scientists for Future, die sich hinter die Forderungen der Fridays-for-Future-Bewegung stellte und ebenfalls Anfang 2019 veröffentlicht wurde, war schließlich auch ein Signal (siehe Kapitel 9). Auch ich habe damals unterschrieben. Schließlich handelte es sich bei der Stellungnahme nicht um eine persönliche Meinung, sondern vielmehr um ein Fazit, das sich konsequent von Fakten ableitete (siehe S. 335) – ein Appell zum Anerkennen wissenschaftlicher Tatsachen. Und genau das gab die Stellungnahme der 100 Lungenärzte ebenfalls vor zu sein, weswegen sie entsprechende Aufmerksamkeit bekam.

Der zweite Grund waren die vielen methodischen Fachbegriffe, die Wissenschaftlichkeit suggerierten: In der Stellungnahme wurde von »Korrelation und Kausalität« gesprochen. Oder von sogenannten »Confoundern«, statistischen Störfaktoren. Von »Kohortenstudien«.

Es wurde kritisiert, wie epidemiologische Studien konzipiert sind – Epidemiologie? Ein Fachgebiet, von dem 2019 noch kaum jemand gehört hatte! (Und das sich übrigens nicht automatisch mit Epidemien beschäftigt, sondern, viel allgemeiner, die Gesundheit von Bevölkerungsgruppen beobachtet.) Die

100 Lungenärzte behaupteten nun, dass Epidemiologie als Fach wenig aussage, wegen der ... Trommelwirbel ... Methoden! Warum Trommelwirbel? Ich kann gar nicht genug betonen, wie wichtig Methodenverständnis für das Verständnis von Wissenschaft ist. Der einzige Weg, die Aussagekraft von wissenschaftlichen Ergebnissen zu beurteilen, ist, die Methoden zu prüfen: Auf welchem Weg sind Wissenschaftlerinnen und Wissenschaftler zu ihren Ergebnissen gelangt? Welches Studiendesign wurde genutzt? Wie wurden die Daten ausgewertet? Nur so kann man verstehen, wie Evidenz entsteht. Und warum Evidenz in manchen Fällen steinhart und gesichert, in anderen butterweich und unsicher ist. Nur mit einem soliden Verständnis von wissenschaftlichem Arbeiten kann man wissenschaftliche Ergebnisse überhaupt erst einordnen.

Die 100 Lungenärzte behaupteten nun: Die Methoden, die der Epidemiologie zur Verfügung stehen, seien sehr unsicher und produzierten Ergebnisse, die wenig Aussagekraft hätten. Nur stimmt das eben nicht. Epidemiologische Methoden haben sicher ihre Schwächen, aber auch Stärken. Und beim Thema Feinstaub, Stickoxide und Gesundheit ist die Datenlage (die sich nicht nur aus epidemiologischen Daten zusammensetzt) durchaus solide genug, um Feinstaubgrenzwerte zu begründen.[4] Wo diese Grenze letztendlich liegen sollte, ist eine politische Debatte, keine wissenschaftliche – auch wenn 100 Lungenärzte das so darstellen wollten. Doch da selten über wissenschaftliche Methoden gesprochen wird, konnten Köhler und Co. mittleren bis großen wissenschaftlichen Bullshit erzählen, ohne dass es jemand merkte. Wer noch nie etwas von Epidemiologie oder »Confoundern« gehört hat, kann sich darüber viel erzählen lassen.

Dieselfahrverbote wurden in Polittalkshows damals rauf- und runterdiskutiert. Dieter Köhler durfte bei Anne Will sitzen, ohne von ihr entscheidend inhaltlich hinterfragt zu werden. Nein, dafür hatte man einen Professor der Epidemiologie eingeladen. Es gab einen Moment, in dem Anne Will eine kurze knackige Antwort auf eine relevante Frage haben wollte und der Epidemiologe – typisch Wissenschaftler – erst mal gaaaanz von vorne anfangen musste. Und bevor der offenbar medienunerfahrene Forscher die eigentliche Frage beantworten konnte, wurde er von Anne Will jäh unterbrochen mit den Worten: »Wir haben hier ein anderes Tempo als in Ihrer Wissenschaft.« Autsch. Ich übersetz das mal: »Wir haben hier keine Zeit für Ihren langweiligen Nerdkram.«

Ironischerweise war es am Ende ein Rechenfehler, der den 100 Lungenärzten das öffentliche Genick brach. »Ironischerweise« deshalb, weil der Rechenfehler, der von der *taz* aufgedeckt wurde, die wesentlichen Argumente der Stellungnahme nicht wirklich betraf.[5] Auch wenn sie sich nicht verrechnet hätten, wäre die Take-Home-Message dieselbe gewesen, nämlich dass die Dieselgrenzwerte zu streng seien. Aber der Rechenfehler kostete Köhler und Friends viel Glaubwürdigkeit, sodass es zu einer Art Wendepunkt in der öffentlichen Wahrnehmung kam. Karma, könnte man sagen. Aber ich war von der ganzen Sache recht frustriert. Mir wäre es lieber gewesen, die Menschen hätten sich von den 100 Lungenärzten abgewendet, weil sie die Grundprinzipien von Epidemiologie und Risikobewertungen verstanden haben – anstatt sich an einem eigentlich nur mittel-relevanten Rechenfehler aufzuhängen. Denn das hieß: Wir haben nix hinzugelernt und etwas Ähnliches könnte in Zukunft jederzeit noch einmal passieren.

Deshalb beschloss ich, »Die kleinste gemeinsame Wirklichkeit« zu schreiben. Ein Buch über die Wissenschaft hinter kontrovers diskutierten Themen, aber in erster Linie ein Buch über wissenschaftliche Methoden. Methodenverständnis ist Empowerment für Laien! Es ist die einzige Möglichkeit, die Qualität von Wissenschaft bewerten zu können. Eine Chance, im Wust der widersprüchlichen Aussagen Orientierung zu finden.

Nun liegt die Erstausgabe mehr als vier Jahre zurück. Vier Jahre sind eigentlich keine besonders lange Zeit. Aber wenn innerhalb dieser vier Jahre (unter anderem) eine globale Pandemie die Welt auf den Kopf stellt, Krieg in Europa ausbricht, Fridays for Future Deutschland sich über den Gaza-Krieg von Greta Thunberg distanziert, Trump zum zweiten Mal US-Präsident wird, die Merkel-Ära endet und Deutschlands Ampel-Regierung zerbricht, dann erscheinen manche gesellschaftliche Referenzen in diesem Buch wie aus einer lang vergangenen Zeit. Deshalb habe ich überlegt, »Die kleinste gemeinsame Wirklichkeit« mit dem ein oder anderen aktuellen Streitthema zu aktualisieren. Aber ich mag es eigentlich sehr, dass man merkt, dass dieses Buch größtenteils im Jahr 2020 geschrieben wurde. Als ob manche Stellen aus einer Zeitkapsel kommen, fangen sie die Diskussionen und Stimmungen einer bemerkenswerten Zeit ein. Und ich finde, es passt auf einer Metaebene sehr gut zu Wissenschaft und wissenschaftlichem Fortschritt, keine grundsätzlichen Änderungen an diesem Buch vorzunehmen, sondern nur auf den Entstehungszeitpunkt hinzuweisen. Also wundert euch nicht, warum manche naheliegenden Referenzen auf aktuelle Geschehnisse fehlen.

Das Praktische und Schöne ist ja ohnehin, dass wissenschaftliche Methoden zeitlos sind. Weil es nicht primär um die Ergebnisse geht, sondern um den Weg der Erkenntnis. Ein besonders wertvolles Wissen, weil es breit auf alle möglichen anderen Themen anwendbar ist. Und selbst wenn neue wissenschaftliche Erkenntnisse ein Feld komplett auf den Kopf stellen, ändert das nichts an den Methoden, die bisher in diesem Feld angewendet wurden. Vielmehr machen Methoden nachvollziehbar, warum sich Erkenntnisse auch ändern können. Und warum Wissenschaft sich nicht willkürlich und unberechenbar, sondern systematisch weiterentwickelt. Selbst wenn eines meiner neun Streitthemen in diesem Buch irgendwann nicht mehr kontrovers sein sollte, weil sich Gesellschaften weiterentwickeln, fände ich es trotzdem, ja sogar gerade deswegen spannend, nachzuvollziehen, warum das Thema einmal kontrovers war.

Vielleicht habe ich ja das Glück, dass dieses Buch noch weitere vier Jahre und länger gelesen wird – je mehr Zeit vergeht, desto interessanter wird es, zurückzublicken.

Mai Thi Nguyen-Kim,
Januar 2025

VORWORT

»Vielleicht macht sie ja später mal so etwas wie Ranga Yogeshwar«, sagte mein Mann zu meinem besorgten Vater, um ihn zu trösten. Es war Anfang 2017, ich hatte gerade ein attraktives Jobangebot als Laborleiterin bei BASF abgelehnt, weil mir Bauch und Kopf in ungewohnt klarer Allianz sagten, dass ich eine Karriere in der Wissenschaftskommunikation versuchen *musste*. Die zunehmend verschwimmende Grenze zwischen Fakten und Meinungen, die Informations- und Desinformationsüberflutung in sozialen Medien und die scheinbar unerschütterliche Realitätsfeindlichkeit mancher Menschen, die die Erde für flach oder Viren für nicht existent erklärten (ja, das gab es auch schon vor Corona), waren für mich tatenlos kaum auszuhalten. Ich musste etwas tun, mitmischen, mitreden – ich brauchte wenigstens das Gefühl, aktiv etwas für Wissenschaftlichkeit und Wahrhaftigkeit zu tun, und sei es auch nur ein kleines bisschen. Meinem Vater leuchtete das irgendwie ein, er konnte nur nicht ganz begreifen, wie »über Wissenschaft reden« ein echter Beruf sein sollte. »Ranga Yogeshwar? Ja, *das* wäre natürlich toll«, antwortete er mit einem müden Lächeln, »aber ihr wisst doch selbst, wie unwahrscheinlich das ist.«

Ja, wussten wir. Mehr noch – wenn man mir damals in einer Glaskugel das Jahr 2020 gezeigt hätte, hätte ich wahrscheinlich kalte Füße bekommen. Damals beschwerte ich mich noch bei jeder Gelegenheit darüber, wieso in den Polittalkshows und in Nachrichtensendungen Stimmen aus der Wissenschaft so skandalös unterrepräsentiert waren. 2020 konnte sich keine deutsche Talkshow mehr ohne wissenschaftliche Experten blicken lassen. Die Frage »Wer ist dein Lieblingsvirologe?« gehörte nun zum Small-Talk-Repertoire. Und als sich die *BILD* mit Christian Drosten anlegte, war das irgendwie auch nur ein Zeichen dafür, wie einflussreich wissenschaftliche Stimmen plötzlich geworden waren. Als Wissenschaftsjournalistin schwirrte mir da manchmal der Kopf. An einem Tag wollte Attila Hildmann mich zu einer Anzeige provozieren, am nächsten kam eine subtil drohende Mail von einem namenhaften Virologen mit Anwalt im CC. Noch bin ich mir nicht sicher, ob die Coronapandemie die bisher beste oder die bisher schwierigste Zeit für die öffentliche Wahrnehmung von Wissenschaft ist. Nur eine Sache ist mir klarer als je zuvor: Dass wir uns immer mehr von einem gemeinsamen Verständnis von Wirklichkeit entfernen, das müssen wir dringend ändern.

Dass Tatsachen, Meinungen, Fantasien und Ängste zu einer großen Matschepampe vermischt werden, ist nicht nur schlecht für die Wissenschaft, sondern auch für unsere Debattenkultur. Als Kind hatte ich einen kleinen Metallfrosch, den man hüpfen lassen konnte, indem man ihn mit einer Schraube aufzog. Doch die Schraube klemmte, sodass der Frosch erst nach einem leichten Anstupser lossprang. Einer meiner Lieblingsstreiche war es, den Frosch bis zum Anschlag aufzuziehen, ihn vorsichtig hinzustellen und dann meinen großen Bruder zu bitten, mir den Frosch aufzuziehen. Sobald mein Bruder den Frosch berührte, sprang ihm dieser plötzlich entgegen oder ins Gesicht, und mein lieber Bruder tat jedes Mal so, als würde er sich zu Tode erschrecken, während ich mich lachend und schreiend auf dem Boden wälzte.

Heute kommt es mir so vor, als seien wir überall von aufgezogenen Fröschen umgeben, die beim leichtesten Anstupsen explodieren. Das Internet hat nicht nur dazu geführt, dass jede und jeder eine öffentliche Stimme haben kann, sondern auch dazu, dass Banalitäten über Empörungsspiralen zu Shitstorms aufgeblasen werden, angefeuert von Trollen, die sich über solche Eskalationen freuen wie damals die kleine Mai, wenn dem

Bruder der Frosch ins Gesicht sprang. Die aktuelle Debattenkultur scheint hoch strapaziert, es dominiert Schwarz-Weiß, viele Fronten sind verhärtet. Differenzierte Diskussionen sind oft kaum möglich, geschweige denn ein Konsens.

Doch zu einem Konsens zu gelangen, ist leichter gesagt als getan. Selbst Greta Thunbergs Spruch »Unite behind the Science« wirkt nach Corona irgendwie komplizierter als vorher. Für Greta war es das Mindeste, das man verlangen kann – sich hinter den Fakten, hinter der Wissenschaft zu versammeln. Aber gibt es *die* Wissenschaft überhaupt? Und auf was können wir uns überhaupt einigen?

In diesem Buch will ich mich auf die Suche begeben, auf die Suche nach der kleinsten gemeinsamen Wirklichkeit. Ich will nicht nur herausfinden, worauf wir uns tatsächlich einigen können, sondern auch – und das ist eigentlich viel spannender –, wo die Fakten aufhören, wo Zahlen und wissenschaftliche Erkenntnisse noch fehlen und wir uns also völlig berechtigt gegenseitig persönliche Meinungen an den Kopf werfen dürfen. Nur wenn man bei einem Streit auf dem Fundament einer gemeinsamen Wirklichkeit steht, funktioniert Streit, funktioniert Debatte, ohne dass wir uns wie aufgezogene Frösche ins Gesicht springen müssen. Vielleicht macht Streiten so auch wieder Spaß.

Also – viel Spaß!

KAPITEL 1

DIE LEGALISIERUNG VON DROGEN:
KEINE MACHT DEN PAUSCHALISIERUNGEN

> FANGFRAGE
> Sollte die Schädlichkeit von Drogen über
> ihren legalen Status entscheiden?
> O Ja
> O Nein

»Nur weil Alkohol gefährlich ist, unbestritten, ist Cannabis kein Brokkoli«, antwortete Daniela Ludwig, Drogenbeauftragte der Bundesregierung, auf die Frage, ob sie denn Alkohol für gefährlicher halte als Cannabis. Ach sooo, Cannabis ist gar kein Brokkoli! Gut, dass wir dieses weitverbreitete Missverständnis aus der Welt räumen konnten.

Natürlich wurde der Spott über den Brokkoli-Vergleich, den Ludwig auf einer Bundespressekonferenz im Juli 2020 zog, im Netz leidenschaftlich zelebriert.[1] Vor allem von der jüngeren Generation, die sich tendenziell eher für eine Legalisierung von Cannabis ausspricht[2], wurde der Kein-Brokkoli-Spruch genüsslich verspeist und wieder ausgespuckt, in Form von Memes, Tassen und T-Shirts.

Ich fand den Brokkoli-Vergleich zwar auch ulkig bis unglücklich, nur darf man es sich nicht zu leicht machen und ihn als Beleg dafür nehmen, dass es dann wohl keine vernünftigen Argumente gegen eine Legalisierung von Cannabis gebe – eines lieferte Ludwig tatsächlich selbst noch nach, aber dazu kommen wir gleich. Widmen wir uns zunächst einem anderen schrägen Vergleich.

> ♀ cannabis ist kein | ×|
>
> ♀ cannabis ist kein **brokkoli**
> ♀ cannabis ist kein **brokkoli t shirt**
> ♀ cannabis ist kein **brokkoli meme**
> ♀ cannabis ist kein **brokkoli und bier kein apfelsaft**
> ♀ cannabis ist kein **brokkoli shirt**
> ♀ cannabis ist kein **brokkoli plakat**

CANNABIS IST KEIN BROKKOLI, ABER ECSTASY IST AUCH KEIN PFERDEREITEN

Schon mal was von »Equasy« gehört?

Equasy wurde im Januar 2009 von dem britischen Psychopharmakologen David J. Nutt als eine gefährliche, doch bis dahin unbeachtete Droge vorgestellt. In der Fachzeitschrift *Journal of Psychopharmacology* beschrieb Nutt, wie er auf das übersehene Suchtmittel aufmerksam geworden war: nämlich durch den dramatischen Fall einer Frau, die durch Equasy permanente Hirnschäden erlitten hatte – mit Anfang dreißig. Noch schockierender war, dass unter den Millionen von Equasy-Nutzern in Großbritannien auch viele Jugendliche und sogar Kinder waren. In seinem Artikel[3] rechnete David Nutt erst vor, dass Equasy zu über hundert Verkehrsunfällen und etwa zehn Todesfällen pro Jahr führt – um dann nach der Hälfte seines Textes aufzulösen, wofür Equasy eigentlich steht: Für *Equine Addiction Syndrome* – »Pferde-Sucht-Syndrom«. Für Spaß am Reiten. Dafür, dass »Pferdesüchtige« für ihr Reitvergnügen alle Konsequenzen des Reitens in Kauf nehmen, sogar die dramatischen Schäden, die Stürze vom Pferd anrichten können. Zum Beispiel permanente Hirnschäden. »Ich nehme an, dass die meisten überrascht sein werden, dass Reiten eine so gefährliche

Beschäftigung ist.« Ein waschechter Troll, der Herr Professor Nutt. Doch er wollte auf etwas Bestimmtes hinaus. In Großbritannien werden illegale Drogen nämlich in drei Klassen eingeteilt: *Class A*, *Class B* und *Class C*.[4]

	Droge	Besitz	Vertrieb und Produktion
Klasse A	Crack, Kokain, Ecstasy (MDMA), Heroin, LSD, Halluzinogene Pilze, Methadon, Methamphetamin (Crystal Meth)	Bis zu sieben Jahre Haft und/oder unbegrenzte Geldstrafe	Bis zu lebenslängliche Haft und/oder unbegrenzte Geldstrafe
Klasse B	Amphetamine, Barbiturate, Cannabis, Codein, Ketamin, Methylphenidat (Ritalin), synthethische Cannabidoide, synthetische Cathinone (etwa Mephedron, Methoxetamin)	Bis zu fünf Jahre Haft und/oder unbegrenzte Geldstrafe	Bis zu 14 Jahre Haft und/oder unbegrenzte Geldstrafe
Klasse C	Anabole Steroide, Benzodiazepine (Diazepram), Gamma Hydroxybutyrat (GHB), Gammabutyrolacton (GBL), Piperazine (BZO), Khat	Bis zu zwei Jahre Haft und/oder unbegrenzte Geldstrafe (ausgenommen sind anabole Steroide, deren Besitz für den persönlichen Gebrauch nicht strafbar ist)	Bis zu fünf Jahre Haft und/oder unbegrenzte Geldstrafe

Drogen der *Class A* werden am härtesten verfolgt, Nutzer können mit bis zu sieben Jahren Gefängnis, Dealer und Hersteller sogar mit bis zu lebenslänglicher Haft bestraft werden. Neben Heroin und Crack findet man in dieser Klasse auch die Droge MDMA, besser bekannt als Ecstasy. Das sei absurd, fand David Nutt und wollte eben diese Absurdität mit seinem Pferdevergleich zur Schau stellen. Sehen wir mal über den Quatsch hinweg, Reiten mit einer Droge vergleichen zu wollen – spätestens beim Aspekt der Sucht zerfällt der Vergleich. Der eigentliche Punkt, auf den Nutt damit hinauswollte, war, dass Reitunfälle zu mehr Schäden führen als Ecstasy. Eine neue Droge – ob sie nun »Equasy« heißt oder »Crystal Beth« –, die genauso große Schäden verursacht wie Reitunfälle, müsste der Klasse A zugeordnet werden. Da das offenbar völlig unverhältnismäßig wäre, hätte auch Ecstasy in dieser Kategorie nichts zu suchen. Mit anderen Worten: Diesem Klassifizierungssystem fehle eine rationale Entscheidungsbasis, das hatte Nutt auf diese Weise demonstrieren wollen.[5]

Ecstasy aus Class A zu befreien, das hat er allerdings nicht geschafft. Stattdessen wurde Nutt im Herbst desselben Jahres vom britischen Innenminister aus dem Vorsitz des ACMD (*Advisory Council on the Misuse of Drugs;* ein Beratungskomitee der britischen Regierung) geschmissen. Kurz zuvor hatte Nutt das dreiklassige Drogensystem in einem öffentlichkeitswirksamen Vortrag am Londoner King's College kritisiert.[6] Darin verwies er unter anderem auch auf Cannabis, das Nutt zu Unrecht in *Class B* verortet sieht, zumal Tabak als legale Droge deutlich schädlicher sei als Cannabis. Na hör mal! Nutt könne doch nicht die Regierung beraten und gleichzeitig eine Kampagne gegen ihre Politik fahren, rechtfertigte sich Innenminister Alan Johnson, nachdem er Nutt aus dem ACMD geworfen hatte.[7]

Kann er wohl, fanden einige Wissenschaftler, darunter auch wissenschaftliche Regierungsberater – ein paar ACMD-Mitglieder traten aus Protest selbst aus dem Komitee aus. Nutts Rausschmiss veranlasste Wissenschaftlerinnen und Wissenschaftler verschiedener Fachrichtungen außerdem dazu, Richtlinien für einen guten Umgang mit unabhängiger wissenschaftlicher Beratung aufzustellen[8], die immerhin in überarbeiteter Form seither auch von der britischen Regierung übernommen wurden.[9]

Doch es war nicht David Nutts letzter Streich. 2010 gründete er das *Independent Scientific Committee on Drugs,* das später in *Drug Science* umbenannt wurde. Die Expertengruppe veröffentlichte unter Nutts Federführung im November 2010 einen Artikel in der renommierten Fachzeitschrift *The Lancet*[10], der wegen der folgenden Grafik für offene Münder weltweit sorgte:

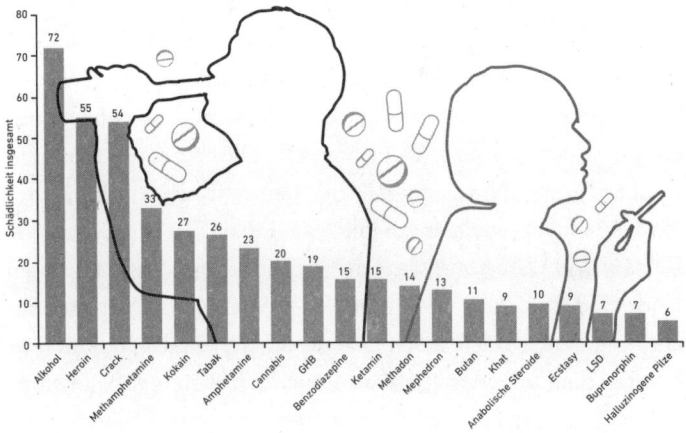

Abbildung 1.1: Schädlichkeitsbewertung unterschiedlicher Drogen nach Nutt et al.[11]

Ein Drogenranking nach Schädlichkeit. David Nutt hatte übrigens schon 2007 mit einem ähnlichen Drogenranking für Unruhe gesorgt, das bereits damals die scheinbar völlige Willkür der britischen Drogenklassifizierung offenlegte. Alkohol und Tabak waren demnach schädlicher als Cannabis, LSD oder Ecstasy. Nur war das 2007er-Drogenranking, dessen Methodik deutlich gröber war und daher ein Update benötigte, eine nicht ganz so feste Ohrfeige, da immerhin Heroin den ersten Platz einnahm.[12] Das 2010er-Update allerdings platzierte an der Spitze ausgerechnet Everybody's Darling: Alkohol. Der Balken, der Heroin und Crack ein stolzes Stück übersteigt, sticht da wie ein Dorn ins Auge – vor allem aus deutscher Sicht. Für den Innenminister und Bayernpatrioten Horst Seehofer ist Bier immerhin »nicht nur Genuss, nicht nur Kulturgut, nicht nur Grundnahrungsmittel, sondern auch Ausdruck unserer Lebensart. Das Bier verkörpert unsere Liebe zu Heimat und Brauchtum, unsere Lebenslust und unseren Gemeinschaftssinn.« Nach dieser Liebeserklärung bei der Landesausstellung »Bier in Bayern« 2016[13] hatte Seehofer für Cannabis bei einer Bundespressekonferenz 2019 nur kühle Worte übrig und stellte sich in seiner Grundhaltung auf die Seite seiner CSU-Parteikollegin Ludwig. Die Statistik zeige, dass Cannabis gefährlich sei, deutete Seehofer an, als er gefragt wurde, wieso er gegen eine Legalisierung von Cannabis sei.[14] Fragt sich nur, welche Statistik. Die britischen Experten rund um David Nutt jedenfalls platzierten Cannabis im mittleren Feld und als weniger schädlich als Tabak. Die »Partydrogen« Ecstasy und LSD tummeln sich brav und unauffällig am unteren Ende der Skala, nur noch unterboten von Magic Mushrooms. Auf den ersten Blick scheint dieses wissenschaftliche Drogenranking die Drogenpolitik der meisten Länder als völlig irrational zu entlarven. Doch ein zweiter und auch dritter Blick lohnen sich.

METHODEN, METHODEN, METHODEN

Wissenschaftliche Qualität zeigt sich nicht nur im Sammeln von Daten, sondern ganz besonders in deren Auswertung – dies werden wir im Laufe dieses Buches noch oft sehen. Zahlen sagen meist wenig aus, wenn man nicht weiß, auf welche Weise sie ermittelt wurden. Kneifen wir also kritisch die Augen zusammen und schauen, wie die Zahlen des Drogenrankings zustande kamen. Nachdem Nutts erstes Ranking von 2007 wie gesagt mit recht groben Methoden erstellt wurde, erfolgte die neue Bewertung nach dem **MCDA-Prinzip**: *Multicriteria Decision Analysis*. Auf der Suche nach einer guten deutschen Übersetzung bin ich bei Wikipedia auf »etwa multikriterielle Entscheidungsanalyse« gestoßen. Und ja, »etwa« ist Teil des Zitats. Letztendlich ist

MCDA eine Methode, um komplexe Entscheidungen zu treffen, bei der mehrere Kriterien gleichzeitig berücksichtigt und gegeneinander abgewogen werden müssen. Man kann die Methode in drei Schritte unterteilen:

Schritt 1: Man identifiziert alle Kriterien, die bei der Bewertung berücksichtigt werden sollen. Möchte man die Schädlichkeit einer Droge bewerten, wären da zunächst vielfältige physische Schäden wie Lungenkrebs durch Zigaretten oder Tod durch eine Alkoholüberdosis. Hinzu kommen unterschiedliche psychische Schäden wie Abhängigkeit, Psychosen oder eine verminderte kognitive Leistungsfähigkeit. Und dann gibt es da noch eine Bandbreite an sozialen Schäden, die vom Zerfall von Beziehungen oder Familien bis zu den Kosten für die Allgemeinheit reichen, die für die medizinische Versorgung oder die rechtliche Verfolgung einer Straftat im Zusammenhang mit dem Konsum oder der Beschaffung von Drogen aufgebracht werden müssen. Manche Schäden hat man gar nicht auf dem Schirm, wie etwa Umweltschäden durch giftige Abfälle, die bei der Produktion von Drogen entstehen.

Bei einer multikriteriellen Entscheidungsanalyse liegt die Betonung also auf »multi«. Nutt und seine Kollegen stellten 16 Schadenskriterien auf, die alle relevanten physischen, psychischen und sozialen Schäden abbilden sollten.

Schritt 2: Man bewertet jedes der Kriterien anhand einer Skala. In unserer Drogenstudie bewerteten die Fachleute Drogen auf einer Skala von 0 bis 100, wobei für jedes Kriterium der schädlichsten Droge die Punktzahl 100 zugewiesen wurde und als maximale Referenz für die restlichen Drogen diente. Dabei sollte eine **Verhältnisskala** entstehen, sprich, eine Droge, die doppelt so schädlich ist wie eine andere, muss auch die doppelte Punktzahl erhalten.

Schritt 3: Man gewichtet jedes Kriterium, indem man die Punkte mit unterschiedlichen Faktoren multipliziert. Wenn man beispielsweise der Ansicht ist, dass die Suchtgefahr ein doppelt so großes Problem ist wie die Umweltverschmutzung, muss man die Suchtpunkte auch doppelt so stark gewichten, also mit einem doppelt so großen Faktor multiplizieren – auch hier soll also eine Verhältnisskala gelten. Am Ende zählt man für jede Droge ihre gewichteten Punkte aus allen 16 Kriterien zusammen und erhält einen Endstand. Einen Endstand, bei dem Alkohol den höchsten mit nach Hause nimmt.

Joa. Ihr runzelt wahrscheinlich schon die Stirn. (Deswegen ist es so wichtig, sich immer nach den Methoden zu erkundigen!)

Die erste methodische Schwäche dieses Ansatzes springt einem geradezu ins Gesicht: Diese Bewertung ist hoffnungslos subjektiv! Das fängt schon bei Schritt 1 und der Identifizierung der Kriterien an, wird aber besonders unelegant deutlich, wenn es um die quantitative Bewertung und Gewichtung von Schäden geht.

Eine derartige Subjektivität ist man nicht gewohnt von einer »wissenschaftlichen Studie«, allerdings ist sie hier wohl kaum vermeidbar. Toxikologische Daten lassen sich vielleicht noch ganz gut vergleichen, aber wie in aller Welt sollte man die familiäre Belastung durch eine Droge objektiv messen? Oder wie die Relevanz dieser familiären Belastung gegen die wirtschaftlichen Schäden auf einer Verhältnisskala einordnen? Objektiv unmöglich. Somit ist die erste wichtige Einsicht an dieser Stelle: **Eine umfassende Schädlichkeitsbewertung von Drogen wird in jedem Fall subjektiv sein, egal ob auf der Bewertung »wissenschaftliche Studie« draufsteht oder nicht.**

Es hilft natürlich, dass es keine zufällig befragten Menschen in einer Fußgängerzone sind, sondern Fachmänner und Fachfrauen, die hier ihre subjektiven Bewertungen abgeben. Aber ist die Subjektivität überhaupt das größte methodische Problem dieser Studie? Na, wenn ich schon so frage. In den kommenden Abschnitten wird uns dämmern, dass eine rein wissenschaftliche Sicht eine erstaunlich eingeschränkte Sicht sein kann.

KEIN ALKOHOL IST AUCH KEINE LÖSUNG

Es mag etwas bis sehr schräg sein, wenn Horst Seehofer so rührselig vom Kulturgut Bier schwärmt, wenn man bedenkt, wie viel Leid, Krankheit und Todesfälle mit Alkohol zusammenhängen. Doch wahrscheinlich wird eine Mehrheit zumindest einen gewissen Realismus teilen: Kein Alkohol ist auch keine Lösung.

Das Lieblingsargument dafür ist die gescheiterte **Prohibition** in den USA – wobei manche Historiker »gescheitert« wahrscheinlich gerne etwas differenzierter lesen würden. Die Prohibition, das landesweite Verbot von Alkohol (genau genommen war nicht das Trinken verboten, aber Verkauf, Herstellung und Transport), das 1920 eingeführt wurde, scheiterte insofern, als es 1933 wieder aufgehoben wurde.

Aus heutiger Sicht scheint die Prohibition für viele wahrscheinlich eine selten blöde Idee, die natürlich zum Scheitern verurteilt sein musste, was sonst! Doch zunächst darf man nicht vergessen, dass die Prohibition den Amerikanern nicht urplötzlich vor den Latz geknallt wurde. Die Abstinenzbewegung zupfte bereits seit dem 19. Jahrhundert an den Ärmeln der Bürger.[15] So richtig in Fahrt kam sie aber erst mit der Gründung der *Anti Saloon League,* der ersten modernen »pressure group«. Mit durchaus beachtlichem Druck führte die Lobbygruppe die Abstinenzbewegung an – und vorwärts. Schon Jahre bevor die Prohibition durchgesetzt wurde, hatten sich einige US-Staaten bereits für mehr oder weniger harte Formen der lokalen Prohibition entschieden und damit den Weg für das nationale Gesetz geebnet.[16] Die Taktiken der *Anti Saloon League* muss man als gewitzt bis manipulativ einordnen – und als radikal in der Hinsicht, dass sie von ihren Anhängern einzig und allein die Unterstützung der Prohibition forderten und weiter nichts. Abgesehen davon war es ihnen radikal gleichgültig, welche politischen Haltungen vertreten wurden, ja, es war ihnen sogar herzlich egal, ob ihre Anhänger selbst Alkohol tranken oder nicht. Ein beeindruckender Pragmatismus. Historiker Daniel Okrent sieht diese »One-Issue-Strategie« der *Anti Saloon League* als Vorbild für das Vorgehen der amerikanischen Waffenlobby NRA.[17]

Das alles kann man nun unterschiedlich deuten: Entweder sieht man darin eine Bestätigung dafür, dass Alkohol ein fast schon grundmenschliches Verlangen ist, das man nur durch radikale Lobbyarbeit unterdrücken kann. Oder man sieht darin eine Bestätigung für das Gegenteil. Nämlich dafür, dass unser Umgang mit Drogen in erster Linie eine Frage von Moral und Einstellung ist.

Die *Anti Saloon League* hätte sich aber wohl kaum durchsetzen können, wenn die Schattenseiten von Alkohol und Alkoholismus für einige Menschen nicht auch schmerzhaft spürbar gewesen wären. So konnten die Prohibitionisten etwa Punkte bei der *Women's Suffrage* Bewegung sammeln, die in erster Linie für den Kampf für das Frauenwahlrecht bekannt ist. Viele Frauen waren es leid, dass ihre Männer sich in den Saloons betranken, zu Hause ihre Familien misshandelten und ihre Jobs verloren.[18]

Der mehrheitliche Eindruck ist allerdings, dass die Prohibition eklatant versagt hat, dass sie ihr Ziel nicht nur verfehlte, sondern Krankheit, Gewalt und Verbrechen durch Alkoholkonsum, ja, sogar den Alkoholkonsum an sich erst so richtig heraufbeschwor. Aber war das wirklich so? Ja, die Menschen tranken immer noch weiter, nicht mehr in den Saloons, aber dafür in geheimen »Flüsterkneipen« oder zu Hause. Doch sie tranken tatsächlich weniger – verglichen mit dem Level vor der Prohibition fiel der Alkoholkonsum laut Schätzungen anfangs auf 30 Prozent, auch wenn sich dieser Tiefpunkt wohlgemerkt nicht besonders lange hielt. Innerhalb weniger Jahre waren die Amerikaner wieder bei 60 bis 70 Prozent des vorherigen Konsums, und bei dieser Größenordnung pendelte er sich schließlich ein.[19]

Man würde meinen, dass die Amerikaner nach dem Ende der Prohibition bestimmt richtig hart eskaliert sind und nur darauf gewartet haben, sich die Kante zu geben. Doch interessanterweise hielt man sich in den Jahren kurz nach der Aufhebung weiterhin zurück. Es dauerte gut ein Jahrzehnt, bis der Pro-Kopf-Alkoholkonsum wieder dort angekommen war, wo er vor der Prohibition war.[20] Und auch die Todesrate durch Leberzirrhose, die gerne durch chronischen Alkoholkonsum ausgelöst wird und die zu Anfang der Prohibition um rund 50 Prozent zurückgegangen war, erreichte erst in den 1960er-Jahren wieder die gleiche Inzidenz wie vor der Prohibition. Zu behaupten, die Prohibition hätte den Alkoholkonsum und einige gesundheitliche Schäden nicht reduziert, wäre also falsch. Auch ihr Effekt war zumindest nachhaltiger, als viele glauben – auch in Bereichen, bei denen etwas weniger Nachhaltigkeit sicher wünschenswert gewesen wäre. So führte das nationale Alkoholverbot nämlich zu einer landesweiten Vernetzung von Gangster- und Mafiaclans.[21] Ein Netzwerk, das auch nach der Prohibition bestehen blieb und einfach die Branche wechselte, zu Glücksspiel, Prostitution oder eben anderen illegalen Drogen. Der Schwarzmarkt brachte auch minderwertigen Alkohol unter die Leute, und so manchem Alkoholtod, der durch die Prohibition verhindert wurde, stand ein Tod durch Vergiftung an gepanschtem Zeug gegenüber.

Unterm Strich kann man zusammenfassen, dass die Prohibition vielleicht erfolgreicher war als ihr Ruf, doch dass diese Erfolge nicht den Preis wert waren, den die amerikanische Gesellschaft dafür zahlen musste. Vielleicht war es in erster Linie die Härte der Prohibition, die ihr selbst das Genick brach. Manche Unterstützer, die ihren eigenen, mäßigen Alkoholgenuss harmlos fanden, aber durchaus dafür waren, anderen exzessiven Saufnasen auf die Finger zu hauen, schauten wahrscheinlich ein wenig bedröppelt aus der Wäsche, als mit dem *Volstead Act* alles ab 0,5 % Alkoholgehalt verboten wurde.[22] Noch nicht mal mehr ein Bierchen?? So hatten sich einige Befürworter das Ganze dann wohl doch nicht vorgestellt. Möglicherweise wäre die Prohibition in einer weniger strengen Form, zum Beispiel nur ein Verbot von Hochprozentigem, gar nicht mal so unbeliebt gewesen. Und wer weiß, wie lange sie sich noch gehalten hätte, wenn das Land nicht von der *Great Depression* erschüttert worden wäre. Die Prohibition stand vielleicht schon am Abgrund, doch die Aussicht auf die Wiederbelebung eines ganzen Wirtschaftszweiges und damit auf frisches Alkoholsteuergeld stieß sie in der Wirtschaftskrise endgültig über die Klippe.[23]

Der Erfolg von Drogenpolitik ist immer auch abhängig von ihrem Zuspruch bei der Bevölkerung. In Deutschland stieße ein Alkoholverbot sicher auf wenig Gegenliebe und wäre aus vielerlei Gründen schwer durchsetzbar. Und für einen florierenden Alkoholschwarzmarkt bräuchte man heutzutage dank Internet und Darknet ja noch nicht einmal eine gut vernetzte Mafia. Die Beliebtheit einer Droge ist also relevant für drogenpolitische Entscheidungen, wird aber bei wissenschaftlichen Bewertungen von Drogen kaum beachtet. Doch der Fokus auf die Schädlichkeit und die negativen Folgen von Drogen ist nur eine Seite der Medaille.

Schauen wir uns dazu noch einmal den beliebten Vergleich zwischen Alkohol und Cannabis an. Laut Angaben der Weltgesundheitsorganisation (WHO) sterben weltweit jährlich drei Millionen Menschen aufgrund von Alkoholkonsum – mehr als durch AIDS, Gewalt und Verkehrsunfälle zusammen.[24] Für Cannabis sind zwar Todesfälle bekannt, die mit Cannabis in Verbindung stehen, doch vergiften kann man sich allein daran nicht. Das Cannabinoid Tetrahydrocannabinol, kurz THC, kann in sehr hohen Dosen zwar auch tödlich sein, allerdings werden diese Dosen durchs Kiffen nicht erreicht.[25] Da Cannabis auch medizinisch eingesetzt wird, assoziieren manche damit etwas grundsätzlich Gesundes und unterschätzen die Nebenwirkungen. Die Cannabinoidrezeptoren, die hauptsächlich in Rückenmark und Gehirn sitzen, haben vielfältige Funktionen, unter anderem spielen sie eine Rolle bei der Gehirnentwicklung und beim Aktivieren beziehungsweise Drosseln von Synapsen[26] – komplexe Prozesse, in die Cannabinoide eingreifen. Daraus ergeben sich sowohl therapeutische Möglichkeiten als auch ungewollte Nebenwirkungen. Einige Forscher mahnen etwa zu besonderer Vorsicht, wenn Cannabinoide medizinisch bei Kindern und Jugendlichen eingesetzt werden, selbst wenn es sich dabei um Cannabinoide ohne psychoaktive Wirkung handelt wie etwa CBD.[27]

Es ist auch umstritten, inwieweit Cannabis psychische Beschwerden lindern oder erschweren kann. Es gibt Langzeitstudien, die eine Korrelation zwischen frühem Cannabiskonsum und späterer Schizophrenie beobachten.[28] Doch da man mit weltweit steigendem Cannabiskonsum nicht auch gleichzeitig einen Anstieg an Schizophrenie-Erkrankungen beobachtet, ist der Zusammenhang wohl komplizierter als einfach nur kausal. Möglicherweise verstärkt früher Cannabiskonsum eine Schizophrenie, auch wenn sie nicht dadurch ausgelöst wird. Doch bei Erwachsenen mit nur mäßigem Cannabiskonsum sind die

Nebenwirkungen in der Regel überschaubar. Zusätzlich gibt es wissenschaftlich fundierte Richtlinien für sicheren Cannabiskonsum[29] (siehe Box 1, Seite 35), durch die man das Risiko von schädlichen Nebenwirkungen weiterhin verringern kann. Aus toxikologischer Sicht kann man also durchaus argumentieren, dass Cannabis weniger schädlich ist als Alkohol.

So gesehen wäre es nur konsequent, jede Droge, die weniger schädlich ist als die legale Droge Alkohol, ebenfalls zu legalisieren, wenn man Verbot oder Restriktion von Drogen in erster Linie mit dem Schutz der Volksgesundheit begründet. Aber wenn Alkohol gar nicht deswegen legal ist, weil die Droge so harmlos ist, sondern weil Alkohol schlicht und einfach zu beliebt ist, um effektiv verboten zu werden – ja, dann kann man sogar die Drogenbeauftragte Daniela Ludwig besser verstehen. Die sagte nämlich bei der ominösen Brokkoli-Pressekonferenz den erstaunlich ehrlichen Satz: »Wir haben zwei Volksdrogen, ich brauch' keine dritte.«[30]

DER FALL PORTUGAL

Angesichts der unerschütterlichen Beliebtheit von Alkohol ist es eigentlich ein wenig faul, die Legalität von Alkohol als Argument zu nutzen, um die Legalisierung von Cannabis einzufordern. Die interessantere Frage ist doch, ob Verbote grundsätzlich mehr schützen oder schaden.
Seit 2001 ist in Portugal der private Besitz und Konsum von Drogen keine Straftat mehr, sondern lediglich eine Ordnungswidrigkeit. Das gilt für alle Drogen, von LSD bis Heroin. Prävention statt Verbot, Behandlung statt Strafverfolgung, lautet die Devise. Oft wird Portugal deswegen als das Nonplusultra-Beispiel für erfolgreiche Drogenpolitik gehandelt. Doch auch hier fehlen einige Grautöne und Nuancen in der öffentlichen

BOX 1: WISSENSCHAFTLICH FUNDIERTE RICHTLINIEN FÜR EINEN SICHEREN CANNABISKONSUM31

1. Der effektivste Weg, jegliches Cannabisrisiko zu vermeiden, ist, auf den Gebrauch zu verzichten. Wer sich für den Gebrauch entscheidet, setzt sich dadurch einem Risiko für eine Reihe von gesundheitlichen und sozialen Schäden aus, akut wie auch langfristig. Je nach Konsumverhalten und Produktqualität sind diese Risiken von Nutzer zu Nutzer und von Mal zu Mal unterschiedlich.

2. Ein früher Beginn des Cannabiskonsums steht im Zusammenhang mit mehreren negativen gesundheitlichen und sozialen Folgen im jungen Erwachsenenalter (besonders deutlich bei einem Beginn vor dem 16. Lebensjahr). Diese Auswirkungen sind besonders stark bei Konsumenten, die besonders früh anfangen und besonders häufig oder intensiv konsumieren. Das kann unter anderem daran liegen, dass häufiger Cannabisgebrauch die Gehirnentwicklung beeinträchtigt.
Grad der Beweislage: Erheblich

3. Produkte mit hohem THC-Gehalt gehen mit einem höheren Risiko für verschiedene (akute und chronische) psychische und verhaltensbezogene Probleme einher. Nutzer sollten über die Art und Zusammensetzung der Cannabisprodukte, die sie konsumieren, aufgeklärt sein und idealerweise Cannabisprodukte mit niedrigem THC-Gehalt nutzen. Angesichts der Befunde eines mindernden Effekts von CBD auf manche THC-bezogene Wirkungen empfiehlt es sich, Cannabisprodukte mit einem hohen Verhältnis von CBD zu THC zu verwenden.
Grad der Beweislage: Erheblich

4. Neuere Review-Studien über synthetische Cannabinoide deuten darauf hin, dass diese Produkte zu schwereren Gesundheitsschäden führen können (bis hin zu Todesfällen). Der Gebrauch dieser Produkte sollte vermieden werden.
Grad der Beweislage: Begrenzt

5. Regelmäßige Inhalation von verbranntem Cannabis hat negative Auswirkungen auf die Gesundheit der Atemwege. Obwohl andere Konsumwege ihre eigenen Risiken bergen, sollten generell Methoden vermieden werden, die das Rauchen von verbranntem Cannabismaterial beinhalten, zum Beispiel durch die Benutzung von Zerstäubern oder durch Hanfzubereitungen (Edibles). Der Gebrauch von Hanfzubereitungen verhindert das Risiko für Atemwege, aber der verspätete Beginn psychoaktiver Effekte kann zu unbeabsichtigt großen Dosen und entsprechend größeren negativen Auswirkungen führen.
Grad der Beweislage: Erheblich.

6. Konsumenten sollten auf solche Praktiken wie besonders tiefes Inhalieren, Atem anhalten oder das sogenannte Valsalva-Manöver verzichten, die die Aufnahme psychoaktiver Stoffe beim Rauchen von Cannabis erhöhen sollen. Diese Praktiken erhöhen unverhältnismäßig die Aufnahme giftiger Substanzen in das Lungensystem.
Grad der Beweislage: Begrenzt

7. Je häufiger oder intensiver der Cannabiskonsum (z. B. täglich oder nahezu täglich), desto höher ist das Risiko für gesundheitliche und soziale Schäden. Konsumenten sollten ihren Cannabisgebrauch auf einen möglichst nur gelegentlichen Konsum beschränken (z. B. nur an einem Tag pro Woche, nur am Wochenende etc.).
Grad der Beweislage: Erheblich

8. Autofahren unter Cannabiseinfluss erhöht das Risiko für Verkehrsunfälle. Es wird empfohlen, mindestens sechs Stunden nach Cannabisgebrauch das Autofahren (sowie den Betrieb anderer Transportmittel oder Maschinerien) zu unterlassen. Diese Wartezeit kann sogar länger sein, abhängig von der individuellen Person und den Eigenschaften des spezifischen Cannabisprodukts. Die gleichzeitige Verwendung von Cannabis und Alkohol vervielfacht die Beeinträchtigungen und Risiken im Straßenverkehr und sollte kategorisch vermieden werden.
Grad der Beweislage: Erheblich.

> 9. Manche Bevölkerungsgruppen haben wahrscheinlich ein erhöhtes Risiko für negative Auswirkungen durch Cannabis und sollten vom Konsum absehen. Zu diesen gehören: Menschen mit einer Neigung zu Psychosen und Suchtproblemen, einer Familiengeschichte ersten Grades von Psychosen und Suchtproblemen, sowie schwangere Frauen (vor allem, um Schäden beim Fötus oder Neugeborenen zu vermeiden).
> **Grad der Beweislage: Erheblich**
>
> 10. Es ist nicht auszuschließen, dass bestimmte Kombinationen der oben beschriebenen Risikofaktoren negative Auswirkungen besonders verstärken. Zum Beispiel ist es wahrscheinlich, dass ein früher Konsumbeginn zusammen mit häufigem Konsum von hochpotentem Cannabis das Risiko für akute und/oder chronische Schäden unverhältnismäßig vergrößert.
> **Grad der Beweislage: Begrenzt.**

Diskussion. Die wird nämlich stark geprägt von einem Bericht des wirtschaftsliberalen Cato Instituts (ein Thinktank aus Washington) aus dem Jahr 2009[32], in dem der Jurist Glenn Greenwald die portugiesische Strategie der Dekriminalisierung einen durchschlagenden Erfolg nannte (*»a resounding success«*) –, und zwar gemessen an praktisch allen Erhebungen (*»judged by virtually every metric«*). Solche eindeutigen Worte, begleitet von 19 Graphen und drei Tabellen, machten Greenwalds Cato-Report zu einer ganz schönen Ansage, die prompt für Schlagzeilen sorgte, unter anderem in angesehenen Blättern wie dem *Economist*, dem *Time Magazine* oder *Scientific American*.[33] Die letzten beiden Artikel räumten immerhin Platz ein für ein paar skeptische Worte des Kriminologen Peter Reuter von der University of Maryland, die in der öffentlichen Diskussion aber eher überhört wurden. Reuter stimmte zwar zu, dass die Dekriminalisierung in Portugal nicht zu einem erhöhten Drogenkonsum geführt habe – was ja schon mal nicht unspektakulär ist –, gab aber zu bedenken, dass einzelne positive Trends, wie etwa sinkender Heroinkonsum, sich nicht automatisch auf die Reform zurückführen lassen. Denn auch ohne Reformen kommen und gehen Drogenepidemien in Wellen. Es fehlt also genau genommen das Kontrollexperiment mit einem zweiten Portugal ohne Reform.

Na gut. Ein wenig Differenzierung ist immer schön, aber solche abwägenden Töne scheinen nicht allzu viel an der Erfolgsgeschichte Portugals zu ändern, oder? Ein anderes Bild ergibt sich, wenn man die Ausführungen des portugiesischen Mediziners Manuel Pinto Coelho hinzuzieht. Der sprach von einem »portugiesischen Fehlschluss« und nannte die Reform einen »katastrophalen Misserfolg« *(»disastrous failure«)*[34]. Einen Tipp für die Welt hatte er auch noch: »Don't follow us« – »Folgt uns nicht!«[35] Hui. Was ist da los?

Besonders interessant ist, dass beide, Greenwald und Pinto Coelho, ihre euphorische beziehungsweise niederschmetternde Bewertung mit Zahlen untermauerten. Nur eben mit sehr unterschiedlichen. Greenwald berichtete im Cato-Report etwa von sinkendem Drogenkonsum bei portugiesischen Jugendlichen. Unter den Siebt- bis Neuntklässlern hätten 2001, zu Beginn der Reform, 10,4 Prozent einmal Cannabis konsumiert, 2006 seien es nur noch 6,6 Prozent gewesen. Bei den Zehnt- bis Zwölftklässlern hätte 2001 etwa ein Viertel (25,6 Prozent) schon einmal Cannabis konsumiert, fünf Jahre später seien es nur noch 18,7 Prozent gewesen.

Pinto Coelho hingegen hatte andere Prozente in petto. In den Jahren rund um die Reform, von 1998 bis 2002, hätte es unter Jugendlichen einen dramatischen Anstieg von 150 Prozent beim Cannabiskonsum gegeben! Von 2002 bis 2006 sei der Konsum zwar bei allen Drogen (außer Heroin) leicht gesunken, jedoch auf einem deutlich höheren Level als vor der Reform verblieben. Das heißt unterm Strich: Hä??

Tja, wühlt man sich durch alle verfügbaren Daten[36], stellt man zunächst fest: Die Datenlage ist so lala. Dummerweise, ja fast schon tragischerweise, hat es die portugiesische Regierung versäumt, ihre Drogenreform auch mit ausführlicher Datenerhebung und Auswertung zu begleiten. Stattdessen gibt es vier unterschiedliche Datensätze zum Drogenkonsum von Jugendlichen – und sowohl Greenwald als auch Pinto Coelho haben sich jeweils nur einen der vier Datensätze rausgesucht. Der jeweilige Datensatz ihrer Wahl bestätigte ihre Aussagen, aber auch nur die. Ein vollständiges Bild zeichnete jedoch keiner der beiden.

Dieses Bild ist – so weit es die So-lala-Daten hergeben – weniger dramatisch als die Darstellungen von Pinto Coelho und Greenwald: Um 2001 herum gab es einen moderaten Anstieg, danach einen leichten, stetigen Abfall. Der Effekt ist also deutlich weniger stark ersichtlich, als beide behaupten.

Hinzu kommt aber noch etwas Entscheidendes: Die Fragestellung bei der Umfrage war: »Hast du schon einmal Cannabis konsumiert?« Das bejahten auch diejenigen, die etwa nur ein einziges Mal gekifft hatten und dann nie wieder. Doch sowohl Greenwald als auch Pinto Coelho interpretierten jedes »Ja« als »Konsum«. Fragte man die Menschen hingegen, ob sie »vor Kurzem« Drogen konsumiert hätten oder aktuell konsumierten, zeigte sich zwischen 2001 und 2007 bei den meisten Altersgruppen durchaus ein Anstieg, mit 7 Prozent der größte unter den 25- bis 34-Jährigen. Doch interessanterweise gab es gerade bei den Jüngeren, den 15- bis 24-Jährigen, einen Rückgang. Es sieht ganz danach aus, dass nach der Reform zwar viele einmal Drogen ausprobiert haben, aber nicht unbedingt dabeigeblieben sind.

Geht man weiter auf Tauchgang durch die Daten, findet man sowohl bei Greenwald als auch bei Pinto Coelho immer wieder Beispiele für eine nicht ganz sachgemäße Auswahl oder

Interpretation, die entweder auf *resounding success* oder *disastrous failure* schließen lassen.[37] Am Ende liegt die Wirklichkeit wohl doch näher am »durchschlagenden Erfolg« – wenn man »durchschlagend« streicht, passt es wahrscheinlich.

Die Strategie der Dekriminalisierung lohnte sich übrigens auch in anderer Hinsicht für das Land. Durch die Entlastung von Gefängnissen, den Rückgang bei Strafverfolgungsverfahren und durch den größeren Einsatz bei Prävention und Behandlung sparte Portugal schätzungsweise 18 Prozent an sozialen Kosten.[38]

Wenn man nun unter die etwas dünnen Daten einen vorsichtigen Strich zieht, ist die Bilanz der Maßnahmen für Portugal irgendwo zwischen neutral bis positiv einzuordnen – was für manche vielleicht schon überraschend genug sein dürfte. Mich hat bei der Recherche am meisten überrascht, wie schwierig es ist, eine Drogenreform wissenschaftlich einzuordnen. Das scheint auch anderen so gegangen zu sein. Der Wissenschaftsjournalist Keith O'Brien verglich die Ergebnisse der portugiesischen Reform mit einem Rorschachtest[39] – jenen Tintenklecksbildern, in denen jeder etwas anderes sieht.

DIE TEUFLIGKEIT STECKT IM DETAIL

Die amerikanische Prohibition ist ein gutes Beispiel dafür, dass viele Schäden, die durch Drogen angerichtet werden, erst durch ihr Verbot entstehen. Nehmen wir als noch deutlicheres Beispiel eine Droge, die im Laienverständnis als besonders schlimmes Teufelszeug abgespeichert ist: Heroin. Dabei steckt die Teufligkeit im Detail. Heroin macht sehr stark abhängig und ist bei Überdosis tödlich. Im Gegensatz zu Alkohol, gegen den der Körper noch Abwehrmechanismen wie Kotzen in petto hat, ist eine Überdosis per Spritze schnell gesetzt. Allerdings kann man mit Heroin alt werden – vorausgesetzt, das Zeug ist sauber. Auf der Straße wird Heroin mit allerlei Dreck gestreckt, was die Droge in Kombination mit ihrem extrem hohen Suchtpotenzial so schädlich macht. Infektionskrankheiten wie HIV, übertragen durch schmutzige Spritzen, sind letztendlich auch ein Symptom der Illegalität. Und die gesellschaftliche Ausgrenzung, die illegale Drogen mit sich bringen – man ist ja kriminell! –, hält Abhängige davon ab, sich Hilfe zu suchen. Dabei ist eine Sucht, eine Substanzabhängigkeit, aus medizinischer Sicht eine psychische Erkrankung, die Hilfe und Behandlung braucht, aber keine Stigmatisierung.

Für die Wissenschaftssendung *Quarks* besuchte mein Kollege Jens Hahne eine Suchtpraxis in Düsseldorf, in der Heroinabhängige behandelt werden, mit sauberem Heroin, auch Diamorphin genannt. Die ärztliche Kontrolle stellt nicht nur eine hygienische Verabreichung sicher, sondern verhindert auch eine Überdosierung, die selbst mit sauberem Stoff lebensgefährlich sein kann. Richtig dosiert ist Diamorphin für den Körper aber überraschend wenig schädlich und ist in der Schweiz oder in Großbritannien schon seit Jahrzehnten ein zugelassenes Medikament.[40] In Deutschland darf es seit 2009 bei starker Heroinsucht eingesetzt werden, wenn andere Behandlungen, zum Beispiel mit Methadon, versagt haben und sich die Betroffenen trotzdem Straßenheroin besorgten.[41] Die Kosten trägt die Krankenkasse, dennoch sind Diamorphintherapien verhältnismäßig selten, obwohl sich einige Suchtexperten dafür aussprechen.[42]

Im *Quarks*-Beitrag kann man in der Düsseldorfer Suchtpraxis mehrere Sicherheitstüren, 360°-Kameras, schusssicheres Glas, Spezialtapeten und doppelt gesicherte Tresore bestaunen, in denen das reinste Heroin lagert. Dass man enorme Sicherheitsauflagen umsetzen muss, um eine Diamorphinbehandlung anzubieten, ist sicher ein Grund für das relativ geringe Angebot, doch nicht der einzige. »Uns schlug das Vorurteil entgegen, dass wir einen Stoff auf Kosten und zulasten der Allgemeinheit an Suchtkranke ausgeben, die das so nicht verdient haben«, sagt der Arzt und Suchtmediziner Christian Plattner in die Kamera.

Die Sucht ist natürlich ein ganz wesentliches Problem von Drogen. Wer als Verfechter persönlicher Freiheitsrechte auch für ein »Recht auf Rausch« ficht, wird wahrscheinlich dem Gedanken nicht widersprechen, dass eine Suchterkrankung den freien Willen beeinträchtigt. So gesehen kann Schutz vor einem Suchtmittel durch Verbote oder Kontrolle auch dem Schutz der persönlichen Freiheit dienen. Ein Suchtmittel drängt sich zwischen den Menschen und seinen Alltag, seine Arbeit, seine Freunde und Familie und kann das gesamte Leben dominieren. Das gilt für Alkohol ebenso wie für Heroin. Doch eine Sucht bekommt eine ganz neue Dimension, wenn die Substanz, von der man krankhaft abhängig ist, nur in der Kriminalität zu holen ist. Man macht es sich also zu einfach, wenn man argumentiert, dass Heroin deshalb verboten ist, weil es eine Droge mit besonders hohem Suchtpotenzial ist. Denn seinen vollen Schaden entfaltet das Suchtpotenzial erst in Kombination mit dem Verbot.

Wobei selbst das noch eine ziemlich vereinfachte Sicht auf die Dinge ist. Nehmen wir Deutschlands tödlichste Droge mit ins Bild: Tabak. Die Zahlen, die das Deutsche Krebsforschungszentrum in seinem Tabakatlas 2020[43] veröffentlicht hat, sind Respekt einflößend. 2018 waren in Deutschland 127 000 Todesfälle auf das Rauchen zurückzuführen, doch die wirklich beeindruckende Zahl kommt jetzt: Das sind ganze 13,3 Prozent aller Todesfälle! Die häufigsten Todesursachen waren Krebserkrankungen, vornehmlich Lungenkrebs, aber auch Darm- oder Leberkrebs. Weitere Todesursachen: Herz-Kreislauf-Erkrankungen, Diabetes Typ 2 und Atemwegserkrankungen.

Der Rauchertrend ist zwar schon seit einer Weile auf einem langsam, aber stetig absteigenden Ast, vor allem bei Jugendlichen.[44] Doch da sich das Rauchen oft erst später im Leben rächt, wird es wahrscheinlich noch ein paar Jahre dauern, bis sich die sinkende Beliebtheit der Zigarette auch in den Sterblichkeitszahlen widerspiegelt.

Das Suchtpotenzial von Nikotin ist erheblich. Man findet Schlagzeilen, die titeln, es mache sogar stärker abhängig als Heroin.[45] Auch wenn man Nikotin wahrscheinlich getrost als eine sehr stark abhängig machende Droge bezeichnen kann, handelt es sich bei direkten Vergleichen mit anderen Drogen eher um individuelle Experteneinschätzungen als um harte Fakten. Ein methodisch sauberer Vergleich zwischen dem Suchtpotenzial von Nikotin und Heroin ist schwierig, da etwa die Beschaffungshürden so unterschiedlich sind, aber auch, weil sich diese beiden Drogen so unterschiedlich auf den Alltag der Abhängigen auswirken. Auch wenn Nikotin per definitionem ein Rauschmittel ist, ist sein Rausch ja eigentlich kaum der Rede wert. Raucher beschreiben ihn weniger genussvoll als Abhängige anderer Drogen, und trotzdem fällt es ihnen höllisch schwer, mit dem Rauchen aufzuhören.[46] Nicht nur eine Heroinsucht, die Süchtige die Arbeit und das soziale Umfeld kosten kann, ist also schwer zu durchbrechen – eine so wunderbar alltagstaugliche Sucht wie das Rauchen hat ihre ganz eigenen Tücken. Nikotinsucht ist in der gesellschaftlichen Wahrnehmung wohl die am wenigsten stigmatisierte Substanzabhängigkeit. Es hat relativ wenig Auswirkungen, öffentlich zuzugeben, nikotinsüchtig zu sein. Und solange man für die Raucherpause mal schnell vor die Tür kann, ist diese Sucht ziemlich problemlos in Arbeits- und Privatalltag integrierbar.

Macht das die Droge weniger schädlich? Oder vielleicht umso fataler? Na ja, im wörtlichen Sinne (fatal = tödlich) muss man sich zumindest fragen, welche Rolle die Alltagstauglichkeit der

Nikotinsucht bei den 127 000 Todesfällen spielt. Das Beispiel Tabak zeigt jedenfalls, dass eine Droge auch ohne Kriminalisierung und Stigmatisierung viel Schaden anrichten kann.

Der Vergleich dieser zwei Drogen, Heroin und Tabak, macht klar, dass man unterschiedliche Schadenskategorien wie Schaden durch Sucht, Schaden durch körperliche Nebenwirkungen, Schaden durch Stigmatisierung, Schaden durch Kriminalisierung usw. vielleicht auf dem Papier voneinander trennen kann, sie in Wirklichkeit aber eng miteinander verwoben sind. All diese nichtlinearen Zusammenhänge machen direkte Vergleiche schwierig. Daher müssen wir an dieser Stelle zu David Nutts Drogenranking zurückkommen und seiner zweiten methodischen Schwäche: Nicht nur ist die Bewertung der Drogenschäden subjektiv, sondern auch die sauber getrennte Aufteilung in 16 unabhängige Schadenskriterien ist höchst künstlich und damit stark vereinfachend.

Aber gehen wir einmal davon aus, es gäbe so etwas wie eine perfekte Schädlichkeitsskala. Nehmen wir an, Nutts Drogenranking wäre absolut objektiv und wissenschaftlich korrekt. Selbst dann wäre es für politische Entscheidungen über Verbot, Kontrolle oder Legalisierung hilflos unterkomplex.

ALLE DROGEN SIND SCHON DA

Stellen wir uns zunächst eine Welt ohne Drogen vor. Eines Tages bekommen wir in dieser drogenfreien Welt Besuch von friedlichen Aliens, so friedlich, dass sie ein Willkommensgeschenk für unsere Spezies dabeihaben: die zwanzig Drogen aus Nutts Drogenranking! Die Aliens erklären uns, dass diese Drogen gewisse Gefahren mit sich brächten, manche größere, manche kleinere, trotzdem sollten wir uns aber mal in Ruhe überlegen, ob wir nicht die eine oder andere gebrauchen könnten – denn diese Dinger würden halt einfach verdammt viel Spaß machen. Da die Aliens auch so aussehen, als hätten sie deutlich mehr Spaß als wir, gibt es grundsätzliches Interesse. Manche Menschen sind hellauf begeistert, andere wollen mit dem Alienzeug lieber gar nichts zu tun haben, wieder andere können sich vorstellen, eine Handvoll Drogen zu übernehmen.

Und jetzt stellen wir uns vor, unsere Entscheidungsbasis sei das Drogenranking aus Abbildung 1.1, das in unserem Gedankenexperiment perfekt, objektiv und korrekt ist. Dann wäre es verhältnismäßig einfach, eine Entscheidung zu treffen. Wir könnten demokratisch abstimmen, wie viel Schaden wir in Kauf nehmen würden, und beispielsweise alles von Cannabis abwärts nehmen. Oder vielleicht auch nur Ecstasy, LSD, Buprenophin und Magic Mushrooms, wenn wir nicht so risikofreudig sind. Wir könnten natürlich auch alle Drogen nehmen, oder keine – wie auch immer, wir müssten bei unserer Entscheidung nur die Drogen an sich in Erwägung ziehen.

In Wirklichkeit sind die Drogen aber schon da. Und das ändert alles! In Wirklichkeit wählen wir nicht zwischen Drogen, denn wir haben schon längst bestimmte Entscheidungen getroffen. Zum Beispiel, dass in Deutschland Tabak und Alkohol legal sind, andere Drogen nicht (mit Ausnahme von medizinischem Cannabis für therapeutische Zwecke oder verschreibungspflichtigen Schmerzmitteln). In Wirklichkeit wählen wir zwischen verschiedenen Drogenpolitiken. Die Frage ist nicht: Alkohol oder Cannabis? Sondern: Alkohol stärker kontrollieren oder alles so lassen? Cannabis legalisieren oder auch weiterhin verbieten?

Mit anderen Worten: **Ändern wir die Drogenpolitik, ändern sich automatisch auch Art und Ausmaß der Schäden, die durch die Droge hervorgerufen werden.**

Dass Schäden verschiedenster Art durch Verbote erst auftreten können, zeigt nicht nur das Beispiel Heroin. **Methamphetamine** – also Crystal (Meth), Crack oder Ice, wie sie auch genannt werden – führen beispielsweise zur Schädigung der Umwelt[47], denn sie werden in kleinen Amateurlaboren produziert, zusammen mit schädlichen Abfallprodukten, die unsachgemäß in der Umwelt entsorgt werden. Wäre die Produktion legal, wäre sie automatisch professioneller und die Umweltschäden geringer.

Auch sogenannte **Legal Highs** sind ein wunderbares Beispiel. Künstlich hergestellte Cannabinoide[48], die den Cannabis-Hauptwirkstoff THC und seine psychoaktive Wirkung imitieren sollen, waren bis 2016 als »Kräutermischungen« ganz legal erhältlich und wurden als Ersatz für das verbotene Cannabis verkauft. Warum legal? Na ja, sobald man an der chemischen Struktur auch nur eine Kleinigkeit änderte, hatte man eine neue Substanz hergestellt, die *pro forma* zunächst legal war, da das Betäubungsmittelgesetz nur bekannte Substanzen verbieten konnte.

Das Problem: Man bestellte sich legale Kräuter, die mit irgendeiner unbekannten, ungeprüften Substanz besprüht waren – was man da am Ende genau inhalierte, lag ein bisschen in den Sternen. Diese legalen THC-Verschnitte waren teilweise deutlich gefährlicher als das natürliche Hanf-Cannabinoid THC.[49] Natürlich waren die Behörden dabei, alle neuen psychoaktiven Substanzen zu identifizieren und zu verbieten – nur bis sie damit durch waren, wurden schon längst wieder drei neue Legal Highs hergestellt, und für die Behörden ging der Spaß von vorne los.

Um dieses Katz-und-Maus-Spiel endlich zu durchbrechen, wurde 2016 das Neue-psychoaktive-Stoffe-Gesetz (NpSG) verabschiedet, mit dem erstmals ganze Substanzklassen verboten wurden.[50] Das NpSG ist damit übrigens das erste Gesetz, das chemische Strukturen enthält – was ich durchaus feiere. Allerdings konnte selbst Chemie das Problem nicht beheben. Eine ausführliche Auswertung des Effekts des neuen Gesetzes kam zu dem ernüchternden Ergebnis, dass es »keine statistisch bedeutsamen Veränderungen« im Konsum bewirkt habe.[51] Das Verbot von Cannabis hat also einen Schwarzmarkt voller synthetischer Cannabinoide geboren, die deutlich schädlicher sein können als Cannabis selbst.

Doch auch die Legalisierung von Drogen führt natürlich zu Schäden, die man wiederum durch Verbote oder stärkere Kontrollen vermeiden oder reduzieren kann. Dabei ist die Schädlichkeit einer Droge für eine Einzelperson grundsätzlich anders zu bewerten, als die Schädlichkeit einer Droge für eine gesamte Gesellschaft. Von einem Meteoriten erschlagen zu werden, ist beispielsweise äußerst schädlich für die getroffene Person. Die Sterblichkeit unter den von Meteoriten Erschlagenen dürfte bei 100 Prozent liegen. Für die Sterblichkeit einer Bevölkerung sind Meteoriteneinschläge allerdings eine vernachlässigbare Todesursache. So ist auch das Einnehmen von Zyankali für eine Person deutlich fataler als der Konsum von Alkohol, dennoch ist Alkoholmissbrauch das deutlich größere Problem für unsere Gesellschaft. Der amerikanische Politikwissenschaftler Jonathan O. Caulkins spricht hier von »*micro-level harm*« und »*macro-level harm*«.[52] Der Schaden für eine Einzelperson ist ein Schaden auf der Mikroebene, der Gesamtschaden für eine Gesellschaft einer auf der Makroebene.

Auf der Mikroebene ist die Schädlichkeit unterschiedlicher Drogen noch verhältnismäßig leicht zu bewerten. Eine rein medizinische und toxikologische Bewertung à la »Schädlichkeit pro Konsumeinheit« kommt da schon ganz gut hin. Doch es ist die Makroebene, die für politische Entscheidungen wichtig ist. Und die einfachste (und stark vereinfachte) Formel, um einen Mikroschaden in einen Makroschaden umzurechnen, lautet:

Mikroschaden x Ausmaß des Konsums = Makroschaden

Der Witz ist nun: Das Ausmaß des Konsums ist direkt abhängig vom legalen Status der Droge. Als ich als Jugendliche ein Kleinstadtgymnasium besuchte, stand Kiffen für mich allein deshalb nicht zur Debatte, weil ich gar nicht gewusst hätte, wo ich Gras herbekommen sollte. Ich kann mir vorstellen, dass das heute anders ist – ich erinnere mich daran, dass Cannabis ein viel teuflischeres Image hatte als heutzutage, wo die Cannabispolitik weltweit zunehmend lockerer wird. Bestimmt waren damals andere gewitzter als ich und wussten sich dennoch etwas zu besorgen, aber natürlich hat man zu legalen Drogen in der Regel einen leichteren Zugang, was wiederum zu größerem Konsum führt. Eine Droge, deren Mikroschaden für den individuellen Konsumenten überschaubar ist, könnte als Volksdroge dann doch einen großen Makroschaden anrichten.

Dass David Nutt und seine Kollegen in ihrer Analyse allerdings nicht ausreichend zwischen Mikro- und Makroschäden unterschieden haben, zeigt das Beispiel Tabak vs. GHB (Gammahydroxybuttersäure, auch als *Liquid Ecstasy* bezeichnet, obwohl es mit Ecstasy sowohl chemisch als auch in seiner Wirkung wenig gemeinsam hat). Tabak bekam nach der multikriteriellen Schädlichkeitsanalyse einen Score von 26 und war damit etwa ein Drittel schädlicher als GHB mit 19 Punkten ... wirklich?? Zum Zeitpunkt der Studie standen in Großbritannien 8,5 Millionen Raucher läppischen 50000 GHB-Nutzern gegenüber. Da zu behaupten, dass der Schaden durch Tabak für die britische Gesellschaft nur ein Drittel größer ist als der Schaden durch GHB, ist fast schon absurd.

Gleichzeitig haben Nutt et al. ihre 16 Kriterien durchaus in zwei Kategorien aufgeteilt: Neun Kriterien fielen unter »Schäden für die Konsumenten«, die den individuellen Schaden bewerten sollten, sieben Kriterien unter »Schäden für andere«, von denen die meisten »das Ausmaß des Konsums indirekt berücksichtigten«, so heißt es im Methodenteil, was ja Caulkins' Definition von Makroschäden entspricht. Allerdings wurden die Makroschäden von Nutt und Kollegen als nur geringfügig relevanter eingestuft als die Mikroschäden: Die »Schäden für die Konsumenten« wurden im Verhältnis zu den »Schäden für andere« mit 46:54 gewichtet.

Das wirkt ziemlich willkürlich und ergibt sich letztendlich aus der gesammelten Gewichtung der sieben beziehungsweise neun Kriterien in der multikriteriellen Analyse. Und interessanterweise punktete Alkohol vor allem in der Kategorie »Schäden für andere«. Betrachtet man nur die Schäden, die Drogen auf ihre Nutzer ausüben, landeten auf den ersten drei Plätzen Heroin, Crack und Methamphetamin (siehe Abbildung 1.2, Seite 50). Daraus kann man zumindest ablesen, dass Nutt et al. »Schäden für andere« durchaus für entscheidend hielten.

Damit ist der vielleicht größte Schwachpunkt von Nutts Drogenranking gefunden: dass es nämlich vorzugeben scheint, »rein wissenschaftlich« und unabhängig von bestehender Drogenpolitik zu sein – was es schlicht und einfach nicht sein kann. Und hier sind wir wieder bei der Fangfrage vom Anfang des Kapitels angelangt: »Sollte die Schädlichkeit von Drogen über ihren legalen Status entscheiden?« Das kann man nicht pauschal beantworten. Ändert sich der legale Status einer Droge, ändern sich damit Art und Ausmaß der Schäden, die durch die Droge hervorgerufen werden.

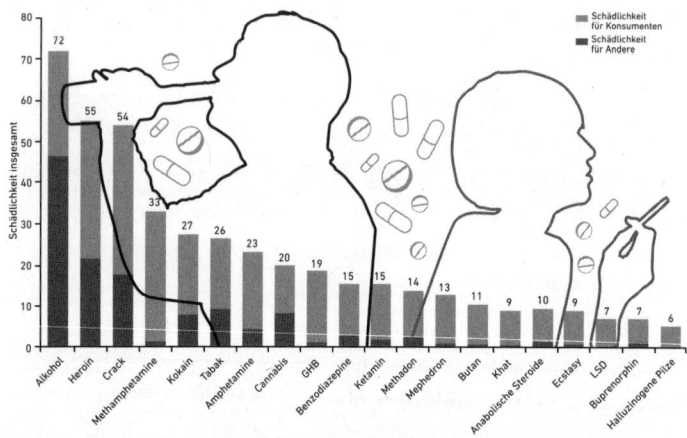

Abbildung 1.2: Schädlichkeitsbewertung unterschiedlicher Drogen nach Nutt et al., mit Aufteilung in Schäden für Konsumenten (hellgrau) und Schäden für andere (dunkelgrau).

Anstatt zwanzig Drogen in einem Ranking anzuordnen, wäre es möglicherweise sinnvoller, zwanzig Rankings zu erstellen, und zwar für jede Droge ein Ranking verschiedener denkbarer drogenpolitischer Szenarien. Mit welchen Schäden rechnet man bei einem Verbot, bei einer Dekriminalisierung und bei einer Legalisierung? Welches der jeweiligen Szenarien würde für eine bestimmte Droge den geringsten gesellschaftlichen Schaden mit sich bringen? Die Schwierigkeit eines solchen Ansatzes liegt aber natürlich darin, dass man unbekannte komplexe Szenarien voraussagen oder modellieren müsste mit allen Unsicherheiten, die dazugehören. Wie man es also dreht und wendet – eine wissenschaftliche Bewertung von Drogen ist und bleibt verdammt schwierig.

LIEBER FEHLERHAFT ALS
GAR KEINE WISSENSCHAFT?

Übrigens liegt der Fokus in diesem Kapitel nicht zufällig auf dem besagten Drogenranking von David Nutt et al. Obwohl es nun schon zehn Jahre alt ist, ist es bisher die bekannteste und am meisten zitierte wissenschaftliche Schädlichkeitsbewertung. Nutts Methodik wurde von anderen Expertengruppen übernommen, die ihre eigenen Rankings aufstellten, etwa für die Niederlande oder für Australien.[53] Immer wurden Alkohol und Tabak deutlich schädlicher eingestuft als Cannabis, wobei unsere Lieblingsdroge Saufen ganz besonders schlecht wegkam. In Australien landete Alkohol ebenfalls auf Platz 1, in der niederländischen Studie auf Platz 2, zumindest was den »Makroschaden« für die Gesellschaft betraf. Übrigens, eine rein toxikologische Bewertung der TU Dresden[54], die 2005 veröffentlicht wurde, bewertete Alkohol sogar mit Abstand als schädlichste Droge von zehn, darunter Heroin, Kokain und Nikotin, die in dieser Reihenfolge dem Alkohol folgten.[55]

Doch natürlich bin ich nicht die Einzige, die Nutts Drogenranking methodisch kritisiert. Ich habe mich vielmehr an der Debatte innerhalb der wissenschaftlichen Community[56] orientiert, insbesondere am oben erwähnten Jonathan O. Caulkins und seinen Kollegen von der Carnegie Mellon University in Pittsburgh[57]. Nicht nur, weil ich deren Kritik gut belegt und einleuchtend fand, sondern auch, weil David Nutt höchstselbst die Methodenkritik seiner Kollegen als »fair« bezeichnete und ihnen sehr sportsmännisch und in bester wissenschaftlicher Manier zustimmte.[58]

Nein, Nutts Drogenranking ist nicht perfekt, es ist teilweise so stark vereinfacht, dass die Wirklichkeit doch arg verzerrt wird. Ein komplexeres Ranking zu erstellen, das die Wirklichkeit besser beschreibt, ist aber wie gesagt verdammt schwierig, »was der Grund dafür ist, so nehme ich an, dass [Caulkins et al.] es nicht selbst erstellt und die Ergebnisse präsentiert haben«[59], schrieb David Nutt ein wenig schelmisch in seinem Antwortartikel.

Die kanadischen Wissenschaftler Benedikt Fisher und Perry Kendall mischten sich versöhnlich in die Debatte ein: Die Methodenkritik sei berechtigt, doch es sei immer noch ein »Quantensprung hin zu einer evidenzbasierten und rationaleren Drogenpolitik«[60], wenn sich Kanada und viele andere Länder an Nutts Schädlichkeitsranking orientieren würden. Denn momentan suche man ja vergebens nach wissenschaftlichen oder rationalen Begründungen in der Drogenpolitik. Anders gesagt: Eine wissenschaftliche Bewertung mit begrenzter Aussagekraft sei immer noch besser als gar keine wissenschaftliche Grundlage. Hm.

Das wäre eigentlich ein schöner Schlusssatz, und ich bin geneigt, ihm zuzustimmen – allerdings nur unter der Voraussetzung, dass Wähler und politische Entscheidungsträger über die Grenzen dieser wissenschaftlichen Grundlage ausreichend aufgeklärt sind. Natürlich könnte man wissenschaftliche Schädlichkeitsskalen methodisch verfeinern und verbessern. Doch nach allem, was wir allein in diesem Kapitel erfahren haben, scheint es utopisch, dass man je so etwas wie eine verlässliche objektive wissenschaftliche Schädlichkeitsbewertung ohne methodische Schwächen und Unsicherheiten erstellen könnte. Trotzdem werden wissenschaftliche Bewertungen oft als eine Art Wahrheit betrachtet, über die man nicht streiten kann (siehe auch Kapitel 9) – hier wäre das sicher ein Trugschluss. Und wenn Unsicherheiten und methodische Schwächen nicht beachtet und Wissenschaft unreflektiert als faktisch hingenommen wird, kann es sogar umso schädlicher sein, politische Entscheidungen darauf zu stützen, wenn diese dadurch weniger infrage gestellt werden. Bei diesem vielschichtigen und komplexen Thema werden also noch lange viele Fragen offenbleiben.

Wir können uns sicher darauf einigen, dass die Drogenpolitik in Deutschland derzeit auf keinen erkennbar wissenschaftlichen oder rationalen Schädlichkeitsbewertungen basiert. Und wir können uns wohl darauf einigen, dass es hier Verbesserungsbedarf gibt. Aber wie eine Verbesserung am vernünftigsten aussieht – ja, darüber können und sollten wir bitte noch ausgiebig und lösungsorientiert streiten.

KAPITEL 2

VIDEOSPIELE UND GEWALT:
VIEL »NOISEBLAST« UM NICHTS

FANGFRAGE
Welche Aussage(n) kann man aus der folgenden Abbildung ableiten?

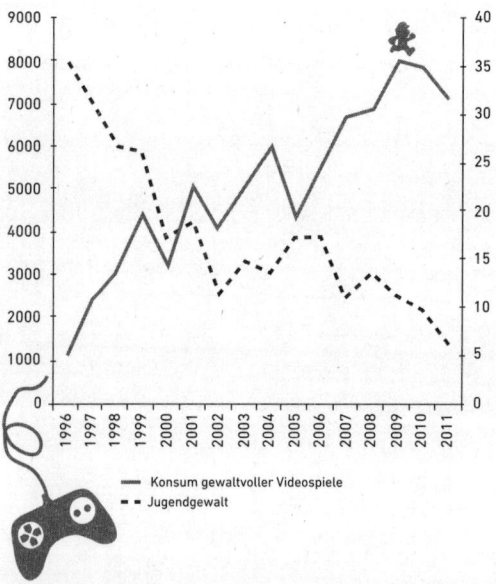

Abbildung 2.1: Konsum gewaltvoller Videospiele (rot) und Jugendgewalt (schwarz) in den USA zwischen 1996 und 2011.[1]

O Gewaltvolle Videospiele führen zu weniger Jugendgewalt.
O Gewaltvolle Videospiele können Jugendgewalt reduzieren.

○ Gewaltvolle Videospiele führen nicht zu Jugendgewalt.
○ Gewaltvolle Videospiele haben keinen Einfluss auf Jugendgewalt.
○ Jugendliche, die häufiger gewaltvolle Videospiele spielen, sind weniger häufig gewalttätig.

Wir kennen es. Immer wieder, meist nach einem Amoklauf oder einer vergleichbar grausamen Gewalttat, wütet eine Debatte über den Zusammenhang von Videospielen – »Killerspielen« – und Gewalt durch die Medien.[2] Nur führt sie nirgendwohin, sondern verkrümelt sich nach wenigen Tagen bis Wochen ungeklärt aus der Aufmerksamkeit der Öffentlichkeit, bis es nach der nächsten passenden grausamen Gewalttat wieder von vorne losgeht.

Ein Grund, warum die Debatte nirgendwohin führt, sind all die »Unkrautargumente«, wie ich sie gerne nenne, Argumente also, die völlig unnütz sind, aber die Diskussion überwuchern. Ein klassisches Unkrautargument aufseiten der Videospielgegner ploppt vor allem in den USA[3] regelmäßig auf: Wenn es doch schon immer Gewalt gab und seit jeher auch Waffen – warum häufen sich Amokläufe erst in den letzten zwanzig Jahren? Na klar, wegen der Killerspiele! Doch ohne weitere Belege kann man allein aus dieser Korrelation keine Kausalität ableiten (siehe Box 2.1, Seite 68: Korrelation vs. Kausalität). Es sei denn, die Killerspiele wären das Einzige, was sich in den letzten zwanzig Jahren verändert hat.

Ein ganz analoges Unkrautargument wuchert auch auf der Gegenseite: Während die Leute immer mehr gewaltvolle Videospiele spielen, beobachtet man immer weniger Gewalt bei Jugendlichen – eine negative Korrelation wie aus dem Bilderbuch:

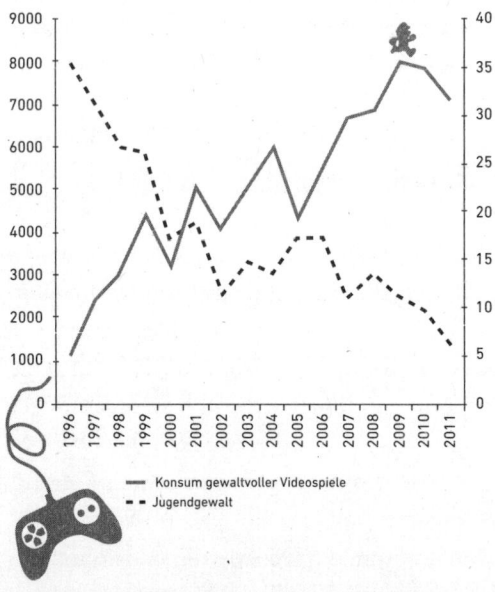
— Konsum gewaltvoller Videospiele
- - Jugendgewalt

Doch so unmissverständlich dieser Trend auch ist – mehr Videospiele, weniger Jugendgewalt –, missverständlich ist diese Grafik trotzdem. Sie widerlegt nämlich gar nicht, dass gewaltvolle Videospiele zu erhöhter Gewalt beitragen können – es könnte ja sein, dass die Jugendgewaltkurve ohne eine Zunahme von gewaltvollen Videospielen sogar noch ein wenig stärker abgefallen wäre.

Dass sich Jugendgewalt auf dem absteigenden Ast befindet, ist für manche vielleicht positiv überraschend, obwohl es eigentlich wenig überraschend ist. Denn der Rückgang von Gewalt, sei es bei Jugendlichen oder in der Gesamtbevölkerung, ist ein Trend, der unter anderem mit einem allgemeinen Aufwärtstrend in den Bereichen Wohlstand, Bildung und Gesundheit einhergeht. Ein Trend, den erfreulicherweise die meisten Staaten dieser Welt durchlaufen, auch wenn unser Früher-war-alles-besser-Bauchgefühl uns da oft etwas anderes sagt.[4] Dass immer mehr Videospiele, und damit auch gewaltvolle, produziert und verkauft werden, hängt auch mit den besseren technischen Möglichkeiten zusammen und ist damit gewissermaßen ebenfalls ein Zeichen von allgemeinem gesellschaftlichem Aufschwung. Vor allem aber sagt der Blick auf die Gesamtgesellschaft oder Gesamtjugend nichts darüber aus, ob Jugendliche, die besonders viel oder oft gewaltvolle Videospiele spielen, auch häufiger gewalttätig sind. Diese Information kann aus einer Grafik, die uns nur einen Durchschnittswert von allen Jugendlichen verrät, gar nicht abgelesen werden. Und damit kommen wir zur Auflösung der Fangfrage: Keine der oben genannten Aussagen lässt sich aus dieser Grafik ableiten.

Wir müssen uns also etwas tiefer durch die Forschung wühlen. An Studien mangelt es nicht, schon seit Jahrzehnten wird der Einfluss von gewaltvollen Medien wie Videospielen auf unser Verhalten und unsere Einstellung untersucht. Aus diesem fast schon überquellenden Topf an Studien bedienen sich sowohl Videospielgegner als auch -verteidiger und werfen sich in der öffentlichen Debatte gegenseitig »wissenschaftliche Belege« an den Kopf. Das ist erst mal nichts Ungewöhnliches. Da Wissenschaft so komplex ist, stößt man mit ein wenig Cherrypicking und verzerrter Interpretation immer auf »wissenschaftliche Belege« für die eigene Meinung. Die Frage ist nur, ob sich die verfeindeten Lager, die die öffentliche Debatte bestimmen, auch in der Wissenschaft finden lassen. Denn manchmal entstehen vermeintlich widersprüchliche Studien nur durch die Betrachtung unterschiedlicher Teilaspekte oder durch das Anwenden unterschiedlicher Methoden. Beim Thema Videospiele und Gewalt aber gehen die Expertenmeinungen tatsächlich erstaunlich weit auseinander.

In Wissenschaftskreisen würde zwar niemand auf die Idee kommen, gewaltvolle Videospiele als Ursache für extreme Ausnahmeereignisse wie Amokläufe zu diskutieren. Doch es gibt durchaus zwei Lager. Eine Kontra-Videospiel-Fraktion mit der Überzeugung, dass gewaltvolle Videospiele zweifellos ein Risikofaktor für Aggression und Gewalt sind. Und eine Pro-Videospiel-Fraktion mit der Überzeugung, dass sämtliche Effekte so klein sind, dass sie keine praktische Bedeutung haben. Eine Einigung ist bis heute nicht in Sicht. Laien, die in der Wissenschaft ausnahmsweise nicht nur Bestätigung für das eigene Weltbild, sondern ernsthafte Aufklärung suchen, stehen da ziemlich hilflos zwischen den streitenden Experten. Die Antwort liegt – wie so oft – in den Methoden. Wenn man sich diese vor Augen führt, ist man deutlich besser gewappnet, um auch eigene Schlussfolgerungen zu wagen. Doch zunächst brauchen wir ein wenig Kontext. Psychologische Methoden sind nämlich mit Vorsicht zu genießen.

PSYCHOLOGIE IN (K)EINER KRISE: DAS UMSTRITTENE REPRODUZIERBARKEITSPROBLEM

Als Chemikerin finde ich psychologische Methoden ziemlich unbefriedigend. Während man Moleküle in eine Art MRT-Röhre schieben kann und die Schwingungen ihrer Atomkerne die chemische Struktur preisgeben, müssen Forschende in der Psychologie auf Methoden wie Befragungen zurückgreifen. Natürlich folgen wissenschaftliche Befragungen auch einer wissenschaftlichen Methodik und sind nicht dasselbe wie eine Twitter-Umfrage. Dennoch können allerhand Verzerrungen entstehen, zum Beispiel weil Menschen sich falsch einschätzen oder nicht ganz ehrlich sind. Es gibt da etwa den interessanten Effekt, dass Menschen selbst bei anonymen Online-Befragungen dazu neigen, die gesellschaftlich stärker akzeptierte Antwort zu geben, selbst wenn sie nicht der Wahrheit entspricht *(Social Desira-*

bility Bias).[5] Wenn man also Menschen anonym befragt, ob sie in der Dusche pinkeln, kann es gut sein, dass einige Duschpinkler das nicht zugeben und der tatsächliche Anteil der Duschpinkler so unterschätzt wird.

Aber na ja, man muss die Methoden nehmen, die man hat, und das Beste daraus machen. Doch ist das Beste gut genug? Das ist hier die entscheidende Frage. Wie gut wissenschaftliche Methoden sind, spiegelt sich in der **Reproduzierbarkeit** der Studien wider. Reproduzierbarkeit dreht sich um die Frage: Kommt man zum selben Ergebnis, wenn man die Studie wiederholt? Wichtige Frage, offensichtlich. Als Laie würde man ja hoffen, dass wissenschaftliche Ergebnisse reproduzierbar sind. Doch bei einer Befragung von über 1500 Wissenschaftlerinnen und Wissenschaftlern aus unterschiedlichen Forschungsgebieten war eine überwältigende Mehrheit der Meinung, dass es eine leichte bis wesentliche **Reproduzierbarkeitskrise** *(reproducibility crisis)* gibt:

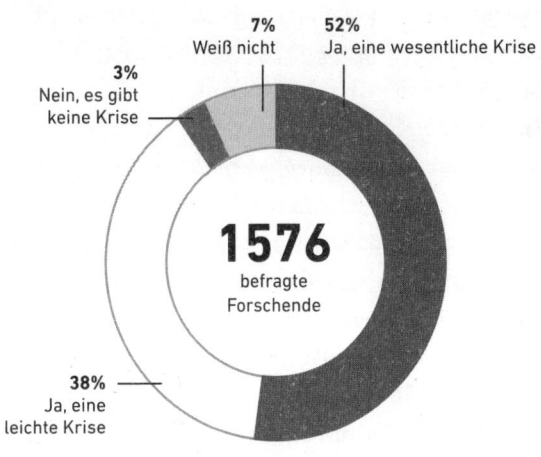

Abbildung 2.2: Die Fachzeitschrift »Nature« befragte 1576 Wissenschaftlerinnen und Wissenschaftler unterschiedlicher Forschungsgebiete: »Gibt es eine Reproduzierbarkeitskrise?«[6]

Mir ist es während meiner Doktorarbeit auch schon passiert: Nach langer Recherche fand ich in einer Studie genau das Experiment, das ich brauchte, um in meiner Forschungsfrage weiterzukommen. Doch bei dem Versuch, es »nachzukochen«, wie wir Chemiker sagen, musste ich fluchend feststellen, dass das alles gar nicht so reibungslos funktionierte, wie es im Paper beschrieben stand. Die Mehrheit der Befragten aus der Wissenschaft hat offenbar eine ähnliche Erfahrung gemacht.[7] Wobei es nicht fair wäre, dies allein auf die Schlampigkeit der anderen zu schieben. Jeder, der forscht, ist wahrscheinlich auch schon mal daran gescheitert, selbst ein eigenes Experiment zu reproduzieren. So wie es auch jedem beim Kochen passieren kann, dass ein Gericht beim zweiten Mal irgendwie schiefgeht oder anders schmeckt, obwohl man sich doch eigentlich an das Rezept gehalten hat. In manchen Fachgebieten passiert so etwas allerdings häufiger als in anderen. In den Bereichen Physik, Chemie und Ingenieurswissenschaften bewerteten die Forschenden ihre Fachliteratur größtenteils als verlässlich, doch in der Medizin, in den Geistes- und Sozialwissenschaften hielten Forschende einen deutlich größeren Teil der Fachliteratur für nicht reproduzierbar.

Die Psychologie hat sich da einen besonderen Namen gemacht, als 2015 die Expertengruppe *Open Science Collaboration* die Ergebnisse ihres dreijährigen *Reproducibility Projects* auf den Tisch knallte, dass es nur so donnerte: Die Gruppe hatte über hundert psychologische Studien wiederholt und – wenn ihr nicht schon sitzt, setzt euch – nur in rund 40 Prozent der Fälle die Originalergebnisse reproduzieren können.[8] Das heißt, 60 Prozent der Studien waren nicht reproduzierbar!!! Uff. In den Medien wurde nicht nur eine Reproduktionskrise, sondern auch eine Glaubwürdigkeitskrise der psychologischen Forschung ausgerufen – bis eine Gruppe rund um den amerikanischen Psychologen Dan Gilbert für die Psychologie in die Bresche sprang. In einer Re-Analyse[9] des *Reproducibility Projects* kamen sie zu einem ganz und gar nicht so düsteren Fazit: Die Reproduzierbarkeit könne sich in Wirklichkeit absolut sehen lassen, nix da Krise! Die überpessimistische 60-prozentige Fail-Rate läge unter anderem daran, dass bei der Wiederholung einiger Studien das Studiendesign zu stark verändert worden sei: So wurde eine Studie, die sich um Vorurteile von weißen Amerikanern gegenüber Afroamerikanern dreht, nicht mit Amerikanern, sondern mit Italienern wiederholt. Eine andere Studie, bei der junge Kinder eine relativ schwierige Aufgabe an einem Computerbildschirm durchführen mussten, wurde mit älteren Kindern und einer deutlich leichteren Aufgabe wiederholt. Kein Wunder, dass unterschiedliche Ergebnisse herauskamen!

Zwar wurden mehrere solcher einleuchtender Beispiele genannt, die allerdings nur einen kleinen Teil der 60-prozentigen Fail-Rate erklären konnten. Außerdem sahen Kritiker Probleme bei der statistischen Auswertung und eine eventuelle Voreingenommenheit der Autoren, was diese jedoch deutlich zurückwiesen.[10] Ich werde auf die Details[11] hier nicht weiter eingehen, denn meiner Meinung nach ist die Auseinandersetzung an sich schon augenöffnend genug: Die Psychologie ist sich noch nicht einmal einig darüber, ob sie in einer Krise steckt oder nicht! Wenn allein das nicht schon *per se* eine Krise ist. »Zwei Gruppen sehr schlauer Leute schauen auf die exakt gleichen Daten und ziehen völlig unterschiedliche Rückschlüsse«[12], stellte denn auch die Wissenschaftsjournalistin Katie M. Palmer fest und brachte das eigentliche Problem damit auf den Punkt: In der Psychologie herrscht offenbar nicht genügend Konsens darüber, wie man Daten am besten erhebt und auswertet – also darüber, welches die besten Methoden sind.

Das ist zwar nicht gut, aber es gibt dafür zumindest nachvollziehbare Gründe. Die Psychologie gehört zu den Forschungsbereichen, in denen es recht große **Researcher Degrees of Freedom** gibt – große »Freiheitsgrade der Forschenden«. Wenn ich wissen möchte, ob ich das richtige Molekül hergestellt habe, gibt es für mich als Forscherin wenig Spielraum für die individuelle Auslegung dieser chemischen Charakterisierung. Doch wenn ich wissen möchte, ob Videospiele aggressiv machen können, gibt es kein Standardprotokoll und auch keine physikochemische Messmethode, die objektive, absolute Werte liefert. Nicht nur, weil es solche Messgeräte nicht gibt, sondern natürlich auch, weil menschliches Verhalten viel komplexer, variabler und unzuverlässiger ist als etwa die Schwingungen von Molekülen. (Deswegen mag ich Moleküle viel lieber.) Forschende in der Psychologie müssen bei der Planung, Durchführung und Auswertung einer Studie viele individuelle Entscheidungen treffen. Und das ist schlecht! Werden diese Entscheidungen unterschiedlich getroffen, ist es nicht nur schwierig, Studien miteinander zu vergleichen, sondern trägt auch zu einer schlechteren Reproduzierbarkeit bei. Aber vor allem: Je mehr menschliche Entscheidung und Interpretation in ein Forschungsthema fließen, desto weniger objektiv und sachlich werden die Ergebnisse sein. Um es in Christian Drostens Worten auszudrücken – ich reiße ihn hier aus dem Kontext, aber es passt trotzdem sehr gut: »Dieser Faktor Mensch, der stört da überall rein.«[13]

Aber schauen wir uns die Methoden der Aggressionsforschung einmal etwas genauer an.

PUZZLE FÜR FORTGESCHRITTENE: WARUM AGGRESSIONSFORSCHUNG BESONDERS KOMPLIZIERT IST

Stell dir vor, du nimmst an einer wissenschaftlichen Studie teil. Du wirst darüber aufgeklärt, dass es bei dieser Studie um den Einfluss von Stress auf die Reaktionszeit geht. Deine Reaktionszeit sollst du an einem einfachen Computerspiel demonstrieren, bei dem du auf Zeit gegen einen zweiten Studienteilnehmer in einem anderen Raum antrittst. Du lernst den anderen vorher nicht kennen, schließlich sollen persönliche Eindrücke die Studie nicht verzerren. Der Verlierer, also derjenige, der die längere Reaktionszeit beim Spiel hat, kriegt zur Strafe – hier kommt nun der Stress – ein unangenehm lautes Geräusch auf die Ohren, einen *noiseblast*. NOISEBLAST!!! Wie schlimm dieses Geräusch sein wird, entscheiden die beiden Spieler selbst: Vor jeder Spielrunde bestimmst du, wie lange und in welcher Lautstärke der Gegenspieler geblastet wird, sollte er verlieren. Im Gegenzug bekommst du die Willkür deines Gegenspielers zu hören, wenn du verlierst.

Los geht's. Vielleicht stellst du in der ersten Runde eine eher moderate Lautstärke und Dauer ein. Doch leider war dein Gegenspieler wohl schneller beim Spiel, denn du bekommst als Verlierer einen derartig bösen Blast, dass dir nicht nur die Ohren, sondern auch die Knie schlackern. Was für ein Arsch. Dein Puls rast, Stress pur. Auf dem Bildschirm erscheinen nun die Noise-Einstellungen, die der Typ im anderen Raum für dich gewählt hat, und du stellst fest, dass du nicht einfach nur empfindlich bist: Dein Gegenspieler hat sowohl Länge als auch Lautstärke auf volle Kanone, aufs Maximum gestellt – was für ein RIESENARSCH! Aber das war ja erst Runde 1 von 25. Schon wird es Zeit, die Strafparameter für das zweite Spiel einzustellen ... was machst du jetzt?

Was ich gerade beschrieben habe, ist der am häufigsten eingesetzte Labortest zur Messung von Aggression.[14] Das Setting führt dabei ganz bewusst ein wenig in die Irre. So ist die Sache mit der Reaktionszeit nur ein Vorwand, und in Wirklichkeit gibt es auch gar keinen zweiten Studienteilnehmer in einem anderen Raum. In welcher Reihenfolge du gewinnst oder verlierst sowie die Länge und Lautstärke der Noiseblasts, die du abbekommen wirst, stehen schon vorher fest und sind zufällig ausgewählt. Nur eins ist gesetzt, nämlich dass du direkt nach dem ersten Spiel verlieren und den Maximalblast erhalten wirst – dieses Experiment soll dich schließlich provozieren. Man nennt diesen Noiseblast-Test in der Fachsprache **Competitive Reaction Time Task**, kurz CRTT.[15] Ich werde aber der Einfachheit halber bei »Noiseblast-Test« bleiben. Je länger und lauter man während des Experiments seinen vermeintlichen Gegenspieler bestraft, desto höher ist der »Aggressions-Score«. (Da ihr das alles nun wisst, seid ihr hiermit disqualifiziert für jede Noiseblast-Aggressionsstudie, zu der ihr mal eingeladen werden solltet. Hoffen wir mal für alle Forschenden, die noch viel mit dieser Methode vorhaben, dass dieses Buch kein globaler Bestseller wird ...)

Es gibt übrigens noch einige andere Aggressionsmessungen im Labor, unter anderem den »Hot Sauce«-Test, bei dem man jemand anderen mit scharfer Sauce »bestraft«, den »Voodoo-Puppen«-Test (selbsterklärend) oder den »Cold Pressure«-Test, bei dem man die Hand einer anderen Person in Eiswasser tauchen soll (klingt harmlos, ist aber auch ein vielfach eingesetzter Test für Schmerztoleranz).

Vielleicht fallen euch bereits einige Gründe ein, warum solche Aggressionsmessungen im Labor nur so mittelgut sind – keine Sorge, wir gehen darauf gleich noch im Detail ein. Wir sollten uns aber zunächst bewusst machen, dass mittelgut manchmal das Beste ist, was man kriegen kann. Es ist vergleichsweise einfach herauszufinden, wie viele Menschen unter der Dusche pinkeln – man müsste bloß bestimmte Duschvorrichtungen bauen, das Duschwasser auffangen und in einem chemischen Labor den Uringehalt bestimmen lassen. Dann müsste man sich nur noch einen kreativen Vorwand ausdenken, unter dem man Menschen ins Labor und unter die Dusche locken könnte ... Gut, so eine Studie würde zwar niemand bezahlen, aber es gäbe zumindest theoretisch ein realitätsnahes Studiendesign! (Und sollte die

Frage, wie viele Menschen unter der Dusche pinkeln, jemals gesellschaftliche Relevanz erlangen, ließen sich bestimmt auch die nötigen Forschungsgelder mobilisieren.) Doch experimentelle Aggressionsmessungen sind quasi aus Prinzip realitätsfern – und zwar aus ethischen Gründen. Der Noiseblast-Test zum Beispiel ist bereits eine ethisch vertretbarere Abwandlung seiner Originalversion aus dem Jahr 1967.[16] Da gab es statt eines unangenehm lauten Geräuschs nämlich noch einen Elektroschock! Hui. Natürlich nur in einer ungefährlichen Intensität, aber trotzdem hui. Leichte Elektroschocks werden manchmal immer noch angewendet, und manche empfinden das sogar als weniger schlimm als einen unangenehm lauten Noiseblast.

Das eigentliche ethische Problem ist aber folgendes: Wenn man nicht nur die Bereitschaft, jemand anderem etwas Unangenehmes anzutun, im Labor beobachten wollte, sondern echte Gewaltbereitschaft, müsste man natürlich auch echte Gewalt anwenden oder anwenden lassen. Man könnte zum Beispiel statt eines Kopfhörers einen Boxer einsetzen, der auf Anweisung unterschiedlich starke Schläge im Gesicht des Teilnehmers platziert. Ihr seht aber hoffentlich selbst, warum das nicht geht. Ein grundsätzliches methodisches Problem von experimentellen Aggressionsmessungen ist somit, dass man in einem Labor aus ethischen Gründen keine ernsthafte Gewaltbereitschaft provozieren darf, sondern nur kleinere Gemeinheiten. Deswegen ist es wichtig, Forschung als eine Art Puzzle zu verstehen. Jede Studie hat ihre Grenzen, sie liefert jeweils nur ein kleines Puzzleteil – und es braucht viele verschiedene Puzzleteile, bis sich ein Bild erkennen lässt. Um dieses Bild von verschiedenen Seiten zu füllen, verwendet man unterschiedliche Studiendesigns, um den Einfluss von Videospielen auf Aggression oder Gewalt zu untersuchen.

Grundsätzlich unterscheidet man zwischen **Laborstudien** wie dem Noiseblast-Test und **Beobachtungsstudien**. Zu Beobachtungsstudien zählen Querschnittsstudien, bei denen man eine Gruppe von Kindern oder Jugendlichen zum Beispiel einen **Buss-Perry-Aggressionsfragebogen** beantworten lässt (siehe Box 2.3 am Ende des Kapitels, Seite 93) und sie außerdem zu ihrem Videospielekonsum befragt. Anhand solcher Querschnittsstudien kann man **Korrelationen** ermitteln, zum Beispiel, dass häufiges Spielen gewaltvoller Videospiele einhergeht mit höherer Aggression.

Die nächste wichtige Frage ist, ob neben der Korrelation auch eine **Kausalität** vorliegt (siehe Box 2.1, Seite 68) und wenn ja, in welche Richtung sie geht. Machen gewaltsame Videospiele gewalttätig **(Sozialisationseffekt)**? Oder entscheiden sich gewalttätige Menschen öfter für gewaltsame Videospiele **(Selektionseffekt)**? Passiert vielleicht beides gleichzeitig? Einen Hinweis auf diese verschiedenen Effekte liefern **Longitudinalstudien** (auch **Kohortenstudien** genannt), wo eine Gruppe von Probanden – eine Kohorte – über einen längeren Zeitraum beobachtet wird. Hier kann man eventuelle Trends verfolgen: Nimmt zunächst das Spielen gewaltvoller Videospiele zu und erst mit etwas Verzögerung auch aggressives Verhalten? Dann wäre das ein Hinweis auf einen Sozialisationseffekt. Allerdings kann man einen gleichzeitigen Selektionseffekt in diesem Fall auch nicht ausschließen. Der größte Vorteil von Beobachtungsstudien ist nämlich gleichzeitig ihr Nachteil: Indem man Menschen in ihrem Alltag beobachtet, ist das Ergebnis viel realitätsnäher als das einer Laborstudie, allerdings ist die Realität immer so unglaublich komplex. Oft sind Zusammenhänge Teil eines komplizierten Korrelations- und Kausalitätsnetzwerks (siehe Box 2.1, Seite 68). Es ist daher schwierig, den Einfluss gewaltvoller Videospiele auf das Aggressionsverhalten sauber von anderen Einflüssen zu trennen, etwa von Gewalt innerhalb der Familie, Diskriminierung oder genetischen Prädispositionen (vergleiche auch Kapitel 6).

Nun wird auch deutlich, dass der Nachteil von Laborexperimenten, nämlich dass sie sehr künstliche, realitätsferne Situationen erschaffen, auch gleichzeitig ihr Vorteil ist. Indem man die Welt im Studiendesign vereinfacht, kann man einzelne Parameter kontrolliert verändern und systematische Vergleiche anstellen. Der große Vorteil von Laborstudien ist außerdem, dass man Probanden in eine Testgruppe und eine Kontrollgruppe einteilen kann: Die Testgruppe spielt ein gewalttätiges Videospiel, die Kontrollgruppe ein friedliches. Anschließend kann man unterschiedliche Labortests wie etwa den Noiseblast-Test durchführen, um zu beobachten, ob es zwischen Test- und Kontrollgruppe einen signifikanten Unterschied gibt. Wenn ja, können wir von einem kausalen Zusammenhang ausgehen.

Es ist allerdings gar nicht zwingend notwendig, dass ein Aggressionstest im Labor möglichst realitätsnah ist. Denn nur weil man im Labor ja nicht echte Aggression oder Gewaltbereitschaft misst (Ethik!), kann es ja dennoch sein, dass diese Messung stark mit echter Aggression oder Gewaltbereitschaft korreliert. Die relevante Frage ist also: Sind Menschen, die eher dazu bereit sind, einem Spielgegner was Lautes auf die Ohren zu geben, im echten Leben auch aggressiver oder gar gewalttätiger?

Wenn diese Korrelation besteht – und wenn sie stark ist –, dann ist der Noiseblast-Test ein guter **Prädiktor** für Aggression. Doch die Zweifel sind hier leider groß. Wenn man überprüft, ob ein hoher Noiseblast-Score mit Aggression im echten Leben korreliert, sind die Ergebnisse alles andere als überzeugend[19] – mal findet man einen Zusammenhang, mal nicht[20]. Und selbst wenn man eine Korrelation feststellt, ist diese sehr schwach. Beispielsweise ermittelte eine methodisch starke (stark, unter anderem weil präregistriert, siehe unten) Studie[21] einen Zusammenhang zwischen Noiseblast-Scores und der Anzahl

BOX 2.1: KORRELATIONEN

Eine Korrelation ist meistens ein »Je-desto-Zusammenhang«: Je heißer es ist, desto kürzere Klamotten tragen die Menschen. In diesem Fall ist die Korrelation zwischen der Temperatur und der Kürze der Klamotten kausal. Das bedeutet, heiße Temperaturen sind die direkte Ursache dafür, dass Menschen sich für kürzere Klamotten entscheiden.

Allerdings müssen Korrelationen nicht unbedingt kausal sein. Menschen machen häufig den Fehler, eine Korrelation automatisch als Kausalität zu deuten, oder den gegenteiligen Fehler, bei einer Korrelation eine Kausalität automatisch auszuschließen. Anders gesagt: Eine Korrelation ist nicht automatisch gleich Kausalität. Und eine Korrelation ist nicht automatisch keine Kausalität. Es gibt zwischen rein zufälliger, unbedeutender Korrelation und einer direkten Kausalität mehrere Zwischenstufen:

Korrelation vs. Kausalität

1) Eine Korrelation kann rein zufällig sein: Je mehr Käse Menschen im Durchschnitt essen, desto häufiger ereignen sich Todesfälle durch Verheddern in Bettlaken. Hier ein Beweisbild aus Tyler Vigens wunderbarem Buch »Spurious Correlations«[17] zum Thema Scheinkorrelationen:

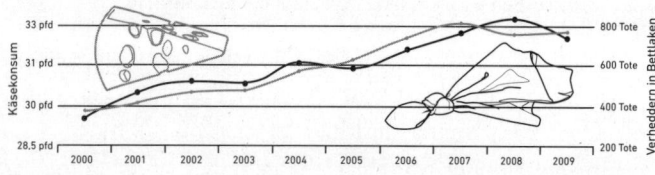

2) Eine Korrelation kann das Produkt einer gemeinsamen Kausalität sein: In Monaten, in denen viel Eiscreme konsumiert wird, misst man in der Bevölkerung einen höheren Vitamin-D-Spiegel. Dabei haben Eiscreme und Vitamin D ähnlich wenig miteinander zu tun wie Käse und Bettlaken, doch in diesem Fall lässt sich die Korrelation durch die Jahreszeit erklären: Vitamin D produziert der Körper nämlich

mithilfe von Sonnenlicht, was im Sommer – wenn wir auch mehr Eis essen – zu höheren Vitamin-D-Spiegeln führt.

3) Eine Korrelation kann zwar nicht direkt kausal, aber Teil eines komplexeren Kausalitätsnetzwerks sein: Je höher der Bildungsabschluss, desto höher die Lebenserwartung. Das eine bedingt das andere nicht direkt – um zu überleben, braucht man sicher nicht zur Uni zu gehen. Aber je besser Menschen ausgebildet sind, desto bessere Jobchancen haben sie, desto wohlhabender sind sie, desto gesünder ernähren sie sich und so weiter.

4) Eine Korrelation kann kausal sein, aber nur ein Aspekt von mehreren: In Kapitel 6 werden wir erfahren, dass ein hoher IQ mit guten Schulnoten korreliert. Nun ist es nur nachvollziehbar, dass die kognitiven Fähigkeiten, die ein IQ-Test abfragt, auch in der Schule nützlich sind und zu guten Noten führen können. Allerdings haben gute Noten noch weitere Ursachen, wie Fleiß oder Motivation.

5) Eine Korrelation kann kausal sein, wobei die Kausalität gleichzeitig in beide Richtungen gehen kann: Der IQ korreliert auch mit der Höhe des Bildungsabschlusses, sprich, je höher der IQ, desto länger die Ausbildung. In Kapitel 6 werden wir sehen, dass sich beides gegenseitig bedingt: Ein höherer IQ befähigt Menschen dazu, höhere und damit kognitiv anspruchsvollere Bildungsabschlüsse zu machen, und andersrum führt ein längerer Bildungsweg zu einer Stärkung kognitiver Fähigkeiten und damit zu einem höheren IQ.

6) Eine Korrelation kann gleichzeitig kausal sein: Je häufiger und länger Menschen rauchen, desto häufiger erkranken sie an Lungenkrebs – dieser Zusammenhang ist kausal, Zigaretten können Lungenkrebs verursachen.

Korrelationen als statistische »Voraussagen«
Man spricht bei Korrelationen oft von sogenannten Prädiktoren. Man sagt: »Der IQ ist ein **Prädiktor** für gute Schulnoten« oder »Der IQ ist **prädiktiv** für gute Schulnoten«. Ist die Korrelation stark, liegt eine hohe **Voraussagekraft** *(predictive power)* vor, eine Bezeichnung, die offensichtlich missverständlich ist. Denn natürlich geht es hier nicht

darum, etwas mit einer Art Glaskugel-Magie vorauszusagen, sondern lediglich um **Wahrscheinlichkeiten:** Wenn der IQ prädiktiv für gute Schulnoten ist, so heißt das nichts anderes, als dass die Wahrscheinlichkeit für gute Schulnoten bei einer Person mit höherem IQ höher ist als bei einer Person mit niedrigem IQ (vergleiche auch Kapitel 6).

Korrelationsstärke

Wie stark eine Korrelation zwischen zwei Größen x und y ist, wird durch den **Korrelationskoeffizienten** *(r)* angegeben. Bei linearen Beziehungen wird er mit einer Zahl zwischen -1 und +1 beziffert:

$r = -1$ → perfekt negative Beziehung zwischen x und y
$r = 0$ → keine Beziehung zwischen x und y
$r = +1$ → perfekt positive Beziehung zwischen x und y

Die Grafik der Fangfrage am Anfang des Kapitels zeigt beispielsweise einen Korrelationskoeffizienten von -0,85 zwischen dem Konsum gewaltvoller Videospiele und Jugendgewalt.[18]

Damit ihr euch etwas besser vorstellen könnt, was es mit linearen Beziehungen und dem r-Wert auf sich hat, ein einfaches Beispiel. Die Korrelationsstärke lässt sich mit einem sogenannten **Scatterplot** ganz gut visualisieren. Nehmen wir ein alltägliches Beispiel – Körpergewicht vs. Körpergröße: Wir bestimmen bei einer Gruppe von Menschen deren Körpergröße (x-Achse) und deren Gewicht (y-Achse) und tragen jede Person als einen (x/y)-Datenpunkt in ein Koordinatensystem ein:

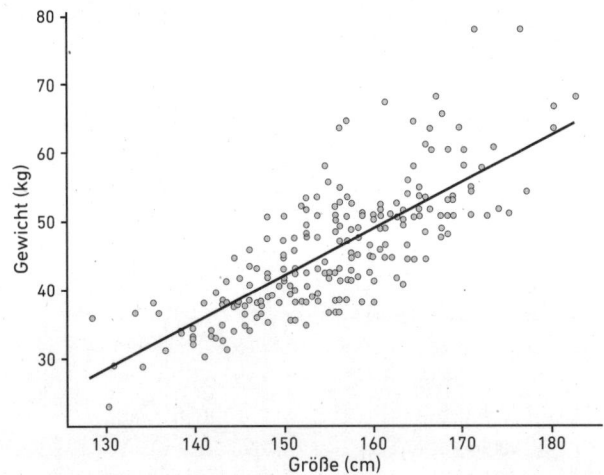

Abbildung 2.3: Die Korrelation zwischen Körpergewicht und Körpergröße ist positiv.

Man sieht eine positive Beziehung zwischen Körpergröße und Gewicht: Je größer der Mensch, desto schwerer. Diesen linearen Zusammenhang kann man durch eine sogenannte **Regressionslinie** mit positiver Steigung sichtbar machen (die Diagonale). **Wie stark die Korrelation ist, hängt nicht davon ab, wie steil die Regressionsgerade ist, sondern wie stark die Messwerte um die Linie herumstreuen.** Je größer die Streuung, also je wilder die Datenwolke, desto kleiner die Korrelation; je kleiner die Streuung und je klarer die lineare Beziehung, desto stärker die Korrelation.

Damit ihr ein Gefühl für verschieden starke Korrelationen bekommt, sind auf der folgenden Seite einige Beispiele für unterschiedliche Scatterplots mit positiven Korrelationskoeffizienten zwischen 0 und 1 angeführt:

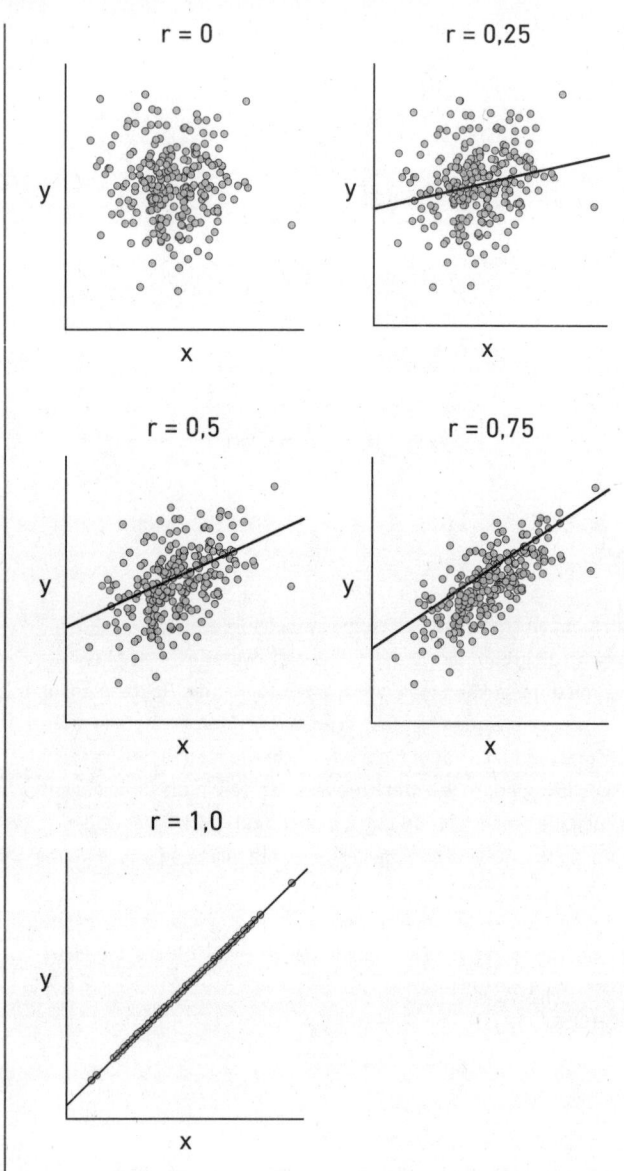

Übrigens kann man mit ein wenig Übung den Korrelationskoeffizienten per Augenmaß am Scatterplot ablesen. Wer dies trainieren oder sich selbst auf die Probe stellen will, kann das beim Online-Spiel »Guess the Correlation« (http://guessthecorrelation.com/) tun. Ein herrlich nerdiger Zeitvertreib.

In unserem Beispiel Körpergröße vs. Körpergewicht haben wir es übrigens mit einer Korrelation von 0,77 zu tun. Ob das jetzt stark ist oder nicht, zeigt der Blick auf die folgenden Werte:

$r < 0,1$	→ sehr schwache Korrelation
$r = 0,2 - 0,3$	→ schwache Korrelation
$r = 0,4 - 0,6$	→ mäßig starke Korrelation
$r = 0,7 - 0,8$	→ starke Korrelation
$r > 0,9$	→ sehr starke Korrelation

Wir haben es also bei $r = 0,77$ mit einer recht starken Korrelation zu tun!
Generell sind Korrelationskoeffizienten eine wichtige Größe, um Zusammenhänge nicht nur qualitativ, sondern auch in ihrer Bedeutsamkeit einzuordnen, weswegen sie konzeptionell eng verwandt sind mit **Effektgrößen** → siehe Box 2.2, Seite 84.

---

der Prügeleien, in die eine Person im echten Leben verwickelt war, der in der Größenordnung von $r = 0,2$, oft auch darunter lag – ein eher schwacher Zusammenhang (Box 2.1). Der Noiseblast-Test scheint also kein guter Prädiktor für echte Aggression im wahren Leben zu sein, was unter anderem an diesen Problemen liegt, die zu Verzerrungen im Ergebnis führen:

Problem Nr. 1: Ein niedriger Noiseblast-Score kann auf unterschiedliche Motive zurückgeführt werden

Kommen wir noch einmal zu der Frage zurück, mit der ich euch oben aus dem Experiment entlassen habe: Was macht ihr nun, nachdem euch der vermeintliche Riesenarsch nach Spiel Nr. 1

den maximalen Noiseblast verpasst hat? Rächt ihr euch? Oder entscheidet ihr euch strategisch für sehr milde Bestrafungen, um den offenbar aggressiven Typen im anderen Raum zu beschwichtigen? Das sind natürlich zwei sehr unterschiedliche Motive – nur das erste passt überhaupt zur Fragestellung nach eurer Aggressivität, und selbst das nicht so ganz. Denn:

Problem Nr. 2: Rache und Aggression sind nicht dasselbe

Ich weiß ja nicht, wie ihr so drauf seid – ich würde mich selbst als eine wenig aggressive und ziemlich friedliebende Person bezeichnen. Ich würde ganz sicher nicht jemand Fremdes mit einem unangenehm lauten Ton quälen wollen. Aber wenn die andere Person so böse vorlegt … bin ich mir nicht sicher, wie ich reagieren würde. Ist das Bedürfnis, sich zu rächen – und wohlgemerkt auch nur in derselben Intensität, in der man es selbst erleiden musste –, wirklich dasselbe wie Aggression? Zeichnet sich Aggression nicht durch eine unprovozierte oder unverhältnismäßige Reaktion aus? (Vergleiche Buss-Perry-Aggressionsfragebogen, Box 2.3, Seite 93: »Manchmal raste ich aus ohne bestimmten Grund.«) Das Problem ist also, dass man hier eigentlich beobachtet, wie stark jemand *zurück*schlägt (reaktive Gewalt), und nicht, wie stark jemand schlägt (instrumentale Gewalt).

Problem Nr. 3: Keine andere Wahl

Der Noiseblast-Test hat in der Regel keine friedliche Option. Es gibt meistens nicht die Möglichkeit, den anderen gar nicht zu bestrafen oder gar ein klärendes Gespräch zu suchen. Menschen, die also im echten Leben bei Provokationen nach friedlichen Lösungen suchen würden, können dieses Verhalten im Experiment gar nicht demonstrieren.

Problem Nr. 4: Keine Standardisierung

Der Noiseblast-Test hat kein standardmäßiges Protokoll, dem alle Forschungsgruppen folgen. Das ist ein ziemlich schwerwiegendes Problem, das man allerdings nicht unbedingt auf den ersten Blick als so schwerwiegend erkennt. Eine Forschungsgruppe aus Münster hat ganz eindrücklich zusammengetragen, auf wie viele unterschiedliche Arten und Weisen der Noiseblast-Test nicht nur von unterschiedlichen Forschungsgruppen, sondern manchmal sogar von ein und derselben Forschungsgruppe angewendet und ausgewertet wurde[22]: Es fängt damit an, dass manchmal Lautstärke und Länge des Noiseblasts als zwei unterschiedliche Variablen festgehalten und ausgewertet werden, manchmal beides zusammen, manchmal nur eins von beiden. Oder es gibt Studien, wo nur die erste oder nur die ersten beiden Spielrunden überhaupt ausgewertet wurden, um die eben genannten Probleme Nr. 1 und Nr. 2 zu minimieren. In manchen Noiseblast-Experimenten wurde doch eine friedliche Option eingeführt, und die Teilnehmer hatten die Möglichkeit, die Lautstärke auf 0 zu setzen, um Problem Nr. 3 entgegenzuwirken. Na gut, was soll's, könnte man jetzt denken. Dann macht halt jeder den Test ein bisschen anders. Tatsächlich ist es auch ein Vorteil, dass man den Noiseblast-Test so vielfältig einsetzen kann. ABER! Jetzt kommt ein ganz großes Aber, so groß, dass ich einen neuen Abschnitt dafür anfangen muss:

WER SUCHT, DER FINDET: DAS SIGNIFIKANTE PROBLEM MIT DEM P-HACKING

Stellen wir uns eine wissenschaftliche Studie vor, in der wir testen möchten, ob Brokkoli während der Pubertät gegen Pickel hilft. Wir rekrutieren pubertierende Jugendliche in ihrer besten Pickelphase und teilen sie zufällig in Testgruppe und Kontrollgruppe ein. Nachdem wir bei allen den Pickelstand festgehalten haben, beauftragen wir die Testgruppe, jeden Tag Brokkoli zu essen; die Kontrollgruppe isst keinen Brokkoli. Nach sechs Wochen zählen wir noch mal die Pickel. (Methodisch stärker wäre es übrigens, der Testgruppe Tabletten mit einer exakten Menge an Brokkoli-Extrakt zu geben und der Kontrollgruppe Placebos, aber was soll's, wir werden noch sehen, dass die Methoden in der Psychologie ohnehin nicht so super genau sind.)

Nun ist es nicht nur spannend, ob es einen Unterschied zwischen Testgruppe und Kontrollgruppe gibt, sondern ob dieser Unterschied auch »statistisch signifikant« ist. Die **statistische Signifikanz** ist ein häufig und schwer missverstandener Begriff, da wir das Wort »signifikant« im Alltag als Synonym für »bedeutend« oder »bemerkenswert« benutzen. **In der Forschung heißt »statistisch signifikant« aber nicht automatisch »bemerkenswert«, sondern lediglich, dass ein Ergebnis wahrscheinlich nicht bloß zufällig ist.**

Wenn unsere Testgruppe nach sechs Wochen Brokkoli-Intervention plötzlich die glatteste Babypopohaut im Gesicht hat, die ein Mensch je erblickt hat, während die Kontrollgruppe picklig ist wie eh und je, steht die statistische Signifikanz weniger infrage. Doch sagen wir, man stellt bei der Brokkoli-Gruppe fest, dass diese im Durchschnitt 10 Prozent weniger Pickel hat als die Kontrollgruppe. Klingt erst mal gut, allerdings sind die Schwankungen innerhalb beider Gruppen sehr groß. Es ist absolut denkbar, dass die durchschnittlichen 10 Prozent reinere Haut nur purer Zufall sind. Wie aber können wir nun beurteilen, ob Brokkoli einen echten Effekt hat?

Hier kommt der berühmt-berüchtigte **p-Wert** ins Spiel: Er gibt die Wahrscheinlichkeit an, dass der gemessene Pickligkeitsunterschied auch ohne Brokkoli-Genuss aufgetreten wäre. Diese Wahrscheinlichkeit liegt irgendwo zwischen 0 Prozent (p = 0) und 100 Prozent (p = 1) – **je kleiner der p-Wert, desto**

höher die statistische Signifikanz. Für unser Beispiel heißt das: Je kleiner der p-Wert, desto eher hat Brokkoli einen echten Effekt; je größer der p-Wert, desto eher ist das Ergebnis nur Zufall.

Nun hat man sich auf eine Art Mindestmaß geeinigt, auf eine »Signifikanzgrenze«, die man in aller Regel auf p = 0,05 setzt – alles darunter darf sich »statistisch signifikant« nennen. **Statistische Signifikanz bedeutet also p < 0,05.** Ein p-Wert von 0,05 entspricht einer Wahrscheinlichkeit von 1 in 20, also der Wahrscheinlichkeit, mit einem zwanzigseitigen Würfel eine 1 zu würfeln. (Übrigens, ja, es gibt zwanzigseitige Würfel, und falls ihr das schon wusstet: Greetings, Rollenspieler!) Wenn ich nun in meinem Brokkoli-Experiment eine Pickelreduzierung von 10 Prozent in meiner Brokkoli-Gruppe feststelle und bei der statistischen Analyse ein p-Wert von zum Beispiel p = 0,048 herauskommt – ist das haarscharf ein statistisch signifikantes Ergebnis! Heureka! Daraus könnte man direkt eine Schlagzeile machen: »*Neue Studie stellt fest: Brokkoli führt zu statistisch signifikanter Verbesserung der Haut!*« Ist nicht gelogen, aber ihr seht, wie unbedeutend statistische Signifikanz im Zweifel sein kann. Die Wahrscheinlichkeit, einen solchen Pickelunterschied auch dann zu sehen, wenn Brokkoli gar keine Wirkung hat, ist immer noch fast 1 in 20 – also gar nicht mal sooo unwahrscheinlich.

Doch das ist nicht das einzige Problem mit der statistischen Signifikanz. Stellen wir uns ein anderes Ergebnis vor: Wir bleiben dabei, dass die Testgruppe durchschnittlich 10 Prozent weniger Pickel im Gesicht hat, doch dieses Mal ist das Ergebnis *nicht* statistisch signifikant. C'est la Wissenschaft, viele Hypothesen erweisen sich leider als falsch. Aber das ist eigentlich nicht das Problem – das Problem beginnt erst damit, dass diese nicht signifikanten Ergebnisse oft gar nicht erst veröffentlicht werden. Nicht unbedingt, weil die Forschenden ihren Versuch unter den Tisch fallen lassen wollen, sondern in erster Linie, weil das Ergebnis »*Brokkoli hat keinen statistisch signifikanten Einfluss auf Pickel*« nicht wirklich berichtenswert ist. Selbst wenn man diesen Misserfolg veröffentlichen möchte (und sei es nur, um anderen Forschenden Zeit zu ersparen, die sich auch fragen, ob Brokkoli gegen Pickel hilft), wird man Probleme haben, ein wissenschaftliches Journal zu finden, das Interesse daran hat, diese Studie zu publizieren. Dieses Phänomen, dass »berichtenswerte« Ergebnisse viel eher veröffentlicht werden als »langweilige«, nennt sich **Publication Bias** und ist ein ernsthaftes Problem in der Forschung.

Und jetzt stellen wir uns mal vor, Brokkoli-Hautpflege ist gerade eine ganze heiße Spur und mehrere Forschungsgruppen gehen ihr nach. Selbst wenn die Spur eigentlich ins Leere führt, weil Brokkoli eigentlich gar keine Wirkung hat, müssten nur genug Forschungsgruppen ein ähnliches Brokkoli-Experiment durchführen, damit irgendjemand irgendwann rein zufällig ein statistisch signifikantes Ergebnis erhält. Denn eine »Signifikanzgrenze« von $p < 0{,}05$ bedeutet, dass im Schnitt jeder zwanzigste Test einer wirkungslosen Behandlung »statistisch signifikant« wird. Wenn alle zwanzig Messungen veröffentlicht werden und man so erkennt, dass in 19 von 20 Fällen keine Wirkung gemessen wird, ist ja alles super. Na ja, es ist enttäuschend für alle pickligen Brokkolifans, aber super, dass wir korrekterweise schlussfolgern können, dass Brokkoli wohl keinen echten Effekt hat. Aber wenn nur diese eine statistisch signifikante Messung veröffentlicht wird, all die anderen aber nicht, denn wen interessiert's – dann führt dieses Zufallsergebnis noch mehr an Brokkoli interessierte Wissenschaftler und Jugendliche auf eine falsche Fährte. Vor allem aber wäre die Schlagzeile »*Neue Studie stellt fest: Brokkoli führt zu statistisch signifikanter Verbesserung der Haut!*« bei einem derartigen Publication Bias sogar *noch* irreführender.

Aber jetzt kommt's: Theoretisch kann ich ja auch selbst das

Brokkoli-Experiment so lange wiederholen, bis der Unterschied irgendwann zufälligerweise so groß ist, dass das Ergebnis »statistisch signifikant« ist. Um bei dem Würfelbild zu bleiben: Wenn man den zwanzigseitigen Würfel nur oft genug würfelt, kommt früher oder später eine 1 raus.

Falls ihr das jetzt schon ernüchternd fandet, schnallt euch an. Wenn ich bei meiner Brokkoli-Studie keinen statistisch signifikanten Unterschied bei den Pickeln feststellen kann – dann vielleicht bei einem anderen Merkmal! Man könnte ja alles Mögliche untersuchen: Gewicht, Blutdruck, Reaktionszeit, allgemeine Stimmung, Länge der Fingernägel ... Je mehr Faktoren man hat, desto höher ist die Wahrscheinlichkeit, dass irgendwo – rein zufällig – ein »statistisch signifikanter« Unterschied festzustellen ist. Je mehr Faktoren ich habe, desto öfter kann ich mit meinem zwanzigseitigen Würfel würfeln und die Chance auf eine 1 erhöhen.

Und ich bin noch nicht fertig, es gibt noch eine weitere Möglichkeit: Anstatt alle Teilnehmer auszuwerten, schaue ich mir nur die Jungs an. Oder nur die Jungs zwischen 16 und 18 Jahren. Irgendwo wird da schon ein »statistisch signifikanter« Unterschied zwischen Test- und Kontrollgruppe auftauchen. Diese krumme Art der Signifikanzsuche nennt sich **p-Hacking**.[23] Mit p-Hacking kriegt man dann irgendwann doch noch etwas verkündet, zum Beispiel: »*Neue Studie stellt fest: Brokkoli führt zu statistisch signifikanter Verlängerung der Fingernägel!*«

Wenn ich eigentlich zeigen wollte, wie Brokkoli die Haut verbessert, mich dann aber nachträglich dafür entscheide, Fingernägel zu untersuchen, weil das zufälligerweise besser zu meinen Daten passt, nennt sich das **HARKing** – *Hypothesis After Results Known*. Mit anderen Worten: Man passt die Hypothese an die Messung an, anstatt die Hypothese mit der Messung zu belegen oder zu widerlegen. Natürlich ist das wissenschaftlich gesehen höchst illegal. Das ist, als würde man einen Dartpfeil irgendwo auf die Scheibe pfeffern und anschließend behaupten, dass man genau diesen Punkt treffen wollte – »Yep, ich wollte exakt 1,8 cm NEBEN die Scheibe werfen, und voilà, es ist mir mit höchster Präzision gelungen!« Sicher, es kann schon mal passieren, dass man bei einer Brokkoli-Hautstudie zufällig feststellt, dass das Grünzeug einen bemerkenswerten Einfluss auf das Fingernagelwachstum zu haben scheint. Dieser Spur darf man unbedingt nachgehen! Nur dann muss man die Hypothese neu formulieren – und zwar, *bevor* man das Experiment durchführt – und die Studie wiederholen.

Jetzt dürfte uns dämmern, wieso es ein so großes Problem ist, dass Methoden zur Aggressionsmessung wie etwa der Noiseblast-Test nicht standardisiert sind. Wenn man etliche Möglichkeiten hat, den Test durchzuführen und auszuwerten, sind das lauter Gelegenheiten für p-Hacking. Wenn ich auf Teufel komm raus einen statistisch signifikanten Unterschied finden möchte zwischen der Testgruppe, die ein gewaltvolles Videospiel gespielt hat, und der Kontrollgruppe, die ein friedliches Videospiel gespielt hat, dann habe ich mehrere Möglichkeiten zu »würfeln«: Ich kann Länge und Lautstärke der Noiseblasts gemeinsam auswerten, ich kann nur auf die Länge oder nur auf die Lautstärke schauen. Ich kann mir nur die erste Spielrunde anschauen oder vielleicht doch alles. Ich kann immer nur die Spielrunden anschauen, nachdem der Proband verloren hat, oder nur diejenigen, nachdem er gewonnen hat. Ihr seht das Problem: Je größer die Researcher Degrees of Freedom, desto mehr Möglichkeiten zum p-Hacking.

Versteht mich bitte nicht falsch – ich will den Forschenden in der Psychologie um Gottes willen nicht grundsätzlich unterstellen, dass sie bei jeder Gelegenheit p-hacken und HARKen, dass sich die Balken biegen. Es ist nur doof, wenn man im Zweifelsfall nicht überprüfen kann, ob sie es vielleicht getan haben. Es darf nicht sein, dass man sich in der Wissenschaft auf die Gewissenhaftigkeit der Forschenden (die ja auch nur Menschen sind, so munkelt man zumindest) verlassen muss. Allein das ist höchst unwissenschaftlich, denn Wissenschaft beruht nicht auf Vertrauen, sondern auf Belegen und Kontrollen.

Und da gibt es zum Glück Möglichkeiten, die man sich beim Zulassungsprozess neuer Medikamente abschauen kann. Unser Brokkoli-Beispiel ist vom Prinzip her ein klassisches Studiendesign zum Testen therapeutischer Interventionen – Testgruppe bekommt neues Medikament, Kontrollgruppe ein Placebo. Man hofft, dass sich die Testgruppe im Vergleich zur Kontrollgruppe schneller oder besser erholt, und zwar statistisch signifikant schneller oder besser. Immer wenn eine Studie dann erfolgreich ist, wenn statistisch signifikante Effekte gefunden werden, droht p-Hacking – sei es bewusst oder unbewusst (nicht immer muss es bewusste Täuschung sein, manchmal kann auch der Wunsch der Vater des Gedankens, beziehungsweise der Auswertung werden). In Kombination mit Publication Bias können Wirksamkeiten völlig überschätzt und Nebenwirkungen unterschätzt werden. Es ist natürlich fatal, wenn Medikamente, die nicht wirksam oder sogar gefährlich sind, auf den Markt kommen – das mussten wir leider in der Vergangenheit bereits bitter lernen (siehe Box 4.1: Contergan, Kapitel 4, Seite 127). Deswegen werden bei der Zulassung neuer Medikamente klinische Studien besonders streng kontrolliert (siehe Kapitel 4). Bevor eine klinische Studie durchgeführt werden darf, muss sie unter anderem registriert werden. Das heißt, man verkündet öffentlich, welche Hypothese man testen möchte und nach welchen methodischen Details man die Ergebnisse auswerten wird. Durch diese Vorab- oder **Präregistrierung** kann man nicht einfach so tun, als hätte man die Studie nie durchgeführt, sollte man nicht das gewünschte Ergebnis erhalten, oder als habe man Fingernägel untersuchen wollen, obwohl es eigentlich Pickel waren – eine einfache, aber starke Methode gegen p-Hacking und HARKing.

Dass auch in der akademischen Forschung Präregistrierungen immer häufiger werden, ist zwar ein positiver Trend, allerdings ein relativ neuer. Methodischer Standard ist es leider noch nicht. Übrigens – warum eigentlich nicht?? Come on, Leute, das würde der gesamten Wissenschaft guttun. Solange das noch nicht Standard ist, muss man also die Augen nach Publication Bias und Möglichkeiten zum p-Hacking besonders weit offenhalten, um verlässliche von fragwürdigen Ergebnissen zu trennen, zumal, wenn es um so gesellschaftlich relevante Fragestellungen wie den Zusammenhang zwischen Videospielen und Gewalt geht.

AUF DIE GRÖSSE KOMMT ES AN

Statistische Signifikanz ist das eine, die zweite wichtige statistische Größe ist die **Effektgröße**. Wie groß ist der Effekt von Brokkoli wirklich? Hatten wir ja schon, im Schnitt 10 Prozent weniger Pickel. Aber das allein sagt noch nicht viel aus. Sagen wir, die Brokkoli-Gruppe hat im Durchschnitt neun Pickel im Gesicht, während der Schnitt der Testgruppe bei zehn Pickeln liegt. Wie bedeutsam dieser eine Pickel Unterschied nun ist, hängt von der generellen Schwankung der Pickelanzahl ab. Ist die Anzahl der Pickel breit gestreut – manche haben nur zwei, drei Pickel, jemand anderes dafür zwanzig –, so ist der durchschnittliche Unterschied von einem Pickel nicht wirklich bedeutend: Die Effektgröße ist klein. Wenn aber die Schwankung sehr klein ist, wenn also die meisten Jugendlichen in der Testgruppe neun Pickel haben, die meisten der Kontrollgruppe zehn, dann ist der Effekt von Brokkoli wohl doch bedeutend: Die Effektgröße ist also umso größer, je kleiner die Streuung ist.

Um Effektgrößen gut miteinander vergleichen zu können, bedient man sich gerne einer standardisierten **Effektgröße d**, – je größer d, desto größer, sprich bedeutsamer der Effekt (von Brokkoli oder gewaltvollen Videospielen). Unter d = 0,2 spricht man in aller Regel von einem schwachen Effekt, ab d = 0,1 wird er fast schon bedeutungslos, und d = 0 bedeutet, dass es gar keinen Effekt gibt. Ab 0,7 oder spätestens 0,8 aufwärts kann man von einem starken bis sehr starken Effekt sprechen. Und alles um die 0,5 herum wird als mittlere Effektgröße gehandelt.

Diese Einordnung ist natürlich mindestens genauso wichtig wie die statistische Signifikanz. Wenn Jugendliche nach einem gewaltvollen Videospiel sich aggressiver zeigen als nach einem friedlichen Videospiel, will man doch wissen: Wie viel aggressiver? Wie stark ist die Effektgröße? Oder wenn eine Beobachtungsstudie eine Korrelation feststellt zwischen Videokonsum und aggressivem Verhalten, muss man doch fragen: Wie stark ist die Korrelation, wie hoch der Korrelationskoeffizient (siehe Box 2.1, Seite 68)? Zeitungsartikel beantworten diese Fragen leider meistens nicht. Dabei kommt es hier doch wirklich auf die Größe an, oder nicht?

META-KRIEG UM EINEN HAUCH VON NICHTS

Während man in Zeitungsartikeln über neue Studien zur Aggressionsforschung meist vergebens nach Effektgrößen oder Korrelationskoeffizienten sucht, sind diese genau das, worüber sich Experten streiten. *Keinen* Streit gibt es in Fachkreisen hingegen darüber, dass es bei Beobachtungsstudien eine Korrelation zwischen Videospielen und Gewalt gibt, und auch nicht darüber, dass Testgruppen in Laborexperimenten ein höheres Maß an Aggressionen zeigen als Kontrollgruppen. Nein, die Fachleute

BOX 2.2: EFFEKTGRÖSSEN

Effektgrößen werden manchmal als die »Währung der psychologischen Forschung«[24] bezeichnet. Sie drücken aus, wie relevant ein Unterschied zwischen zwei Durchschnittswerten zweier Gruppen ist, sei es die durchschnittliche Pickelanzahl zwischen Test- und Kontrollgruppe oder der durchschnittliche Größenunterschied zwischen Männern und Frauen. Im Alltag sprechen wir oft nur von Durchschnittswerten und wie weit sie auseinanderliegen, zum Beispiel sind Männer im Durchschnitt 1,75 m groß, Frauen 1,62 m. Doch ob der Unterschied von 13 cm ein bedeutender oder eher kleiner Unterschied ist, können wir eigentlich erst beurteilen, wenn wir neben den Mittelwerten auch die Verteilung um die Mittelwerte kennen, also die Varianz.

So sieht etwa der Größenunterschied zwischen Männern und Frauen in Zentimetern aus:

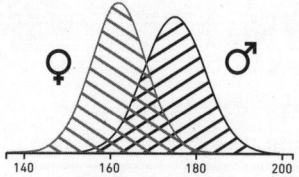

Die linke, graue Kurve zeigt die Größenverteilung der Frauen, die rechte schwarze Kurve die Größenverteilung der Männer. Die jeweiligen Maximalpunkte sind die Mittelwerte. Wir sehen, dass es eine Überlappung beider Kurven gibt. Sie überlappen zu 34 Prozent, doch der Unterschied ist durchaus wesentlich.

Stellen wir uns nun vor, es gäbe bei erwachsenen Menschen eine deutlich größere Varianz. Stellen wir uns vor, Erwachsene wären zwischen etwa 30 cm und 3 m groß. Wenn wir von denselben Durchschnittswerten ausgehen – 1,75 m und 1,62 m –, ist der Unterschied von 13 cm in diesem Beispiel viel unbedeutender, weil sich 84 Prozent der beiden Kurven überlappen:

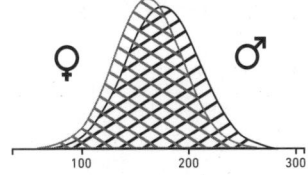

Deswegen spricht man in der Wissenschaft nicht nur von durchschnittlichen Unterschieden, sondern von Effektgrößen. Die **Effektgröße** setzt den durchschnittlichen Unterschied in Relation zur Varianz, also zur Breite der Verteilung.

Es gibt unterschiedliche Arten, Effektgrößen zu berechnen, doch eine gängige Version ist **die standardisierte Effektgröße d (Cohen's d)**. Je größer d, desto stärker der Effekt.

Beim Größenunterschied zwischen Männern und Frauen haben wir es mit einer Effektgröße d von 1,91 zu tun, was als großer Effekt gilt. Bei unserem zweiten Beispiel mit der 84-prozentigen Überlappung ist die Effektgröße mit d = 0,39 nur klein bis mittelgroß.

Hier eine grobe Zuordnung:

d = 0,2 → kleine Effektgröße
d = 0,5 → mittlere Effektgröße
d = 0,8 → große Effektgröße

Um ein Gefühl für unsere unterschiedlichen Effektstärken zu bekommen, sind hier ein paar verschieden große visualisiert:

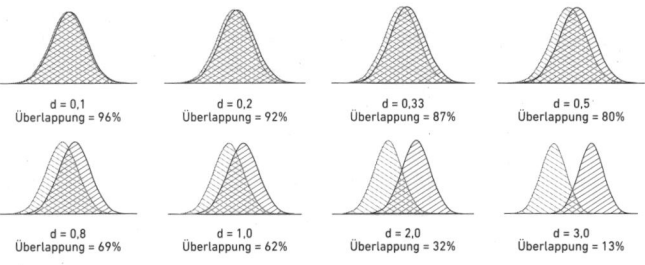

sind sich darüber einig, dass es meist einen positiven Zusammenhang zwischen gewaltvollen Videospielen und Aggression gibt – die Frage ist nur, ob die Effekte stark genug sind, dass wir uns überhaupt darum scheren müssten.

Dass unterschiedliche Studien zu unterschiedlichen Effektgrößen kommen, ist erst mal zu erwarten, allein schon, wenn unterschiedliche Methoden angewendet werden. Deswegen erhofft man sich oft Klärung durch **Meta-Analysen,** also große Übersichtsstudien, in denen Daten aus mehreren Studien verglichen und ausgewertet werden, um am Ende eine große Schlussfolgerung zu ziehen. Durch den Blick auf das große Bild sollen Meta-Analysen Widersprüchlichkeiten aufräumen, die durch den Fokus auf einzelne Puzzleteile entstehen können. Doch die Schlussfolgerungen, die beim Thema Videospiele und Gewalt aus unterschiedlichen Meta-Analysen gezogen werden, sind verwirrend gegensätzlich – der Wissenschaftsjournalist Jop de Vrieze sprach gar von »Meta-Kriegen« (»*Meta wars*«)[25].

Schauen wir uns dazu zwei besonders viel diskutierte Meta-Analysen einmal etwas genauer an:

Das wissenschaftliche Kontra-Videospiel-Lager wird angeführt von den Psychologen Brad J. **Bushman** und Craig A. **Anderson**. Zusammen mit einigen Kollegen brachten die beiden 2010 eine Meta-Analyse raus, bei der 136 Studien mit insgesamt 130 296 Probanden ausgewertet wurden. Ihr Fazit war glasklar: Ja, gewaltvolle Spiele führen zu vermehrten aggressiven Gedanken und Taten.[26] Doch während manche mit dieser Meta-Analyse sämtliche Zweifel ein für alle Mal ausgeräumt sahen[27], hatten andere dafür nur Schulterzucken oder Kopfschütteln übrig[28].

2015 schließlich kam eine andere Meta-Analyse von 101 Studien und insgesamt 106 070 Probanden zu dem Schluss, dass eine Erhöhung von Aggressionen durch gewaltvolle Videospiele

»minimal« sei – so klein, dass sie in der echten Welt außerhalb des Labors keinerlei Bedeutung hätte.[29] Autor dieser Meta-Analyse war der Psychologe Christopher J. **Ferguson,** der wohl wichtigste Kopf des Pro-Videospiel-Lagers. (Der Vollständigkeit halber sei erwähnt, dass Ferguson selbst Gamer ist, was ihm in einem Paper bereits subtil vorgeworfen wurde.[30] Nach dem Motto: Kann denn ein Gamer überhaupt objektive Wissenschaft übers Gaming betreiben? Na ja, man könnte das gegenläufige Argument bringen und fragen, wie gut man ein Phänomen mit dem akademischen Blick eines Forschers interpretieren kann, ohne irgendeine praktische Erfahrung zu haben. Deswegen plädiere ich dafür, solche persönlichen Informationen aus der Diskussion auszuklammern, ist auch so schon kompliziert genug.)

Die Statistikerin Maya B. Mathur von der Stanford University war so fasziniert von dieser Diskrepanz, dass sie diese beiden Meta-Analysen nachanalysierte[31] und dabei etwas Seltsames feststellte: Obwohl die Verfasser sehr unterschiedliche Rückschlüsse aus ihren Daten zogen, waren die Daten an sich erstaunlicherweise gar nicht so unterschiedlich! Beide stellten fest, dass gewaltsame Videospiele fast immer mit höheren Scores bei Aggressionsmessungen einhergingen, seien es Aggressionsfragebogen oder Noiseblast-Tests. Allerdings waren die Effektgrößen in beiden Meta-Analysen ... wie soll ich sagen ... lächerlich winzig. Ich musste fast laut lachen, als mir klar wurde, dass sich der Streit zwischen beiden Seiten darum dreht, ob wir es mit einer kleinen Effektgröße von 0,2 (Team Bushman/Anderson) oder mit einer wirklich verdammt kleinen Effektgröße von 0,1 (Team Ferguson) zu tun haben! Während wir hier draußen in der echten Welt darüber spekulieren, ob gewaltvolle Videospiele zu Amokläufen führen könnten, streiten die Wissenschaftler im Elfenbeinturm darüber, ob der Effekt nun sehr winzig oder absolut irrelevant ist.

O.K., ich bin ein wenig gemein. In der Regel würde man eine Effektgröße von 0,2 als »klein« und nicht als »sehr winzig« bezeichnen (siehe Box 2.2, Seite 84). Aber wenn man sich bewusst macht, dass Kontroll- und Testgruppe bei d = 0,2 zu über 90 Prozent überlappen, frage ich mich schon, was daran so beunruhigend ist. Ich hoffe, die Psychologinnen und Psychologen unter euch sehen es mir nach – ich weiß, dass Effektgrößen von 0,1, 0,2 oder auch mal 0,3 gängig sind in der Psychologie. Das allein ist überhaupt nicht lächerlich, sondern zeigt nur, wie komplex Psychologie ist. Lächerlich ist es allerdings, wenn wir auf Basis solch kleiner Effekte außerhalb der Wissenschaft diskutieren, ob Videospiele so Extremereignisse wie Amokläufe auslösen können und daher strenger kontrolliert werden sollten. Dass eine Effektgröße von 0,2 vs. 0,1 in akademischen Forschungsfragen einen interessanten Unterschied machen kann, will ich nicht bestreiten. Aber dass Effektgrößen dieser Größenordnung, die außerdem durch eher wacklige Methoden ermittelt wurden, keine wirkliche gesellschaftliche Relevanz haben, ist auch schwer zu bestreiten.

Nach allem, was wir in diesem Kapitel über die methodischen Schwächen dieses Forschungsbereichs erfahren haben, gehe ich außerdem davon aus, dass Effektgrößen von 0,2, hinter denen das Kontra-Videospiel-Lager steht, aller Wahrscheinlichkeit nach überschätzt sind. Neuere, präregistrierte (!) Studien – also wirklich verlässliche Studien – zeigen meist keinen nennenswerten Einfluss von Videospielen auf unterschiedliche Aggressionsmessungen (Effektgrößen zwischen 0 und 0,1), weder in Laborstudien noch in Kohortenstudien.[32] Anders gesagt, je methodisch stärker die Studie, desto kleiner die Effektgröße.

Was heißt das nun alles unterm Strich? Sind gewaltvolle Videospiele nachgewiesen harmlos? Na ja, genau genommen kann man das auch nicht wirklich sagen. Die wissenschaftlichen Methoden sind nun einmal sehr beschränkt in ihrer Aussagekraft für Gewalt und Aggression in der echten Welt. Man kann nicht einerseits die Schädlichkeit von Videospielen abtun mit der Begründung, dass die Forschung methodisch schwach ist, aber dieselbe methodisch schwache Forschung als Beweis heranziehen, dass Videospiele harmlos sind. Was man allerdings ziemlich sicher sagen kann: Sollte es einen Effekt geben, dann wird er sehr klein sein. Sonst hätten wir diese unbefriedigende Datenlage sehr wahrscheinlich erst gar nicht.

Doch eins wird klar: Wenn wir als Gesellschaft bloß besser darüber aufgeklärt wären, wie wissenschaftliche Erkenntnisse einzuordnen sind, würden sich viele Diskussionen wohl erübrigen. Die oberflächliche Art und Weise, wie wir mit wissenschaftlichen Ergebnissen umgehen, ist reine Zeitverschwendung. Wie valide sind die Methoden? Wie groß ist der Publication Bias? Wie hoch ist die statistische Signifikanz? War die Studie präregistriert? Wie stark ist die Effektgröße? Wie groß der Korrelationskoeffizient? Wenn wir Antworten in der Wissenschaft suchen, müssen wir auch die richtigen Fragen stellen.

DIE VERLOCKENDE SUCHE
NACH EINFACHEN ANTWORTEN

Gegen Ende des Kapitels folgende Offenlegung: Ich habe nicht den leisesten Plan von Gaming. Ich habe früher noch nicht einmal Mario Kart gespielt. Wenn ich beobachte, wie man bei einem Spiel seine Zeit damit verbringt, anonyme Feinde rechts und links wegzuballern, mal mit einer automatischen Waffe, mal mit einer Handgranate, ist der Gedanke, dass solche Spiele abstumpfen oder sogar gewaltvolles Verhalten fördern könnten, für mich nicht abwegig. Allerdings hasse ich auch Horrorfilme. Ich werde nie verstehen, wie man sich freiwillig anschauen kann, wie sich jemand ein Bein absägt, um einem psychopathischen Serienkiller zu entkommen. Aber interessanterweise denke ich mir gar nicht so viel dabei, wenn meine Freunde »Saw 1« für einen guten Film halten. Wie wir etwas beurteilen, ist also meistens von persönlicher Wahrnehmung gefärbt. Dass nach einem Amoklauf nur von »Killerspielen«, selten von »Killerfilmen« gesprochen wird, ist zumindest interessant. Doch der entscheidende Unterschied zwischen Gewalt in Filmen und Gewalt in Videospielen ist für viele wahrscheinlich die Rolle der Zuschauer beziehungsweise Spieler: Einen Mord im Film betrachtet man als passiver Zuschauer, den Mord im Videospiel begeht der Spieler selbst.

Allerdings kann man genauso gut argumentieren, dass gewaltsame Videospiele Gewalt im Alltag nicht nur nicht fördern, sondern – im Gegenteil – echte Gewalt verringern. Zu diesen Überlegungen zählt die **Katharsisthese**, der gemäß Menschen mithilfe von Videospielen Aggressionen abbauen könnten, anstatt sie im Alltag auszuleben. Eine solche kathartische Wirkung gilt bei gewaltvollen Filmen als widerlegt[33] – doch hier kann man eben wieder auf die aktive Rolle abzielen und postulieren, dass ein »Abreagieren« bei Filmen nicht möglich ist, bei Videospielen aber vielleicht schon.

Ohne eigene Erfahrung mit Videospielen kann ich das Phänomen jedenfalls nur von außen betrachten. Und dabei besteht die Gefahr, Videospiele zu stark auf die Gewalt und damit zu stark auf einen einzigen Aspekt zu reduzieren. Dabei gibt es auch verschiedene positive Aspekte, zum Beispiel das Trainieren von räumlichem und taktischem Denken oder Reaktionsvermögen, aber auch Teamfähigkeit, Kommunikation und Regelbeachtung spielen bei Multiplayer-Spielen eine wichtige Rolle.[34] Das Problem beginnt also wahrscheinlich schon damit, dass wir bereits Videospiele an sich zu stark vereinfachen.

Was ich in der Diskussion um Videospiele besonders vermisse, ist ein ausführlicher Blick auf die Communitys, die sich um Videospiele herum aufgebaut haben. Das Klischee vom sozial isolierten Gamer[35], der sich in seinem dunklen Zimmer einkokoniert, ignoriert die Tatsache, dass Gaming-Communitys jungen Menschen eine Plattform geben, um mit Spielern auf der ganzen Welt zu interagieren und sogar Freundschaften zu schließen. Tatsächlich gehört diese Interaktion sowohl im Spiel als auch drum herum zu den wichtigsten Aspekten, die Gamerinnen und Gamer an Videospielen lieben.[36] Und während der Coronapandemie war Gaming für viele sicher auch eine Rettung vor Öde und Einsamkeit.

Doch nach schrecklichen Gewalttaten wie einem Amoklauf ist es verständlich, dass man nach Antworten sucht, nach Erklärungen, um das Unfassbare zu fassen. Es ist kaum erträglich, dass es auf die Frage »Warum?« keine gute Antwort gibt. Gewaltvolle Videospiele verantwortlich zu machen, ist da ein verlockend einfacher Ausweg. Auch wenn es höchst unplausibel ist, dass Videospiele allein einen Menschen zum Amokläufer machen, ist es denkbar, dass gewaltvolle Videospiele bei einzelnen, extremen, besonders aggressiven oder psychisch erkrankten Menschen wie eine Art letzter Tropfen wirken könnten, der das Fass zum Überlaufen bringt. Klar, Videospiele zu verbieten wäre einfach, und man könnte das gute Gefühl haben (vermeintlich), etwas gegen Gewalt getan zu haben. Aber indem wir über die Relevanz von Videospielen diskutieren, lenken wir unseren Blick davon weg, dass es unumstrittene, wirklich relevante Faktoren gibt, die Gewalt verhindern: Soziale und familiäre Stabilität, Wohlstand und Bildung.[37] Aber ja, puh, das zu verbessern ist deutlich komplizierter.

Die Kurve der sinkenden Jugendgewalt (siehe Fangfrage am Anfang des Kapitels), die in der Videospieldebatte wenig hilfreich ist, sollte uns motivieren, den Blick auf das große Ganze zu lenken: Wir schaffen es bereits, Gewalt zu reduzieren, wir nehmen es nur nicht unbedingt wahr. Indem wir besser nachvollziehen, wie es zu diesem Rückgang kommt, können wir diesen erfreulichen Abwärtstrend noch gezielter und effektiver verfolgen. Verzerren wir also nicht unsere Wahrnehmung durch den Blick auf einzelne Puzzleteile, sondern schauen wir auf das ganze Bild.

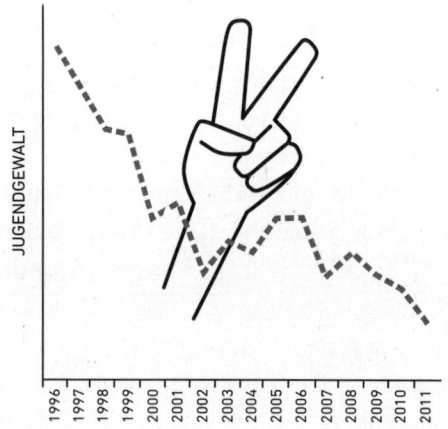

BOX 2.3: BUSS-PERRY-AGGRESSIONSFRAGEBOGEN

Der nach seinen Entwicklern benannte Buss-Perry-Fragebogen enthält in seiner klassischen Version 29 Fragen, die vier unterschiedliche Aggressionskategorien abfragen: Körperliche Aggression (KA), Verbale Aggression (VA), Wut (W) und Feindseligkeit (F). Die Befragten sollen jede Aussage auf einer Fünf-Punkte-Skala bewerten (von extrem charakteristisch bis extrem uncharakteristisch), wie gut die Aussage einen selbst beschreibt. Hier eine freie Übersetzung der englischen Version:

1. Einige meiner Freunde halten mich für hitzköpfig. (W)
2. Wenn es sein muss, verteidige ich meine Rechte auch mit Gewalt. (KA)
3. Wenn Leute besonders nett zu mir sind, frage ich mich, was sie von mir wollen. (F)
4. Ich sage es meinen Freunden offen, wenn ich anderer Meinung bin als sie. (VA)
5. Ich bin schon mal so wütend geworden, dass ich Dinge kaputt gemacht habe. (KA)
6. Wenn ich anderer Meinung bin, kann ich nicht anders, als mich darüber zu streiten. (VA)
7. Ich frage mich manchmal, warum ich so verbittert bin. (F)
8. Ab und zu kann ich das Verlangen, eine andere Person zu schlagen, nicht kontrollieren. (KA)
9. Ich bin eine ausgeglichene Person. (W)
10. Fremde, die übermäßig freundlich sind, machen mich misstrauisch. (F)
11. Ich habe Freunde oder Bekannte schon einmal bedroht. (KA)
12. Ich rege mich schnell auf, aber mein Ärger verpufft auch wieder schnell. (W)
13. Wenn ich nur entsprechend provoziert werde, kann ich durchaus zuschlagen. (KA)
14. Wenn mich Leute nerven, sage ich ihnen, was ich über sie denke. (VA)
15. Manchmal frisst mich Eifersucht regelrecht auf. (F)

16. Mir fällt kein guter Grund ein, jemals eine andere Person zu schlagen. (KA)
17. Ich habe manchmal das Gefühl, besonders schlechte Karten im Leben gezogen zu haben. (F)
18. Es fällt mir schwer, plötzliche Wut zu kontrollieren. (W)
19. Wenn ich frustriert bin, verstecke ich meinen Ärger nicht. (W)
20. Ich habe manchmal das Gefühl, dass Leute hinter meinem Rücken über mich lachen. (F)
21. Es kommt oft vor, dass ich anderer Meinung bin als andere. (F)
22. Wenn mich jemand schlägt, schlage ich zurück. (KA)
23. Manchmal fühle ich mich wie eine tickende Zeitbombe, die jederzeit explodieren kann. (W)
24. Andere scheinen immer Glück zu haben. (F)
25. Manche Leute haben mich schon so weit gebracht, dass wir uns geprügelt haben. (KA)
26. Ich weiß, dass manche »Freunde« hinter meinem Rücken schlecht über mich reden. (F)
27. Meine Freunde bezeichnen mich als ziemlich streitlustig. (VA)
28. Manchmal raste ich aus ohne bestimmten Grund. (W)
29. Ich gerate öfter in Prügeleien als der Durchschnitt. (KA)

KAPITEL 3

GENDER PAY GAP:
DIE UNERKLÄRLICHEN UNTERSCHIEDE ZWISCHEN MÄNNERN UND FRAUEN

FANGFRAGE
Welcher Position würdet ihr eher zustimmen?

Position A: Frauen und Männer entscheiden frei über ihre Berufswahl und Familienzeit.
Von Hausfrau/Hausmann bis Karrierefrau/Karrieremann – jede(r) kann den Beruf wählen, der ihm/ihr gefällt. Und Männer und Frauen wollen im Durchschnitt nun einmal verschiedene Sachen.

Position B: Frauen und Männer unterliegen bei Berufswahl und Familienzeit gesellschaftlichen Zwängen.
Männer und Frauen sind eigentlich viel ähnlicher, als unsere gesellschaftlichen Normen es uns glauben lassen. Doch Frauen stehen unter Druck, für die Familie verantwortlich zu sein, Männer hingegen verspüren den Druck, das Geld nach Hause zu bringen. Die Zwänge dieser Rollenbilder erschweren es Frauen wie Männern, ihrem eigentlichen Berufswunsch nachzugehen.

In Deutschland wird jedes Frühjahr der *Equal Pay Day* veranstaltet, um auf die ungleiche Bezahlung von Männern und Frauen aufmerksam zu machen. Im Jahr 2021 fällt dieser Tag auf den 10. März. In einer Pressemitteilung heißt es dazu:

»Der Equal Pay Day markiert symbolisch den geschlechtsspezifischen Entgeltunterschied, der laut Statistischem Bundesamt in Deutschland aktuell 19 Prozent beträgt. Auf das Jahr umgerechnet ergeben sich daraus 69 Tage und das Datum des nächsten Equal Pay Day: 10. März 2021. Angenommen, Männer und Frauen bekämen den gleichen Stundenlohn, dann steht der Equal Pay Day für den Tag, bis zu dem Frauen umsonst arbeiten, während Männer schon seit dem 1. Januar für ihre Arbeit bezahlt werden.«[1]

Diese Aussage trifft bei einigen auf heftigen Widerstand. Die Zahl 19 Prozent sei falsch, es seien in Wirklichkeit nur 6 Prozent Unterschied. Wieder andere sprechen von einer noch kleineren Differenz. Ist es nicht interessant, wenn man sich nicht nur über die Interpretation einer Zahl uneinig ist, sondern sogar über die Zahl an sich?

Damit willkommen im Minenfeld! In Deutschland über Sexismus zu diskutieren, ist nichts für Harmoniebedürftige. Wenn in Saudi-Arabien Frauen nicht gemeinsam mit Männern studieren dürfen oder in Ägypten das grausame Ritual der weiblichen Genitalverstümmelung praktiziert wird, muss man das natürlich aufs Schärfste verurteilen, wenn man nur das Nötigste an Herz und/oder Hirn besitzt. Aber hierzulande, wo Frauen und Männer vor dem Gesetz gleichberechtigt sind – ja, darf man sich da überhaupt über Sexismus beschweren? Wenn man es tut, wird man oft dazu aufgefordert, Belege zu liefern. Wer selbst keine Diskriminierung im Alltag erlebt, hat meist Probleme, sich das vorzustellen, denn selten hat man den Luxus, sich auf belastbare Zahlen oder harte Fakten beziehen zu können. Beim Thema Gender Pay Gap (auf Deutsch: Verdienstunterschiede zwischen Frauen und Männern) sollte es aber eigentlich anders sein. Wie viel Lohn jeden Monat auf dem Konto landet, ist schließlich keine persönliche Wahrnehmung, die man unterschiedlich auslegen könnte. Und trotzdem wird über den Gender Pay Gap leidenschaftlich gestritten. Dabei ist das Zahlenchaos eigentlich rasch geklärt. Handeln wir das als erstes schnell ab.

WIE REIN DARF'S SEIN? WARUM ES FÜR DEN GENDER PAY GAP UNTERSCHIEDLICHE ZAHLEN GIBT

Die Verdienstunterschiede zwischen Männern und Frauen werden in Deutschland vom Statistischen Bundesamt erhoben[2], wobei sie in zwei verschiedenen Zahlen dargestellt werden, die auf unterschiedliche Art und Weise berechnet werden[3]:

1. Der unbereinigte Gender Pay Gap

Die Rechnung beim »unbereinigten« Gender Pay Gap ist einfach. Schauen wir uns die Zahlen für das Jahr 2019[4] an:

Der durchschnittliche Bruttostundenlohn (ohne Sonderzahlungen) aller Männer betrug 21,70 €. Der durchschnittliche Bruttostundenlohn (ohne Sonderzahlungen) aller Frauen betrug 17,33 €, also 4,37 € weniger. Das bedeutet: Frauen verdienten 2019 im Durchschnitt 19 Prozent weniger als Männer. Anders gesagt: **2019 betrug der unbereinigte Gender Pay Gap 19 Prozent.**

So weit, so einfach. Doch in Streitgesprächen, und leider auch in vielen Medienbeiträgen, kursiert immer wieder derselbe Interpretationsfehler: Entgegen der häufigen Behauptung sagt der unbereinigte Gender Pay Gap *nicht* aus, dass Frauen *für die gleiche Arbeit* 19 Prozent weniger Geld erhalten als Männer. Wenn in einem Krankenhaus gut bezahlte Ärzte häufiger Männer und schlecht bezahlte Pflegekräfte häufiger Frauen sind, dann verdienen die Frauen im Schnitt weniger als die Männer, weil sie im Schnitt schlechter bezahlte Berufe ausüben.

Wenn in der Pressemitteilung zum Equal Pay Day konstatiert wird, dass Frauen bis zu diesem Tag des Jahres symbolisch »umsonst arbeiten« würden, dann ist das missverständlich. Es wäre nur stimmig bei gleicher oder zumindest vergleichbarer Arbeit.

Vergleichen wir also – detaillierter! Und dafür brauchen wir mehr Informationen als nur den Bruttostundenlohn. Deswegen erhebt das Statistische Bundesamt noch eine zweite Zahl:

2. Der bereinigte Gender Pay Gap

Damit wir keine Äpfel mit Birnen vergleichen, oder Ärztinnen mit Krankenpflegerinnen, versucht man, mit dem sogenannten bereinigten Gender Pay Gap all diejenigen Lohnunterschiede aus der Rechnung auszuklammern, die auf unterschiedliche Arbeit zurückzuführen sind. Dafür braucht man neben dem Bruttostundenlohn eine ganze Menge weiterer Daten: die Art der Beschäftigung, die Qualifizierung der Arbeitnehmenden, die Berufsposition und so weiter. Die bekommt man aus der sogenannten Verdienststrukturerhebung, die alle vier Jahre vom Statistischen Bundesamt durchgeführt wird.[5] Da auch das Geschlecht der Arbeitnehmer abgefragt wird, kann man nun nach Unterschieden zwischen Männern und Frauen schauen, die den unbereinigten Gender Pay Gap erklären.

Abbildung 3.1 zeigt, wie der Lohnunterschied von 4,37 € zustande kommt. Ein knappes Drittel der Lücke, nämlich 1,34 €, erklären sich beispielsweise durch unterschiedliche Berufs- und Branchenwahl.

Betrachtet man die Aufschlüsselung genauer, stellt man fest, dass Unterschiede in der Qualifikation nur eine untergeordnete Rolle spielen. Allein um diesen Punkt wird bestimmt viel zu oft unnötig gestritten, da vielen nicht bewusst ist, dass »Bildung und Berufserfahrung« gerade einmal 12 Cent oder 2,7 Prozent des Lohnunterschieds ausmacht.

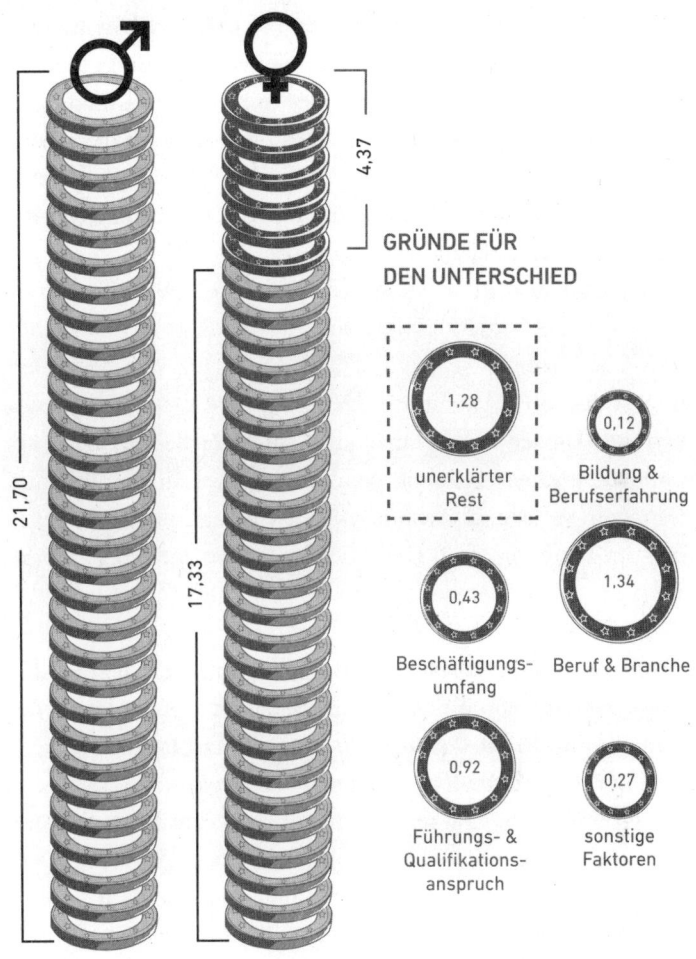

Abbildung 3.1: Gründe für den Verdienstunterschied zwischen Männern und Frauen.

Doch ein großer Teil des Gender Pay Gaps lässt sich nachvollziehbar erklären. Super, danke für die Erklärung, denken sich jetzt die Frauen und fragen sich, ob sie sich hiermit etwa einfach zufriedengeben sollen. Na ja, für mich als Frau und Freundin der Sachlichkeit ist es zumindest befriedigend, wenn man Sachverhalte wenigstens zusammenhängend nachvollziehen kann. Schon mal ein guter Anfang.

Doch wenn man all diese erklärbaren Lohnunterschiede in der Rechnung berücksichtigt, bleibt am Ende immer noch eine unerklärte Lohnlücke (»unerklärter Rest«) von 1,28 € beziehungsweise 6 Prozent übrig: **Der bereinigte Gender Pay Gap beträgt 6 Prozent.** Wenn man also Unterschiede in Arbeit und Qualifikation berücksichtigt, verdienen Frauen im Durchschnitt 6 Prozent weniger als Männer. Anders gesagt: Frauen bekommen im Durchschnitt 6 Prozent weniger für eine vergleichbare Arbeit.

Nach meinem Verständnis müsste man, um die Symbolik des *Equal Pay Day* möglichst unmissverständlich umzusetzen, eigentlich mit diesen 6 Prozent anstatt mit 19 Prozent rechnen. Dann fiele der *Equal Pay Day* nicht auf den 10. März, sondern auf den 22. Januar. Das wäre immer noch ungerecht, doch nicht derart schockierend, wie es oft vermittelt oder verstanden wird. Wenn wir allein den unbereinigten und den bereinigten Gender Pay Gap immer sauber voneinander trennen würden, würde sich so manche hitzige Debatte erübrigen. Dabei war das erst der langweilige Teil. Spannend wird es erst, wenn man in die Details eintaucht.

DIE UNERKLÄRLICHE LÜCKE: WARUM DER BEREINIGTE GENDER PAY GAP NICHT AUTOMATISCH EINE »DISKRIMINIERUNGSLÜCKE« IST

Wenn Frauen für eine vergleichbare Arbeit weniger verdienen als Männer, ist es auf den ersten Blick naheliegend, den bereinigten Gender Pay Gap als Lohndiskriminierung zwischen Männern und Frauen zu verstehen. Andere würden entgegnen, dass es dafür keine faktischen Belege gibt. Tatsächlich ist es nicht ganz einfach, Lohndiskriminierung wissenschaftlich festzuhalten. Unmöglich ist es aber nicht:

Psychologen der Yale University führten 2012 eine Studie[6] durch, bei der Professorinnen und Professoren als Probanden eingeladen und in zwei Testgruppen eingeteilt wurden. Jeder der Probanden bekam einen fiktiven Lebenslauf zur Bewertung vorgelegt: Wie kompetent ist die Person? Würden sie die Person einstellen? Welches Startgehalt würden sie anbieten? In beiden Testgruppen waren die Lebensläufe identisch – bis auf ein kleines Detail: Der Name des Bewerbers. Testgruppe 1 bekam einen Lebenslauf von »Jennifer«, Testgruppe 2 einen von »John«.

Die Lebensläufe enthielten keine Fotos (was in den USA übrigens gängig ist und was man in Deutschland eigentlich auch mal etablieren sollte, wenn man sich nicht gerade als Model bewirbt). Außerdem wurde im Vorfeld getestet, dass die Namen »Jennifer« und »John« vergleichbare Assoziationen auslösen. Jennifer und John sind im amerikanischen Raum vergleichbar neutrale und vergleichbar gängige Namen. (Würde man eine solche Studie in Deutschland durchführen, könnte man natürlich nicht »Lisa« gegen »Kevin-Justin« antreten lassen, das wäre ein verzerrtes Studiendesign.)

Die Ergebnisse der Studie waren hochinteressant: Jennifer wurde im Schnitt als weniger kompetent und als weniger geeignet für den Job bewertet, und ihr wurden auch weniger Mentoring und Entwicklungsmöglichkeiten angeboten. Dafür bekam John im Schnitt deutlich mehr Startgehalt – ihm wurde ein durchschnittliches Einstiegsgehalt von 30 238 US$ angeboten, Jennifer nur 26 508 US$ – also 12 Prozent weniger! Und zwar interessanterweise sowohl von den Professoren als auch von den Professorinnen.

Und doch lässt sich mit Diskriminierung allein der bereinigte Gender Pay Gap nicht erklären. Es gibt eine ganze Reihe von weiteren Faktoren, die Einfluss auf die Lohnhöhe haben könnten, die man allerdings nur schwer messen kann: Risikobereitschaft, opportunistisches Verhalten, Selbstbewusstsein in Gehaltsverhandlungen, und vieles mehr. Gibt es hier Unterschiede zwischen Männern und Frauen? Unterschiede, die so groß sind, dass sie sich auf die Lohnhöhe auswirken? Durchaus denkbar. Es gibt hierzu auch die ein oder andere Studie – zum Beispiel zur Ausprägung der sogenannten Dunklen Triade[7] (Soziopathie, Narzissmus und Machiavellismus), die mit beruflichem Erfolg korrelieren kann[8] und stärker mit Männern beziehungsweise mit dem männlichen Rollenbild verknüpft ist[9].

Allerdings wissen wir aus Kapitel 2, dass psychologische Forschung methodische Schwächen hat und meistens nicht auf kontrollierte und verblindete Studiendesigns wie die Jennifer-John-Studie zurückgreifen kann. Es gibt also mehrere plausible Gründe, die den bereinigten Gender Pay Gap erklären können, die sich aber nur teilweise wissenschaftlich nachvollziehen lassen. Deshalb wird der bereinigte Gender Pay Gap vom Statistischen Bundesamt auch nicht mit dem Ausmaß von Lohndiskriminierung zwischen Männern und Frauen gleichgesetzt, sondern als »Diskriminierungs-Obergrenze«[10] gehandelt.

Und schließlich darf man nicht vergessen: Der bereinigte Gender Pay Gap heißt nicht umsonst »unerklärter Rest«. Diese unerklärte Unsicherheit müssen wir aushalten, bevor wir uns bei diesem Punkt Vermutungen als Fakten gegenseitig an den Kopf knallen. Weder die Behauptung, dass es keine Diskriminierung gibt, noch die, dass alles Diskriminierung ist, ist belegt. Dass die Wahrheit irgendwo in der Mitte liegt, ist nur plausibel. Nur für meinen Geschmack ist dieses Verständnis von Diskriminierung noch zu unterkomplex.

DER (UN)FAIRE ERKLÄRTE REST

Während sich Debatten um Lohngerechtigkeit oft um den unerklärten, bereinigten Gender Pay Gap drehen, wird die Schönheit des erklärten Rests oft unterschätzt. Da der unbereinigte Rest der Lohnlücke gut aufgedröselt und begründet ist, schließen einige daraus, dass erklärte Lohnunterschiede kein Gegenstand von Diskriminierung oder Benachteiligung sein können. C'est la vie, wenn verschiedene Berufe verschieden hoch entlohnt werden, oder? Außerdem entscheiden sich Frauen nun einmal für schlechter bezahlte Berufe – soll man sie etwa zu etwas anderem zwingen?

Na ja, führen wir uns einmal die drei wichtigsten Unterschiede vor Augen, die laut einer Ursachenanalyse des Statistischen Bundesamtes[11] den Großteil der Lohnlücke erklären:

1. **Frauen arbeiten öfter in Teilzeit und unterbrechen ihre Arbeit länger.**
   Auch wenn wir beim Gender Pay Gap Stundenlöhne vergleichen, führen Teilzeit, geringfügige Arbeit oder längere Unterbrechungen nicht nur zu weniger Arbeitsstunden, sondern auch zu niedrigeren Stundenlöhnen.
2. **Frauen arbeiten häufiger in niedrig bezahlten Berufen.**
   Dazu zählen etwa niedrig bezahlten Branchen wie Erziehung, Pflege oder Sozialarbeit.

3. **Frauen arbeiten häufiger in niedriger bezahlten Positionen.**
Selbst innerhalb derselben Branche oder derselben Berufsgruppe besetzen Männer häufiger die höher bezahlten Positionen wie etwa Führungspositionen. So gibt es beispielsweise recht viele Ärztinnen, doch unter den Chefärzten trifft man deutlich seltener eine Frau.

Diese drei Punkte sind nicht unabhängig voneinander. In vielen Fällen sind Punkt 2 und 3 eine direkte Folge von Punkt 1. Beispielsweise lassen sich gut bezahlte Führungspositionen selten mit Teilzeit vereinbaren, sie verlangen meistens eine Vollzeitposition, wenn nicht sogar regelmäßige Überstunden. Längere Arbeitsunterbrechungen, etwa wegen Elternzeit, sind oft schädlich für die Karriere, selbst wenn der Arbeitgeber dazu verpflichtet ist, eine gleichwertige Position nach Rückkehr des Arbeitnehmers zu gewährleisten. Kollegen, die keine oder kürzere Pausen nehmen, werden beispielsweise eher befördert. (Übrigens weist das Statistische Bundesamt explizit darauf hin, dass der winzige Balken »Bildung und Berufserfahrung«, bei dem die Unterschiede zwischen Männern und Frauen irrelevant klein sind, nicht etwaige Erwerbsunterbrechungen mit einschließt.[12])

Nun lehne ich mich mal aus dem Fenster und wage folgende Behauptung: Dem allem liegt zugrunde, dass Frauen mehr Zeit mit der Familie verbringen, insbesondere bei der Erziehung der Kinder, aber auch bei der Pflege der Eltern im Alter. Sie treffen berufliche Entscheidungen, die diese Familienzeit erlauben. Sie unterbrechen ihre Arbeit nicht nur öfter für Elternzeit oder begeben sich in Teilzeit, sondern wählen auch häufiger typische »Frauenberufe«, wie Erzieherin oder Grundschullehrerin, die sich in der Regel gut mit Familie vereinbaren lassen, aber nicht gerade reich machen.

Das klingt bestimmt alles ganz einleuchtend, doch ich muss mich deshalb aus dem Fenster lehnen, da die Datensätze, die das Statistische Bundesamt nutzt, um die Verdienstunterschiede zu analysieren, nicht verraten, welche Frauen Mütter sind und welche nicht. Deswegen kann man Erwerbsunterbrechungen statistisch nicht direkt dem Muttersein zuordnen. Allerdings lehne ich doch recht entspannt hier am Fenster, da man anhand von Elterngeldbezügen ganz gut nachvollziehen kann, wie viel Zeit Männer und Frauen mit der Kindeserziehung verbringen: 2019 nahmen Väter im Schnitt 3,7 Monate Elternzeit, Mütter 14,3 Monate. Die große Mehrheit der Väter (72 Prozent) blieb nicht länger als zwei Monate zu Hause, während rund 64 Prozent der Mütter zehn bis zwölf Monate nahmen; bei 23 Prozent waren es 15 bis 23 Monate.[13] Diese Zahlen zeichnen ein immer noch recht traditionelles Rollenverständnis in deutschen Familien. Und dieses Rollenverständnis geht aufs Konto der Frauen … beziehungsweise von ihrem Konto ab.

DER DYNAMISCHE GENDER PAY GAP

Kinder sind teuer. Ich meine damit noch nicht einmal die 700 bis 800 Euro, die man schätzungsweise[14] pro Jahr für Windeln ausgibt. Ich meine damit Gehalt und Aufstiegschancen, die man für die Kleinen ziehen lässt. Aber gehen wir zunächst einen Schritt zurück und betrachten wir den Gender Pay Gap einmal als zeitaufgelöstes Bild:

Eine Studie der University of Chicago[15] beobachtete einige Jahre lang rund 2500 Abgänger/innen ihrer Business School, um zu verfolgen, welche Gehälter sie in den Jahren nach ihrem Abschluss erhielten. Bereits bei den Berufseinsteigern tat sich eine Lohnlücke auf: Während die Männer im Durchschnitt rund 130 000 US$ im Jahr verdienten, kamen die Frauen auf ein durchschnittliches Jahresgehalt von etwa 115 000 US$ – also 11,5 Prozent weniger.

Nun muss man anmerken, dass Lohnunterschiede in den USA generell höher sind als in Deutschland und dass dort zwischen Betriebswirten und Betriebswirtinnen ein besonders großer Gender Pay Gap vorliegt, höher als in anderen Branchen. Doch das Interessante ist nicht die Höhe der Lohnlücke an sich, sondern die Tatsache, dass sie innerhalb der kommenden Jahre dramatisch wuchs: Neun Jahre nach Studienabschluss nahmen die Männer ein durchschnittliches Jahresgehalt von 400 000 US$ mit nach Hause, während die Frauen mit einem Durchschnittsgehalt von 250 000 US$ ganze 37,5 Prozent weniger verdienten. **Der Gender Pay Gap ist also nicht statisch, sondern dynamisch:**

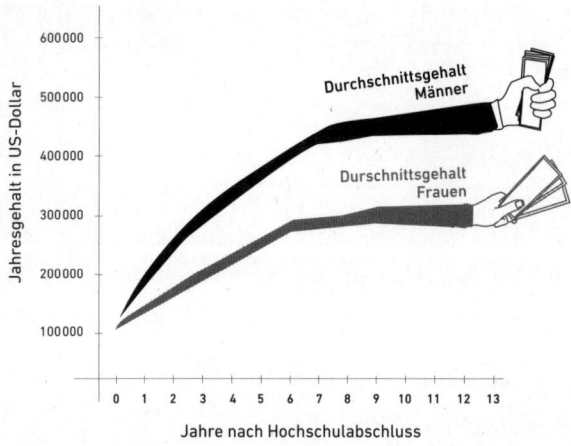

Abbildung 3.2.: Bertrand et al. beobachteten bei Hochschulabgängern der University of Chicago: Bei Berufseinstieg ist die Lohnlücke zwischen Männern und Frauen noch verhältnismäßig klein, nimmt aber mit den Jahren zu.[16]

Der Gender Pay Gap, den uns das Statistische Bundesamt vorrechnet, ist nur vermeintlich statisch, denn er ist gemittelt über alle Altersgruppen. Doch so übersieht man einen der vielleicht interessantesten Punkte. Eine Studie der Harvard University[17] fand nämlich heraus, dass die Lohnlücke zwischen Frauen und Männern nach dem Berufseinstieg zunächst Jahr für Jahr zunimmt, bevor sich die Lücke ab einem gewissen Alter langsam zu schließen beginnt (siehe Abbildung 3.3). Nachdem Frauen die Ende-dreißig- oder Anfang-vierzig-Marke geknackt haben, holen sie wieder auf – auch wenn sie die Männer nie ganz einholen.

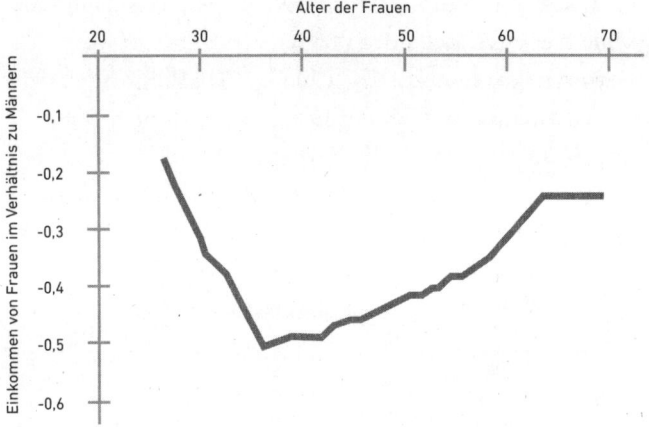

Abbildung 3.3: Die Lohnlücke zwischen Männern und Frauen nimmt zunächst zu, je älter die Frauen werden, doch ab einem mittleren Lebensalter wird die Lücke zunehmend kleiner.[18]

Die Erklärung für diesen Verlauf klingt bestechend plausibel: Während die meisten Frauen in ihren Zwanzigern und Dreißigern Kinder kriegen und für deren Erziehung beruflich kürzertreten, stecken sie auch finanziell zurück. Die meisten Väter sind davon weniger betroffen, sie klettern weiter die Karriereleiter nach oben und lassen ihre weiblichen Kollegen monetär immer weiter hinter sich. Erst wenn die Kinder älter sind und sich die Erziehungssituation entspannt, ziehen die Mütter langsam nach.

Das ist spannend, denn das heißt, dass selbst anfänglich kleinere Unterschiede sich mit der Zeit verstärken. Stellen wir uns ein Paar vor, bei dem der Mann mehr verdient als die Frau. (Eine gängige Konstellation, die – nebenbei bemerkt – sicher auch gesellschaftliche Erwartungen bedient. Ein »echter Mann« ist am besten größer, stärker und eben reicher.) Die beiden entscheiden sich für ein Kind und dafür, dass ein Elternteil zu Hause bleiben wird. Wie teilen sie sich auf? Rein wirtschaftlich betrachtet, ist nur eine Option vernünftig. Der Mann verdient mehr, sollte also sinnvollerweise die Rolle des finanziellen Versorgers übernehmen, während die Frau zu Hause bleibt. Wenn die beiden dann noch typischerweise auf der Suche nach einer Immobilie für das Familienheim sind – *the German Dream!* –, weicht die Entscheidungsfreiheit schnell finanziellen Zwängen, ganz unabhängig von gesellschaftlichen Rollenerwartungen. Anschließend passiert das, was in der Harvard-Studie beobachtet wurde: Der Mann sammelt weiter Betriebs- und Berufserfahrung und kann auf eine Lohnerhöhung oder Beförderung hinarbeiten. Die Frau hingegen fällt in ihrer Karriere zurück. Die Lohnlücke zwischen den beiden wird größer – nach ein paar Jahren ist die Entscheidung, dass die Mutter beim zweiten Kind zu Hause bleibt, noch schneller gefällt. Der Vorsprung des Mannes wird so groß, dass die Frau ihn nicht mehr aufholen wird, nachdem die Kinder aus dem Haus sind. Soziale Unterschiede, seien es Machtunterschiede, Gehaltsunterschiede oder allgemeine Unterschiede zwischen Geschlechterrollen, haben in der Regel einen gewissen »Hamsterrad-Effekt«: Unterschiedliche Ausgangslagen reproduzieren Unterschiede.

Schaut man den Zahlen des Gender Pay Gaps also mal tief in die Augen, lässt sich eine Schlussfolgerung ziehen: Dass Frauen mehr Zeit für die Familie aufbringen, ist einer der wichtigsten Gründe für den Lohnunterschied zwischen Männern und Frauen. Ja, Kinder sind teuer. (Auf die Frage, ob Kinder nicht sowieso besser bei Müttern aufgehoben sind als bei Vätern, kommen wir in Kapitel 7 kurz zurück. An dieser Stelle riskiere ich folgende Verkürzung: Diese Überlegung ist hier eher weniger relevant.) Während sich manche an dieser Stelle über diese Ungerechtigkeit aufregen werden, gibt es andere, die Schwierigkeiten haben werden, die Aufregung zu teilen. Haben wir es hier wirklich mit einer Ungerechtigkeit zu tun oder lediglich mit einer Ungleichheit? Dass Frauen und Männer gleichberechtigt sein sollten, heißt nicht, dass sie gleich sein müssen. Und ist es nicht die persönliche, freie Entscheidung von Frauen wie auch von Männern, Lohn gegen Zeit mit der Familie abzuwägen? Warum sollte man Frauen davon abhalten, wenn sie mehr Zeit mit der Familie verbringen *möchten?* Damit kommen wir nun endlich zur Fangfrage zurück.

GEWOLLT, ABER NICHT GEKONNT?

Ja, ich weiß. Die Auswahl zwischen nur zwei Positionen ist bei einem so vielschichtigen Thema schon sehr unbefriedigend. Aber wohl wissend, dass es dazwischen noch etliche Zwischentöne gibt – welcher Position würdet ihr eher zustimmen?

Position A: Frauen und Männer entscheiden frei über ihre Berufswahl und Familienzeit.
Von Hausfrau/Hausmann bis Karrierefrau/Karrieremann – jede(r) kann den Beruf wählen, der ihm/ihr gefällt. Und Männer und Frauen wollen im Durchschnitt nun einmal verschiedene Sachen.

Position B: Frauen und Männer unterliegen in Berufswahl und Familienzeit gesellschaftlichen Zwängen.
Männer und Frauen sind eigentlich viel ähnlicher, als unsere gesellschaftlichen Normen es uns glauben lassen. Doch Frauen stehen unter Druck, für die Familie verantwortlich zu sein, Männer hingegen verspüren den Druck, das Geld nach Hause zu bringen. Die Zwänge dieser Rollenbilder erschweren es Frauen wie Männern, ihrem eigentlichen Berufswunsch nachzugehen.

Nun, spätestens an diesem Punkt haben wir keine harten Daten mehr, auf die wir uns berufen können. Ich wage mich hier also in ein Territorium, das Wissenschaftlerinnen nur ungern betreten, nämlich die großen Weiten des unbelegten Meinungsaustauschs! Aber nur weil es keine Zahlen gibt, müssen wir uns ja nicht von rationalen Überlegungen verabschieden. Ich hätte zum Beispiel diese Überlegung zu Position A im Angebot:

Bei amerikanischen Start-up-Unternehmen findet man immer wieder das Konzept des unbegrenzten bezahlten Urlaubs[19] (»unlimited vacation«), eine »no-policy-policy«, auf die als Arbeitgeber zum Beispiel auch Netflix[20] schwört. Wenn man will, kann man das ganze Jahr in Honolulu am Strand sitzen. Theoretisch. Doch wie sieht es in der Praxis aus? Na, man stelle es sich nur mal vor. Willst du etwa die faule Sau sein, die – auf eigene, freie Entscheidung!! – mehr Urlaub nimmt als die Kollegen? Zumal der amerikanische Arbeitnehmerschutz ein Witz ist im Vergleich mit deutschen Standards. Daher ist eine der größten Kritiken an diesem »All-You-Can-Vacation«-Prinzip, dass die Leute sich nicht trauen, diesen Urlaub auch tatsächlich zu nehmen, und in der Praxis sogar weniger Urlaub übrig bleibt.[21] Auf dem Papier oder per Gesetz frei in seinen Entscheidungen zu sein, macht uns also nicht automatisch auch in der Praxis frei. Zu behaupten, dass wir alle in unseren beruflichen Entscheidungen frei sind, wäre naiv oder kurz gedacht.

Und trotzdem: Männer und Frauen könnten durchaus im Kern so verschieden sein, dass sie selbst ohne äußere Zwänge statistisch erfassbar unterschiedliche berufliche Entscheidungen treffen würden. Natürlich gibt es gesellschaftliche Rollenzwänge, jedoch ist dies noch kein Beweis dafür, dass biologische Unterschiede nicht auch eine Rolle spielen. Um das zu testen, müsste man eine Welt ohne gesellschaftliche Zwänge haben, die man – parallel zu unserer Welt – als Kontrollexperiment beobachten könnte. Natürlich ist es denkbar, dass Mütter in der Kontrollwelt dennoch mehr Elternzeit nehmen würden als Väter. Doch wir werden es nie herausfinden.

Man kann eher zu Position A oder B neigen, das ist persönliche Ansichtssache – insofern haben wir hier eigentlich gar keine richtige Fangfrage. Verfänglich wird es allerdings, wenn man seine persönliche Ansicht als Fakt betrachtet oder von anderen verbissen verlangt, es ebenso zu sehen. Da es hier keine belastbaren Daten gibt, auf die man sich berufen könnte, darf man andere Meinungen hier gerne akzeptieren oder tolerieren.

Nur, wie wichtig ist denn eigentlich die Frage, wie frei oder gezwungen wir unsere beruflichen Entscheidungen treffen? Ist sie denn tatsächlich relevant für die Diskussion um Lohngerechtigkeit? Wenn Frauen sich *frei* entscheiden, ist dann alles cool und man braucht nichts am Gender Pay Gap zu ändern? Und wenn sie es nicht tun, dann ist das eine Benachteiligung, und man sollte etwas ändern? So kann man Lohngerechtigkeit verstehen. Man kann es aber auch ganz anders sehen – und diese Sicht geht sogar weit über Geschlechterrollen hinaus.

WHO CARES?

Wer sich um die Familie kümmert, sei es die Erziehung der Kinder oder die Pflege der Eltern, leistet **Care-Arbeit**[22]. Care-Arbeit nicht nur als Arbeit zu bezeichnen, sondern auch als Arbeit zu verstehen, ist für manche naheliegend, für andere absurd. Wer sich eher auf der absurden Seite sieht, kann sich einmal spaßeshalber an folgender Sichtweise versuchen: Wenn sich Eltern so aufteilen, dass ein Elternteil die Care-Arbeit übernimmt, der andere Elternteil das Geld nach Hause bringt, kann man sowohl die Erziehung des Kindes als auch das Geldverdienen als Teamarbeit betrachten. Wer arbeiten geht, ermöglicht dem anderen, zu Hause zu bleiben, und wer zu Hause bleibt, ermöglicht dem anderen, arbeiten zu gehen.

Der Witz ist natürlich, dass Care-Arbeit nicht entlohnt wird. Alles andere wäre so revolutionär, dass wir es uns kaum vorstellen können. Staatshilfen wie Eltern-, Kinder- oder Pflegegeld dienen nur als kleine Aufwandsentschädigung, sie können die finanziellen Einbußen, die durch Unterbrechung oder Reduzierung der Berufstätigkeit entstehen, keineswegs ausgleichen. (Und die ganzen Windeln!) Doch das bedeutet ja eigentlich: Care-Arbeit wird nicht nur nicht entlohnt, sondern zusätzlich monetär bestraft. Das zumindest ist eine doch erstaunlich klare Schlussfolgerung, die man aus den Erhebungen rund um den Gender Pay Gap ziehen kann. Und mal ganz abgesehen davon, dass Frauen die meiste Care-Arbeit in diesem Land leisten[23]: Ist es denn gerecht, dass Care-Arbeit finanziell bestraft wird?

Wenn wir Altenpflege argumentativ kurz ausklammern, gibt es Menschen, die sinngemäß folgende Meinung vertreten: »Kinder kriegen und erziehen ist Privatvergnügen und Privatballast eines jeden Einzelnen. Niemand wird schließlich gezwungen, Kinder zu kriegen und berufliche Abwägungen zu machen.« Nun, mir fällt es schwer, diesen Gedanken zu teilen. Allein schon aus evolutionsbiologischer Sicht besteht der Sinn des Lebens einzig und allein darin, zu überleben und zu reproduzieren. Aber auch jenseits der Nerdigkeit des streng biologischen Blicks ist die Erziehung und Entwicklung unserer Kinder nicht nur Privatsache, sondern hat direkte Auswirkungen auf die Gesamtgesellschaft, nicht zuletzt in einem Land, in dem das Rentensystem auf einem Generationenvertrag fußt. Selbst der größte Zyniker dürfte einsehen, dass Kinder unsere Gesellschaft tragen. Hoffentlich können wir uns also darauf einigen, dass Kinder wichtig sind, dass es wichtig ist, sich um sie gut zu kümmern, und dass auch unsere Eltern im Alter Pflege und Liebe verdient haben. Anders gesagt, und zwar mit dem 2020er-Coronavokabular: **Care-Arbeit ist systemrelevant!** Das haben wir doch recht deutlich während der coronabedingten Schul- und Kitaschließungen zu spüren bekommen. Da systemrelevante Care-Arbeit einer der Hauptgründe für den unbereinigten Gender Pay Gap ist, fällt es mir persönlich schwer, diesen Lohnunterschied nicht als ungerecht zu empfinden. Wir brauchen keine Jennifer-John-artige Diskriminierung, um Lohnunterschiede zu beklagen. Unser Gerechtigkeitssinn sollte auch verletzt werden, wenn gesellschaftliche Relevanz nicht gesellschaftlich wertgeschätzt wird. Der Gender Pay Gap ist also Teil einer noch größeren Frage nach Lohngerechtigkeit.

SYSTEMRELEVANT & VERKANNT

Das Gehalt von Herbert Diess belief sich 2019 laut *Handelsblatt* auf 9,9 Millionen Euro.[24] Aber ist die Arbeit des VW-Chefs wirklich 9,9 Millionen Euro *wert?* Wie soll ich sagen ... NEIN.

Nun, dass Berufe nicht unbedingt nachvollziehbar entlohnt werden, ist nichts Neues, und ob man das gut oder schlecht findet, ist reine Meinungssache. Es ist aber tatsächlich gar nicht einfach, Berufe nach Relevanz oder Wert zu ranken. Und doch führte uns die Coronapandemie recht unmissverständlich vor Augen, wer eine Gesellschaft wirklich am Laufen hält – wer wirklich unverzichtbar ist (mit Verlaub, Herbert Diess ist es nicht).

Das Deutsche Institut für Wirtschaftsforschung (DIW) spricht in einer Analyse vom Juni 2020 von systemrelevanten Berufen der »ersten Stunde«, also von Berufen, deren Systemrelevanz von Beginn der Pandemie an offensichtlich war. Dazu zählen unter anderem der Gesundheitssektor, Erziehungs- und Reinigungsberufe sowie Berufe im Polizei- und Justizbereich.[25] Die Pandemie zeigte schnell, dass es noch mehr Berufsgruppen gibt, die unverzichtbar sind, etwa Berufe in der Tiermedizin, im Journalismus – und natürlich Lehrkräfte und anderes Schulpersonal. Diese Berufsgruppen fasste das DIW als systemrelevante Berufe der »zweiten Stunde« zusammen. Diese Differenzierung scheint zunächst seltsam, weil eine gewisse Bewertung mitzuschwingen scheint, obwohl alle systemrelevanten Berufe nun einmal relevant für das System sind. Die Einteilung ist aber deswegen interessant, weil ausgerechnet die systemrelevanten Berufe der »ersten Stunde« besonders lausig bezahlt sind und – bis auf dankbaren Applaus auf Balkonen, Twitter und Facebook – besonders wenig Prestige genießen. Hier die Zahlen:

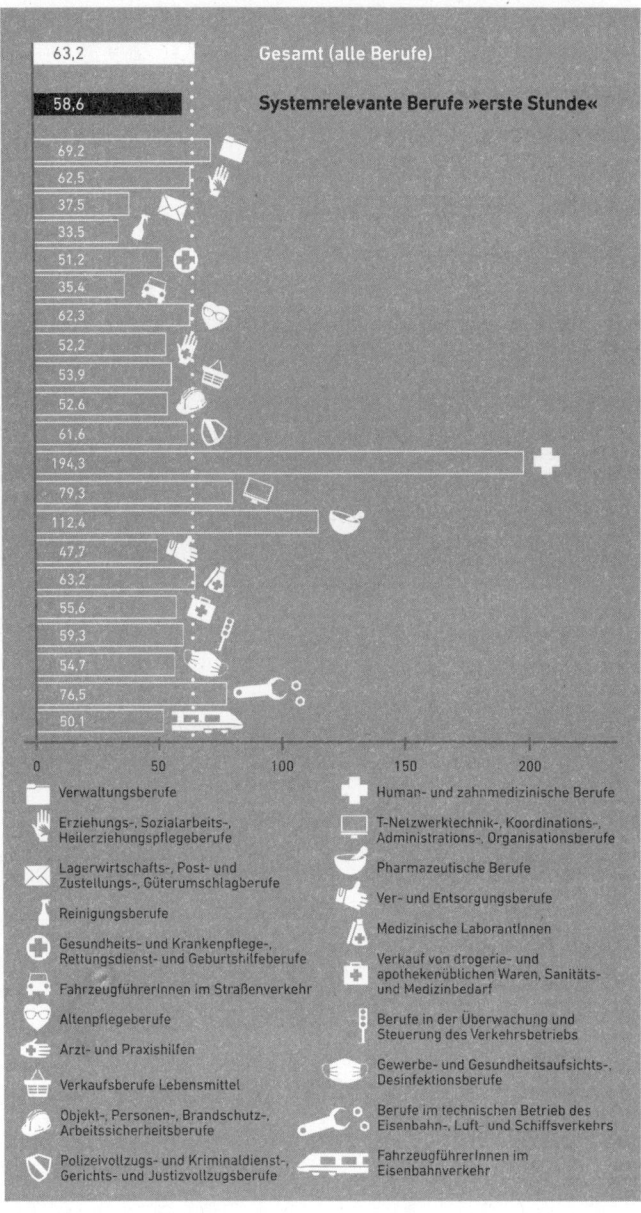

Abbildung 3.4: Berufsprestige in systemrelevanten Berufen der »ersten Stunde«.[26]

In Abbildung 3.4 sehen wir die Ergebnisse einer repräsentativen Umfrage privater Haushalte in Deutschland. Ausgerechnet unter den systemrelevanten Berufen der »ersten Stunde« genießen zu viele Berufsgruppen unterdurchschnittliches Ansehen. Eine der wenigen Ausnahmen sind natürlich »Human- und Zahnmedizinische Berufe«, die übrigens am oberen Ende der gesamten Prestige-Skala stehen, doch interessanterweise gehören Arzt- und Praxishilfen nicht dazu, ebenso wenig wie Gesundheits- und Krankenpflege-, Rettungsdienst- und Geburtshilfeberufe.

Wahrscheinlich werden diese Ergebnisse niemanden wirklich überraschen, leider. Aber vielleicht sollten wir uns doch mal überrascht selbst eine Ohrfeige geben und uns fragen: Was zum Teufel sagt das über unsere Gesellschaft aus, wenn wir den allerwichtigsten Berufen, die für das Funktionieren unseres Lebens unverzichtbar sind, derart wenig Achtung schenken?

Und natürlich sieht man eine Unterdurchschnittlichkeit auch im Lohn, was vielleicht sogar die größere Sauerei ist. Es gibt wenige Ausnahmen, zum Beispiel verdienen FahrzeugführerInnen im Eisenbahnverkehr überdurchschnittlich viel bei unterdurchschnittlichem gesellschaftlichem Ansehen. Aber überwiegend geht niedriges Prestige auch mit niedriger Entlohnung einher. In welche Richtung die Kausalität verläuft – werden wenig geachtete Berufe schlechter bezahlt, oder werden schlecht bezahlte Berufe weniger geachtet? – ist schwer zu sagen, wahrscheinlich spielt beides eine Rolle. Doch zumindest die Korrelation ist ernüchternd deutlich.

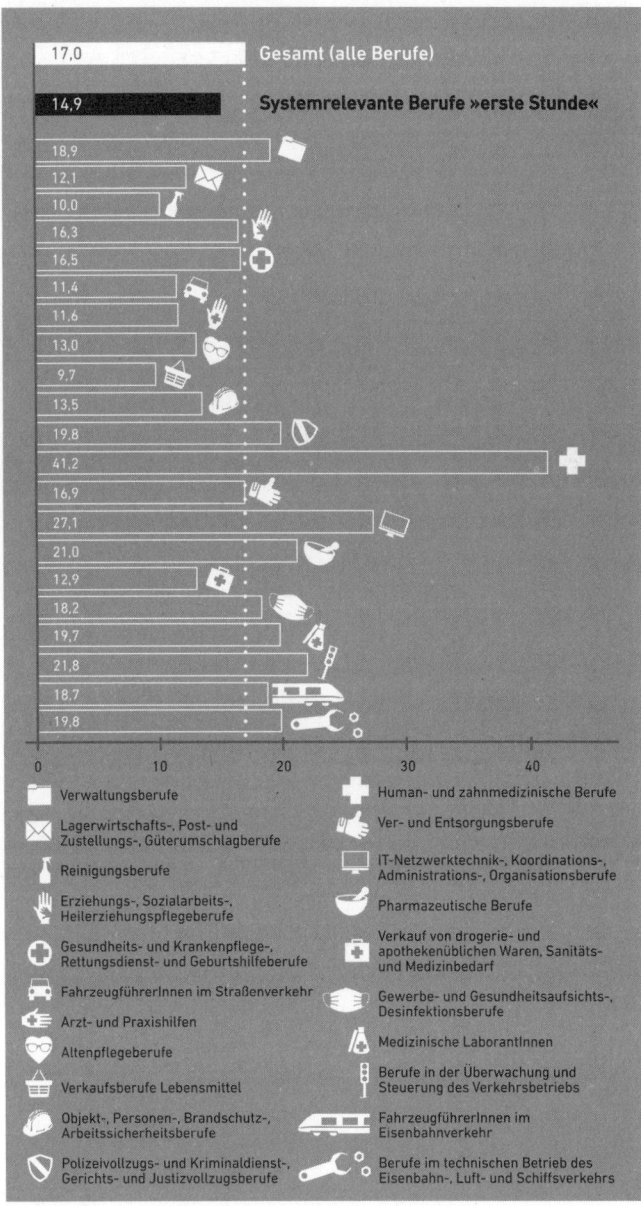

Abbildung 3.5: Lohnniveau in systemrelevanten Berufen der »ersten Stunde«.[27]

Während eine Umfrage über das Prestige von Berufen methodisch sicher nicht die härtesten Fakten liefert, zeigt die Lohnübersicht doch ein sehr unmissverständliches Bild über die geizige Wertschätzung unserer systemrelevanten Berufe.

Die Analysen des DIW zeigten außerdem, dass in den systemrelevanten Berufen der »ersten Stunde« der Frauenanteil um 18 Prozent höher ist als im Durchschnitt aller Berufe. Besonders interessant: Der unbereinigte Gender Pay Gap innerhalb der systemrelevanten Berufe beträgt nur 11 Prozent – die Lohnlücke ist hier also deutlich kleiner als im Durchschnitt aller Berufe. Warum das? Tja, ein Grund ist, dass der Durchschnittslohn der Männer mit rund 16 Euro schon ziemlich niedrig ist. Man könnte also zynisch sagen, wenn Berufe nur schlecht genug bezahlt werden, wird's schwer das noch großartig zu unterbieten.

Meiner Meinung nach ist die Ansicht »Selbst schuld, wenn man sich für einen schlecht bezahlten Beruf entscheidet« schädlich für eine gut funktionierende Gesellschaft. Wenn eine Krise das Land auf das Notwendigste herunterbricht, sind es schlecht bezahlte, wenig beachtete, systemrelevante Berufe und gar nicht bezahlte, noch weniger beachtete, aber genauso systemrelevante Care-Arbeit, die unsere Gesellschaft am Laufen halten. Gleichzeitig muss es niemanden wundern, dass viele der systemrelevanten Berufe wegen schlechter Bezahlung und fehlendem Ansehen unter akutem Personalmangel leiden, was diejenigen, die diese wichtigen Berufe ausüben, zusätzlich stark belastet. Das wurde beispielsweise im Coronawinter 2020 tragisch deutlich, als einige Intensivstationen an ihre Grenzen kamen und dem ohnehin schon unterbesetzten Krankenhauspersonal teils Unmenschliches abverlangt wurde. Das macht entsprechende Berufe natürlich noch unattraktiver – ein Teufelskreis. Doch eine höhere Entlohnung könnte helfen, ihn zu durchbrechen. Übrigens gibt es auch in der Care-Arbeit »Personalmangel« – und zwar männlichen. Auch hier könnte eine »höhere Entlohnung«, sprich weniger finanzielle und berufliche Benachteiligung durch Care-Arbeit ein wichtiger Teufelskreisbrecher sein, wenn auch sicher nicht der einzige.

Dieses Kapitel soll in erster Linie Gedankenanstöße geben. Im Vergleich zu den letzten beiden Kapiteln ist die Datenlage hier ja überschaubar und lässt viel Raum für wichtige Diskussionen, bei denen es nicht mein Ziel ist, anderen Menschen meine persönliche Meinung aufzudrücken. Doch wer weiß, vielleicht können wir uns ja darauf einigen, dass wir als Mitglieder dieser Gesellschaft Interesse an einem funktionierenden System haben sollten und dass wir am Ende alle davon profitieren, wenn Systemrelevanz attraktiver und besser entlohnt wird, sei es die Krankenpflege oder die Erziehung unserer Kinder.

KAPITEL 4

BIG PHARMA VS. ALTERNATIVE MEDIZIN:

EIN UNGESUNDER DOPPELSTANDARD

FANGFRAGE

Meditonsin ist ein homöopathisches Arzneimittel, das gegen Erkältung zugelassen ist. Welche Nachweise wurden von den Behörden verlangt, um diese Zulassung zu genehmigen?

O Die Wirksamkeit wurde anhand von klinischen, kontrollierten Studien an Menschen mit Erkältung belegt.

O Die Nebenwirkungen und Verträglichkeit wurden anhand von klinischen, kontrollierten Studien an Menschen mit Erkältung belegt.

O Wirksamkeit und Verträglichkeit wurden von unabhängigen Behörden entsprechend wissenschaftlicher Standards überprüft.

O Der Wirkmechanismus wurde anhand von biochemischen Prozessen beschrieben.

1932 gab es in Macon County, Alabama, interessante Neuigkeiten. Es wurden Schilder aufgestellt, Flyer verteilt und Menschen angesprochen: Hört, hört – ein besonderes, staatliches Gesundheitsprogramm! Es richtete sich an die bettelarmen, afroamerikanischen Landarbeiter, die in Macon County lebten, von denen viele unter verschiedenen chronischen Beschwerden und Krankheiten litten, die man sich mangels professioneller

Diagnose einfach mit »bad blood«, also »schlechtem Blut« erklärte. Eine ärztliche Behandlung konnten sich die Menschen nicht leisten, doch nun kam der amerikanische Gesundheitsdienst *(Public Health Service, PHS)* mit einem willkommenen Angebot: Es gab eine kostenlose Therapie für alle, die den Verdacht hatten, unter »bad blood« zu leiden. 600 afroamerikanische Männer folgten der Einladung in die Stadt Tuskegee, wo sie zunächst ordentlich ärztlich untersucht wurden. Für 399 der Männer lautete die Diagnose Syphilis – nur sollten sie das niemals erfahren. Denn die ahnungslosen Männer waren in die Falle eines der grausamsten Menschenexperimente getappt, die die Welt außerhalb von Nazi-Deutschland gesehen hat. Das als Therapieangebot getarnte staatliche Programm war in Wirklichkeit eine geheime, wissenschaftliche Studie mit dem schaurigen Titel *»Tuskegee Study of Untreated Syphilis in the Negro Male«.*

Die Syphiliskranken erhielten im Tuskegee-Krankenhaus jahrzehntelang nur Scheinbehandlungen. Unwissend und gutgläubig dienten sie als Versuchskaninchen, deren Aufgabe einzig und allein darin bestand vorzuführen, auf welche qualvolle Art man an unbehandelter Syphilis stirbt. Kaltblütig wurde bis zur letzten Datenerhebung gewartet: Die Autopsie der Körper. Als zehn Jahre nach Studienbeginn die Behandlung von Syphilis durch Penicillin Erfolge verzeichnete, unternahmen die Studienleiter alle Bemühungen, die kranken Männer von einer Penicillinbehandlung abzuhalten, indem sie unter anderem versuchten, Besuche bei anderen Ärzten zu verhindern. Erst 1972 kam die menschenverachtende Grausamkeit durch Peter Buxtun ans Licht, der selbst Mitarbeiter des Gesundheitsdienstes war. Nachdem Buxtun von der entsetzlichen Studie erfahren hatte, scheiterte er zunächst innerhalb des Gesundheitsdienstes sowie bei der Seuchenschutzbehörde daran, die Studie stoppen zu lassen. Erst als er sich an Journalistin Jean Heller wendete, die den Fall öffentlich machte, stürzte das Monstrum endlich zusammen – nach vierzig Jahren. Es gab noch 74 Überlebende.[1]

Die Tuskegee-Syphilis-Studie sollte nicht nur als bloße Warnung in die Geschichte eingehen. Mit dem *National Research Act*, der 1974 vom amerikanischen Kongress verabschiedet wurde, sollte auch gesetzlich verhindert werden, dass etwas derart Unmenschliches noch einmal passieren kann. Eine Ethikkommission zum Schutz von Teilnehmenden an medizinischen Studien wurde gegründet *(National Commission for the Protection of Human Subjects of Biomedical and Behavioral Research)*. Die Kommission veröffentlichte nach intensiver Diskussion den **Belmont Report**[2], der seither als Leitlinie für medizinische Forschung an Menschen gilt. Er dreht sich um eine aufgeklärte, informierte Einwilligung der Studienteilnehmer, eine sorgfältige Abwägung von Risiko und Nutzen durch die Forschenden und den besonderen Schutz vulnerabler Gruppen. Zusammen mit dem **Nürnberger Kodex** und der **Deklaration von Helsinki** des Weltärztebundes[3], die in Reaktion auf die erschreckenden Menschenversuche an KZ-Gefangenen in Nazi-Deutschland entstanden, sind diese ethischen Richtlinien heutzutage nicht mehr aus der klinischen Forschung wegzudenken (siehe Box 4.2, Seite 130). Jede klinische Studie muss, unabhängig von der wissenschaftlichen Überprüfung, von einer Ethikkommission genehmigt werden, bevor sie durchgeführt werden darf. Dabei geht es nicht nur darum, nicht in die Falle eines tödlichen Experimentes zu laufen, sondern auch darum, dass mit den Gesundheitsdaten der Probanden ordentlich umgegangen wird, dass den Teilnehmern vor Versuchsbeginn ihre Rechte und Aufgaben verständlich erklärt werden und dass die Vergütung dem Versuch angemessen ist. Und das wird sich hoffentlich auch nie wieder ändern. Denn solange es Menschen gibt, wird es auch Menschenverachtung und Gefühllosigkeit geben. Und solange medizinische Forschung von Menschen an Menschen durchgeführt wird, muss die Menschheit vor sich selbst beschützt werden.

ZWISCHEN GESUNDER SKEPSIS UND VERSCHWÖRUNGSMYTHEN: GENAUE LUPEN FÜR ALLE!!

Das Erschreckende am Tuskegee-Skandal ist nicht nur die Studie an sich, sondern auch die Tatsache, dass es sich hier um eine waschechte staatliche Verschwörung handelte, die jahrzehntelang nicht aufflog. Vor diesem Hintergrund scheint die Idee einer großen Pharmaverschwörung, bei der sich die Pharmakonzerne und möglicherweise auch der Staat zusammengetan haben, um unwirksame oder sogar gefährliche Medikamente auf den Markt zu bringen, für manche nicht allzu weit entfernt. Allerdings muss man sich fragen, worin die Motivation der Pharmaunternehmen für diese Art der Kaltblütigkeit liegen könnte. Beim Tuskegee-Skandal war es offenbar ein erschreckend tief sitzender Rassismus, der sich in dieser menschenverachtenden Studie ausdrückte. Doch warum sollten Pharmafirmen alle Menschen derart hassen, dass sie uns gesundheitlich schaden wollten?

Na ja, es gibt unterschiedliche Versionen der Pharmaverschwörungsidee, denen unterschiedliche Motive zugrunde liegen, aber das wahrscheinlich plausibelste Motiv, das wir alle kennen und lieben, ist: Geld! Der nötige Menschenhass ist da eher Mittel zum Zweck: Solange Menschen krank sind, kann man ihnen immer weiter Medikamente verkaufen und sich darüber immer mehr bereichern, so die Überlegung. Zum Beispiel lautet eine Version dieser Verschwörungserzählung, dass es schon längst ein Mittel gegen Krebs gebe, die Pharmaverschwörung dies der Welt aber vorenthalte, um weiterhin ihre teuren, aber unwirksamen Präparate gegen Krebs zu verkaufen. Und vielleicht machen manche Medikamente sogar krank, wer weiß?!

Bis hierhin ist alles sehr perfide, aber erst mal logisch. Komplexer wird die Sache durch die Frage, wieso sich Pharmafirmen nicht am Verkauf von wirklich wirksamen Krebsmitteln bereichern wollten. Das wäre auch ein gutes Geschäft, schließlich sterben pro Jahr über neun Millionen Menschen an Krebs[4] und mit Toten lässt sich nicht mehr viel verdienen. Aber so richtig unplausibel wird die Idee in der praktischen Umsetzung, denn eine solche Pharmaverschwörung müsste unrealistisch groß sein, damit sie aufgeht: Es würde ja nicht funktionieren, würden nur die Pharmakonzerne auf der ganzen Welt unter einer Decke stecken. Auch die Zulassungsbehörden der verschiedenen Länder, die unabhängig überprüfen, ob Arzneimittel wirksam und ungefährlich sind, dürften in Wirklichkeit gar nicht unabhängig sein, sondern müssten wichtiger Teil des Verschworenenkreises sein. Außerdem müssten Ärzte und Krankenhäuser eingeweiht oder hirngewaschen sein, sowie Unis und Forschungseinrichtungen mit all den Wissenschaftlerinnen und Wissenschaftlern, die medizinische Forschung betreiben. Lehrbücher der Medizin – voller Lügen über das Impfen, die Wirkung bestimmter Medikamente, die Unheilbarkeit mancher Krankheiten – müssten manipuliert sein, Journalistinnen und Journalisten gekauft oder geblendet sein, obwohl denen natürlich doch nichts Besseres passieren könnte, als eine Verschwörung aufzudecken. Und trotzdem soll diese Riesenverschwörung immer noch nicht ans Licht gekommen sein?

Laut dem Physiker und Wissenschaftsjournalisten David Robert Grimes arbeiten in den großen Pharmakonzernen über 700 000 Mitarbeiter weltweit. Allein bei dieser Größe – so Grimes in einem mathematischen Modell, das auf echten, bereits aufgeflogenen Verschwörungen basierte (darunter die

Tuskegee-Verschwörung und der NSA-Skandal PRISM, der durch den Whistleblower Edward Snowden ans Licht kam) – würde eine Pharmaverschwörung spätestens nach etwa drei Jahren auffliegen.[5] Eine solche Rechnung ist in der Tat etwas abenteuerlich, jedoch wäre natürlich jedes Geheimnis, von dem Hunderttausende wissen, irgendwann kein Geheimnis mehr.

Das Schöne an Verschwörungsideen ist aber, dass sie nie wirklich widerlegt werden können. Findet sich eine Information, die zur Verschwörungsidee passt, gilt sie als Beleg. Widerspricht eine Information der Verschwörungsidee, dann ist dies Teil der Verschwörung – gefälscht, gelogen oder einfach nur hirngewaschen. Es ähnelt der Logik, die im Mittelalter bei der Hexenverfolgung angewandt wurde und im Buch »Malleus Maleficarum«, dem sogenannten Hexenhammer aus dem Jahr 1486, beschrieben wird: Gesteht die Verfolgte unter Folter, ist die Sache schnell erledigt, dann ist sie natürlich eine Hexe. Tut sie es nicht und verträgt sie die Folter verräterisch gut, kann sie eigentlich auch nur eine Hexe sein! Hexen weinen schließlich nicht, weiß man ja. Weint sie doch und leidet augenscheinlich, ohne zu gestehen, könnte sie aber immer noch eine Hexe sein, die sich nur verstellt. Wir wissen schließlich alle, wie hinterlistig Hexen sind. Entsprechend gehen auch Verschwörungsglauben irgendwie immer auf, wenn man nur dran glaubt.

So unwahrscheinlich eine große Pharmaverschwörung auch ist, so unwahrscheinlich ist es auch, dass ich jemanden, der bereits vollends davon überzeugt ist, noch mit rationalen Argumenten umstimmen kann. Aber natürlich wird man von einer so festen Überzeugung nicht urplötzlich befallen. Wer in Pharmakonzernen den Teufel höchstpersönlich sieht, hat irgendwann einmal mit leiser Skepsis begonnen.

Ich finde es unfair, wenn Skepsis gegenüber Wissenschaft und Forschung pauschal als »aluhütig« verworfen wird, zumal Skepsis doch die DNA von Wissenschaft und Forschung ist. Eigentlich sollte man Skepsis und Hinterfragen grundsätzlich freudig begrüßen und in seinem kritischen Gegenüber einen Komplizen im wissenschaftlichen Denken sehen. Aber natürlich ist nicht jeder kreative Gedanke automatisch ein kritischer. Die Erde für eine Scheibe zu halten, ist doch eher in der kreativen Ecke zu verorten. Die Unabhängigkeit industriefinanzierter Pharmaforschung anzuzweifeln, ist wiederum durchaus gerechtfertigt. Wer hinter Pharmafirmen wohlwollende Lebensretter sieht und nicht in erster Linie auch Konzerne, die auf Wirtschaftlichkeit und Gewinne abzielen, ist sicher naiv. Grundsätzlich ist jeder, der Geld mit der Gesundheit beziehungsweise Krankheit anderer Menschen macht, genau unter die Lupe zu nehmen. Ob ein Generalverdacht übertrieben oder gesunde Skepsis ist, darüber kann man streiten – nur wird diese Skepsis oft erstaunlich einseitig angewendet. Gegner der Pharmakonzerne halten oft die Fahne der sogenannten Alternativmedizin hoch, der sie mit deutlich weniger kritischem Geist begegnen. Erstaunlich inkonsequent wird es dann, wenn die genaue Lupe nur für die Pharmaindustrie reserviert ist und der Alternativmedizin ganz unkritisch die Rolle des wohlwollenden Lebensretters überlassen werden soll. Ich sage: Genaue Lupen für alle! Die Abgrenzung von »Alternativmedizin« gegen »Schulmedizin« und vor allem gegen »Big Pharma« leuchtet mir nicht ein, wenn man bedenkt, dass Globuli auch nicht umsonst erhältlich sind. Der Interessenkonflikt ist hier doch der exakt gleiche. Auch wenn beispielsweise Homöopathie kein Milliarden-, sondern nur ein Millionengeschäft[6] ist. Ein wenig gesunde Skepsis sollte auch hier angebracht sein.

Seien wir also fair und schauen sowohl »Big Pharma« als auch der »Alternativmedizin« einmal unter die Fingernägel. Vielleicht ist ja genug Dreck für alle da.

BOX 4.1: DIE CONTERGAN-KATASTROPHE

Unter dem Namen »Contergan« brachte die deutsche Firma Grünenthal 1957 den Wirkstoff **Thalidomid** auf den Markt, der vor allem als Schlaf- und Beruhigungsmittel, aber auch als Präparat gegen Schwangerschaftsübelkeit beworben wurde. Dass Thalidomid eine **teratogene** Wirkung hat, sprich Fehlbildungen bei Embryos hervorruft, kam katastrophalerweise erst in der praktischen Anwendung ans Licht. Innerhalb weniger Jahre kamen in Deutschland schätzungsweise 5000 Kinder (weltweit rund 10000) mit missgebildeten Gliedmaßen und Organen zur Welt, etwa 40 Prozent starben kurz nach der Geburt oder im Säuglingsalter.[7] Im November 1961 wurde Contergan vom Markt genommen.

In den USA war die Zulassung des Medikaments durch die **Food and Drug Administration (FDA)** zunächst verzögert und damit letztendlich verhindert worden. Als Thalidomid 1960 für den amerikanischen Markt freigegeben werden sollte, verlangte die FDA weitere wissenschaftliche Unterlagen, was den Prozess nach hinten verschob. Als Hauptverantwortliche und Heldin gilt die FDA-Sachbearbeiterin Frances Oldham Kelsey, die dem starken Drängen des amerikanischen Vertreibers kritisch und standhaft entgegenhielt und damit viel Leid in Amerika verhinderte. Ihr wurde später von John F. Kennedy der *President's Award for Distinguished Federal Civilian Service* verliehen, die wohl höchste Auszeichnung, die eine Amerikanerin erhalten kann.

In Deutschland leben heute noch rund 2400 durch Contergan Geschädigte[8], für die der Skandal immer noch nicht angemessen aufgearbeitet ist. Die Opfer, die inzwischen auf das Seniorenalter zusteuern, fürchten, dass ihnen eine weitere wesentliche Schädigung droht: Möglicherweise hat Thalidomid auch die Entwicklung der Blutgefäße gestört[9], was gerade im höheren Alter zu unterschiedlichen Risiken und Komplikationen führen könnte.

DER MARKT REGELT DAS! NICHT.

Warum sind eigentlich so viele klinische Studien über Arzneimittel industriefinanziert? Na ja, wer ein neues Arzneimittel auf den Markt bringen möchte, ist per Gesetz dazu verpflichtet, Wirksamkeit und Verträglichkeit anhand klinischer Studien zu belegen (siehe Box 4.3, Seite 135), weswegen Medikamentenherstellern nicht viel anderes übrig bleibt als diese Studien durchzuführen und die Durchführung eben auch zu bezahlen. Wenn man nicht gerade an eine große Pharmaverschwörung glaubt, muss man davon ausgehen, dass Arzneimittelhersteller großes Interesse daran haben, gute, sprich wirksame und sichere Medikamente auf den Markt zu bringen. Na, dann lassen wir das doch den Markt regeln!

Bevor jetzt jemand lacht – bis vor nicht allzu langer Zeit war das quasi so. Bis 1961 das Arzneimittelgesetz verabschiedet wurde – das Ding ist jünger als meine Eltern, echt verrückt eigentlich –, gab es keine umfassende gesetzliche Regelung für die Herstellung und den Verkauf von Arzneimitteln. Da kann man ja geradezu froh sein, dass Katastrophen wie die mit Contergan nicht viel öfter passiert sind. Verrückt ist auch, dass es nach dem Arzneimittelgesetz von 1961 zwar strafbar war, schädliche Arzneimittel in Verkehr zu bringen, doch es war gesetzlich nicht vorgeschrieben, die Sicherheit der Produkte vorab unabhängig prüfen zu lassen, ja, es wurde noch nicht einmal von den Herstellern verlangt, die Sicherheit ihrer Arzneimittel selbst zu belegen! Und besonders kurios ist, dass die Wirksamkeit einer Substanz offenbar gar keine wirkliche Rolle spielte. Das Arzneimittelgesetz las sich in erster Linie als Schutzgesetz vor schädlichen Medikamenten, der Einfluss des Contergan-Falls ist sicher erkennbar – doch ob das Zeug überhaupt wirkt? Pffffft, geschenkt. Um ein Arzneimittel verkaufen zu dürfen, mussten Hersteller das Mittel lediglich registrieren. **Registrierung** klingt vielleicht offiziell, war aber nach heutigem Verständnis eher eine Formalität, wenn man bedenkt, dass für diese Registrierung weder ein Nachweis über die Wirksamkeit noch über die Nebenwirkungen verlangt wurde. Erst mit der **Arzneimittelreform von 1976** wurden nicht nur Nachweise über Wirksamkeit, Verträglichkeit und pharmazeutische Qualität per Gesetz verpflichtend, sondern auch die unabhängige Überprüfung durch eine Bundesbehörde wurde vorgeschrieben.

Die streng geregelte **Zulassung**, wie wir sie heute kennen (siehe Boxen 4.2 und 4.3, Seiten 130 und 135), ersetzte die bloße Registrierung: Bevor eine Substanz in klinischen Studien am Menschen getestet werden darf, müssen überzeugende Zell- und Tierversuche vorgelegt werden, ohne die eine klinische Studie nicht genehmigt und angemeldet werden kann. Überprüfung und Kontrolle übernehmen in Deutschland das Bundesamt für Arzneimittel und Medizinprodukte und das Paul-Ehrlich-Institut. Auch nach der Marktzulassung wird ein Medikament noch sorgfältig beobachtet, allein schon, weil sehr seltene Nebenwirkung erst in der breiten Anwendung sichtbar werden. Doch trotz aller Auflagen kommt es von Zeit zu Zeit vor, dass zugelassene Arzneimittel Probleme bereiten. Zuletzt mussten 2018 EU-weit unterschiedliche Blutdruckmedikamente mit dem Wirkstoff Valsartan[10] zurückgerufen werden, nachdem es zu einer Verunreinigung mit einem wahrscheinlich krebserregenden Stoff gekommen war.

Obwohl Arzneimittelhersteller wohl kaum Interesse daran haben, dass so etwas passiert, und obwohl sie sorgfältig kontrolliert werden, gibt es also keine hundertprozentige Sicherheit. Gut zu wissen aber, dass solche Gefahren entdeckt und die entsprechenden Mittel aus dem Verkehr gezogen werden – und dass es offenbar keine verschworene, dunkle Macht gibt, die uns alle krank machen möchte. (Oder zumindest keine, die es schafft.)

BOX 4.2: WIE KLINISCHE STUDIEN REGULIERT UND KONTROLLIERT WERDEN

Um die Sicherheit von Studienteilnehmern, die wissenschaftliche Aussagekraft der Studien und die Wirksamkeit, Unbedenklichkeit und Qualität der Arzneimittel zu gewährleisten, unterliegen klinische Studien verschiedenen Gesetzen und Richtlinien, deren Einhaltung kontrolliert und geprüft wird:

Arzneimittelgesetz (AMG)
»Es ist der Zweck dieses Gesetzes, im Interesse einer ordnungsgemäßen Arzneimittelversorgung von Mensch und Tier für die Sicherheit im Verkehr mit Arzneimitteln, insbesondere für die Qualität, Wirksamkeit und Unbedenklichkeit der Arzneimittel nach Maßgabe der folgenden Vorschriften zu sorgen.«
So lautet der erste Paragraf des Arzneimittelgesetzes. Unter anderem schreibt es die konkreten Anforderungen an die Qualität, Wirksamkeit und Unbedenklichkeit der Arzneimittel vor, regelt Zulassung, Herstellung und Vertrieb, verordnet die Anwendung der **Guten Klinischen Praxis** (GCP-V) und legt Schutzmaßnahmen für die Teilnehmer klinischer Studien fest. Außerdem schreibt das Arzneimittelgesetz eine unabhängige Genehmigung und Kontrolle vor, einerseits von einer unabhängigen Ethikkommission, andererseits von der zuständigen Bundesbehörde (BfArM oder Paul-Ehrlich-Institut).

Bundesamt für Arzneimittel und Medizinprodukte (BfArM)
Das BfArM ist die in Deutschland zuständige Bundesbehörde, die für die Sicherheit von Arzneimitteln und Patienten zuständig ist und damit auch für die Zulassung von Arzneimitteln. Aufgabe der Behörde ist es, Wirksamkeit, Unbedenklichkeit und pharmazeutische Qualität auf Grundlage des Arzneimittelgesetzes zu überprüfen und sicherzustellen. Laut Arzneimittelgesetz sind »Berichte über alle Erkenntnisse konfirmatorischer klinischer Prüfungen zum Nachweis der Wirksamkeit und Unbedenklichkeit der zuständigen Bundesoberbehörde […] zur Verfügung zu stellen.« Klinische Studien müssen vorab genehmigt und registriert werden (vergleiche »Präregistrierung«, Kapitel 2).

Bei Impfstoffen ist als Bundesoberbehörde das **Paul-Ehrlich-Institut** für die Zulassung zuständig.

Europäische Arzneimittelagentur (EMA)
Die EMA mit Sitz in Amsterdam ist die zuständige Behörde bei sogenannten Zentralen Zulassungsverfahren, die den Europäischen Wirtschaftsraum betreffen. Die wissenschaftliche Bewertung und die positive oder negative Empfehlung übernimmt der **Ausschuss für Humanarzneimittel (CHMP)**, bestehend aus Fachleuten aller europäischen Zulassungsbehörden (inkl. BfArM). Auf Basis der Zulassungsempfehlung des CHMP entscheidet letztendlich die Europäische Kommission über die Zulassung.
Über jedes zugelassene Arzneimittel wird ein abschließender Bericht veröffentlicht *(European Public Assessment Report,* EPAR).

ICH-**Richtlinien**
Mit dem Ziel, einheitlichere internationale Anforderungen an Arzneimittel zu entwickeln, wurde 1990 die ICH gegründet. Das Kürzel steht für *International Council for Harmonisation of Technical Requirements for Pharmaceuticals for Human Use,* auf Deutsch **Internationale Konferenz zur Harmonisierung technischer Anforderungen für die Zulassung von Humanarzneimitteln.** Mitglieder sind die amerikanische Food and Drug Administration (FDA), die Europäische Kommission, das japanische Ministerium für Gesundheit, Arbeit und Sozialwesen (MHLW) sowie die amerikanischen, europäischen und japanischen Arzneimittel-Herstellerverbände. Die ICH kümmert sich auch um Standardisierungen von Zulassungsprozessen, dazu gehört zum Beispiel das *Common Technical Document* (CTD), ein einheitliches Dossier über Übermittlung von Daten an die entsprechenden Zulassungsbehörden für Europa, Japan und die USA.

Ethische Richtlinien
Die beim BfArM registrierten Ethik-Kommissionen bewerten und genehmigen Zulassungsanträge und klinische Studien anhand ethischer Richtlinien, die dem Schutz der teilnehmenden Probanden dienen: Informierte Einwilligung, eine Risiko-Nutzen-Abwägung der Forschenden und der Schutz vulnerabler Bevölkerungsgruppen stehen im Zentrum ethischer Auflagen. Als Reaktion auf unmensch-

liche und grausame Medizinverbrechen entstanden drei wichtige Leitlinien: Die Menschenversuche mit KZ-Gefangenen im Dritten Reich, die während der Nürnberger Ärzteprozesse zur Anklage gebracht wurden, waren Anlass für den **Nürnberger Kodex**. Als Ergänzung wurde 1964 die **Deklaration von Helsinki des Weltärzteverbundes** erstellt, die seither laufend aktualisiert und erweitert wird. Und als Reaktion auf die grausame **Tuskegee-Syphilis-Studie** entstand 1979 der **Belmont Report**.

Veröffentlichung der klinischen Studien

Laut der EU-Verordnung 536/2014 müssen alle Ergebnisse klinischer Studien mit Arzneimitteln, die in der EU durchgeführt wurden, veröffentlicht werden. Es gibt mehrere Studienregister, die für Deutschland relevant sind, darunter: Das Deutsche Register Klinischer Studien DRKS (drks.de), die überwiegend, aber nicht ausschließlich amerikanische Plattform ClinicalTrials.gov (clinicaltrials.gov) der National Institutes of Health, das europäische EU Clinical Trials Register (clinicaltrialsregister.eu) oder das Portal für Arzneimittelinformation für Bund und Länder PharmNet.Bund (pharmnet-bund.de), in das auch ein Studienregister integriert ist. Als eine Art Sammelregister hat die Weltgesundheitsorganisation außerdem eine Meta-Plattform eingerichtet, die Studienregister mehrere Länder zusammenführt (https://www.who.int/ictrp/search/en/).

Die strenge Qualitätskontrolle von Medikamenten ist das eine. Auch der Patentschutz spielt eine wichtige Rolle, da sich der einem Medikament vorausgehende Forschungsaufwand nur dann rechnet, wenn ein neues Medikament nicht umgehend auch von anderen Firmen kopiert werden darf. Dann wäre Forschung nicht mehr rentabel, was den medizinischen Fortschritt gefährden würde.

Die Notwendigkeit für einen Konzern, rentabel zu sein, ist auf der anderen Seite auch ein Grund dafür, warum der Markt nicht alles regeln kann: Es gibt für Pharmakonzerne nicht immer kommerzielle Anreize, eine Therapieform zu untersuchen, etwa, wenn die zu behandelnde Krankheit sehr selten und der Markt entsprechend klein ist. Und auch die Sache mit den Patenten ist teilweise komplizierter, als man auf dem Schirm hat. So gibt es Substanzen, die auch für neue Anwendungen nicht so leicht patentierbar sind, zum Beispiel, wenn diese bereits von jemand anderem entdeckt und lange bekannt sind. Oder bei Alzheimer ist man händeringend auf der Suche nach einem Medikament, das die Krankheit nicht nur behandelt, wenn sie schon ausgebrochen ist, sondern am besten schon in der Lage ist, sie zu verhindern. Hier gibt es durchaus interessante Ansätze, die man näher verfolgen und in klinischen Studien überprüfen müsste. Doch wenn es nicht ums Behandeln, sondern ums Vermeiden geht, müssen klinische Präventionsstudien deutlich länger laufen als Interventionsstudien. Um den Erfolg eines präventiven Medikaments zu erkennen, müsste man vielleicht zehn Jahre oder sogar länger warten, um sichere Rückschlüsse ziehen zu können. Da ein Patent aber nur für eine bestimmte Zeit beantragt werden kann, wäre es bis dahin entweder schon abgelaufen oder nur noch kurze Zeit gültig.[11] Ohne die Aussicht darauf, die Substanz auf dem Markt zumindest für einen gewissen Zeitraum exklusiv anbieten zu können, ist eine so aufwendige und langwierige Alzheimer-Präventionsforschung nicht wirtschaftlich.

Auch deswegen gibt es neben Pharmafirmen andere Forschungsinstitutionen. Dank Förderung des Bundesministeriums für Bildung und Forschung (BMBF) oder der Deutschen Forschungsgemeinschaft (DFG) veranlassen Universitäten oder Forschungsinstitute **nicht-kommerzielle klinische Studien,** um die Blindspots der Pharmaindustrie zu beleuchten. In Deutschland weniger gängig, aber international durchaus relevant sind außerdem philanthropische Förderer, das beste Beispiel ist da die Bill-and-Melinda-Gates-Stiftung, die unter anderem in die wenig lukrative Entwicklung von Malaria-Medikamenten oder auch Alzheimerprävention investiert. Doch die meisten klinischen Studien sind tatsächlich industriefinanziert, und das ist auch gut so. Denn warum sollte der Steuerzahler für eine Studie zahlen, von der am Ende neben den Patienten auch die Firmen profitieren? Eine gesunde Balance zwischen öffentlich- und industriefinanzierter Forschung ist also wichtig, da keine der beiden Seiten allein das volle Forschungsspektrum abdeckt.

WIRKSAMKEIT IST DAS, WAS DU DRAUS MACHST

Wenn es um unsere Gesundheit geht, sollten wir nicht auf die Gewissenhaftigkeit, Sorgfalt und Hilfsbereitschaft von Arzneimittelherstellern, Wissenschaftlern und Ärzten vertrauen müssen, sondern uns auf sorgfältige Kontrollen verlassen können. Deshalb können wir uns wahrscheinlich darauf einigen, dass es eine super Reform des Arzneimittelgesetzes war, Nachweise für Wirksamkeit, Verträglichkeit und Qualität zu verlangen und das Ganze auch unabhängig überprüfen zu lassen.

Allerdings sah das nicht jeder so. Die sogenannten besonderen Therapierichtungen – Homöopathie, Anthroposophische Medizin und Pflanzenheilkunde – bildeten eine erfolgreiche Lobby, die sich der Reform von 1976 widersetzte.[13] Bis heute gelten für diese »besonderen Therapierichtungen« im Arzneimittelgesetz Extrawürste. Sie sind vom regulären Zulassungsprozess befreit und müssen ihre Präparate lediglich registrieren, wie in guten alten Zeiten. Für eine Registrierung müssen die Präparate zwar sicher und unbedenklich sein, doch eine Wirksamkeit muss nicht belegt werden.

BOX 4.3: ARZNEIMITTELENTWICKLUNG –
DER LANGE WEG VOM LABOR AUF DEN MARKT[12]

Ein Arzneimittel zu entwickeln, ist ein Mammutprojekt. Es dauert in der Regel etwa 7 bis 15 Jahre, und die Kosten belaufen sich auf schätzungsweise 0,6 bis 2,7 Milliarden US-Dollar.

Die Suche nach einem geeigneten Wirkstoffkandidaten ...
... beginnt mit einem bestimmten Ziel, einem **Target**. Targets sind biologische Strukturen oder Moleküle, zum Beispiel bestimmte Rezeptoren oder bestimmte Enzyme, die eine Schlüsselfunktion bei einer Krankheit spielen. Ein geeigneter Wirkstoffkandidat muss dazu in der Lage sein, diese Targets anzuvisieren und mit ihnen gezielt zu interagieren, um in die Krankheit spezifisch eingreifen zu können. In **High-Throughput-Screenings** (Hochdurchsatzscreenings) wird die Interaktion mit dem Target mit Hunderttausenden unterschiedlichen Substanzen getestet, um ein paar Hundert **Hits** zu identifizieren. Aus diesen Hits werden Substanzen mit vielversprechenden Eigenschaften, zum Beispiel besonders guter Bindung an das Target, als **Leads** (Leitstrukturen) herausgefiltert. Durch Anpassung der chemischen Struktur wird die biologische Wirkung der Leitstrukturen weiter optimiert, wobei Wirkung und Nebenwirkungen auch in Zell- und Tierstudien untersucht werden.

Die präklinischen Studien
Unter präklinischen Studien versteht man Experimente, die vor den klinischen Studien durchgeführt werden, um nicht nur die Wirksamkeit, sondern auch die Sicherheit der Wirkstoffkandidaten zu überprüfen. Die Präklinik setzt sich zusammen aus In-vitro-Studien (lat.: *in vitro* – »im Glas«), in denen die Wirkung an Proteinen, Zell- oder Gewebekulturen oder isolierten Organen untersucht wird, und In-vivo-Studien (lat.: *in vivo* – »am lebenden [Objekt]«), die an geeigneten Krankheitsmodellen bei Tieren durchgeführt werden (siehe auch Kapitel 8).
Die wichtigsten Ziele der präklinischen Studien sind Erkenntnisse über die **Pharmakodynamik** (Wie wirkt die Substanz? Wie stark ist die Wirkung? Wie spezifisch?), die **Pharmakokinetik** (Wie verteilt sich die

Substanz im Körper? Wie wird sie verstoffwechselt und abgebaut?) und die **Toxikologie** (In welchem Bereich liegt eine schädliche Dosis? Welche Nebenwirkungen gibt es, und wie stark sind sie?).
Etwa neun von zehn Wirkstoffkandidaten aus präklinischen Studien werden eine Marktzulassung nicht schaffen. Bis zur Präklinik fließen rund 200 bis 300 Millionen Euro in die Forschungs- und Entwicklungsarbeit – und noch hat der Wirkstoffkandidat keinen menschlichen Körper von innen gesehen.

Die klinischen Studien

Klinische Studien unterliegen strengen wissenschaftlich-qualitativen und ethischen Auflagen, die durch Richtlinien, Verordnungen und das Arzneimittelgesetz vorgeschrieben sind (siehe Box 4.2, Seite 130). Jede klinische Studie muss zunächst genehmigt und registriert werden, bevor sie durchgeführt werden darf. Der Zulassungsprozess erfolgt in vier Phasen:

Phase I: Das erste Herantasten

Auch wenn in allen vier Phasen Sicherheit und Nebenwirkungen sorgfältig beobachtet werden, zumal seltene Nebenwirkungen auch nur durch größere Studien zu entdecken sind, liegt der Fokus in Phase I ganz auf Sicherheit und Verträglichkeit. Die Wirksamkeit wird hier zunächst noch hintangestellt, weswegen die Probanden in Phase I gesunde, erwachsene Menschen sind. An etwa zehn bis hundert Probanden tastet man sich zunächst vorsichtig heran, um etwa herauszufinden, wie Dosis und Wirkung beziehungsweise Dosis und Nebenwirkungen zusammenhängen. Ein typisches Studiendesign ist eine **Cross-over-Studie,** in der ein Teil der Probanden zunächst den zu prüfenden Wirkstoff und nach einer gewissen Pause eine Placebo-Therapie bekommt, während der andere Teil der Gruppe die umgekehrte Reihenfolge erhält. Phase I kann bis zu anderthalb Jahre dauern. Vier von fünf Phase-I-Wirkstoffkandidaten werden es am Ende nicht auf den Markt schaffen.

Phase II: Wirkstoffkandidat trifft auf Krankheit

Erst hier wird die zu prüfende Substanz zum ersten Mal bei Patienten mit der entsprechenden Krankheit untersucht, um Wirksamkeit, Nebenwirkungen und Dosis-Wirkungs-Beziehungen zu überprüfen.

Ein typisches Studiendesign mit Dutzenden bis zu Hunderten Patienten ist eine **randomisierte kontrollierte Studie:** »Kontrolliert« bedeutet, dass es neben einer Testgruppe, die den zu prüfenden Wirkstoff erhält, auch eine Kontrollgruppe gibt, die nur eine Placebobehandlung bekommt. Da auch bei einem Scheinmedikament Placeboeffekte zu einer Verbesserung von Symptomen führen können, können sowohl Wirksamkeit als auch Nebenwirkungen nur im Vergleich mit einer Kontrollgruppe festgehalten werden.
»Randomisiert« bedeutet, dass Test- und Kontrollgruppe zufällig – also randomisiert – durch ein Computerprogramm eingeteilt werden. Würde man die Gruppeneinteilung den Forschenden überlassen, könnte es zu Verzerrungen kommen, wenn diese bewusst oder unbewusst etwa die fitteren Teilnehmer in die Testgruppe packen würden. Zwei Drittel der Phase-II-Kandidaten werden auf den letzten Metern noch rausfliegen und es nicht zur Zulassung schaffen.

Phase III: Die entscheidenden Studien

Wir sind in der letzten klinischen Phase vor der Zulassung. In diesen entscheidenden Studien mit Hunderten bis Tausenden von Patienten werden Wirksamkeit und Verträglichkeit über Monate bis Jahre sorgfältig untersucht. Seltenere, aber dennoch starke Nebenwirkungen, die aufgrund der Studiengröße bisher nicht aufgetreten sind, könnten sich erst jetzt zeigen.
Typischerweise führt man hier nicht nur randomisierte, kontrollierte Studien durch, sondern nach Möglichkeit auch **doppelblinde:** Nicht nur die Studienteilnehmer wissen nicht, ob sie den echten Wirkstoff oder nur ein Placebo bekommen, sondern auch die behandelnden Ärzte und Wissenschaftler werden im Dunkeln gelassen. So will man verhindern, dass Beobachtung und Auswertung verzerrt werden könnten. Erst wenn die Auswertung abgeschlossen ist, wird die Verblindung gelüftet.
Etwa 65 Prozent der Phase-III-Kandidaten schaffen es nach meist jahrelanger Reise und Investition im dreistelligen Millionenbereich auf den Markt.

Das Zulassungsverfahren

Die Zulassungsbehörden (BfArM oder Paul-Ehrlich-Institut, beziehungsweise die Europäische Arzneimittelagentur für den gesamten europäischen Wirtschaftsraum) begleiten nicht nur den kompletten Zulassungsprozess und erteilen Genehmigungen, sondern überprüfen auch die Arzneimittel hinsichtlich Wirksamkeit, Verträglichkeit und pharmazeutischer Qualität, wofür sie umfassende Nachweise verlangen. Die Anforderungen werden durch das Arzneimittelgesetz geregelt (siehe Box 4.2, Seite 130). Außerdem müssen die Arzneimittelhersteller beschreiben, wie sie die Sicherheit des Arzneimittels nach der Zulassung systematisch überwachen werden (Phase IV).

Phase IV: Der Praxistest

Da sehr seltene Nebenwirkungen erst bei großflächiger Anwendung zu finden sind, und in klinischen Studien bestimmte Patientengruppen nicht untersucht werden (zum Beispiel Patienten mit zusätzlichen Erkrankungen), muss auch ein zugelassenes Arzneimittel weiterhin streng überwacht werden. Es gilt: Augen auf für Nebenwirkungen und Verdachtsfälle, die umgehend dem BfArM oder dem Paul-Ehrlich-Institut gemeldet werden müssen. Entsprechend dieser Überwachung kann die Zulassung eines Mittels auch wieder zurückgenommen oder angepasst werden. Arzneimittel, die unter zusätzlicher Überwachung stehen, werden in der EU mit dem **Schwarzen Dreieck** gekennzeichnet, das Patienten ganz besonders sensibilisieren soll und dazu auffordert, Nebenwirkungen oder auch nur den Verdacht darauf umgehend zu melden. Es ist allerdings nicht auf der Verpackung abgebildet, sondern in der Packungsbeilage und der Fachinformation für Apotheker, Ärzte und weitere Angehörige der Gesundheitsberufe abgedruckt.

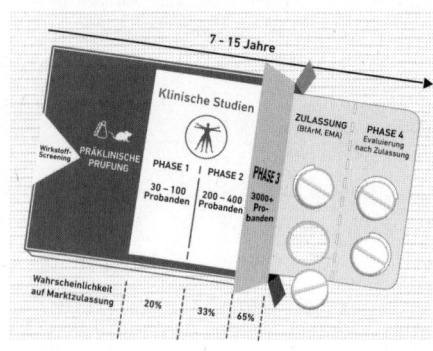

Allerdings sind im Arzneimittelgesetz unter § 8 Verbote zum Schutz vor Täuschung aufgelistet:

> »Es ist verboten, Arzneimittel oder Wirkstoffe herzustellen oder in den Verkehr zu bringen, die [...] mit irreführender Bezeichnung, Angabe oder Aufmachung versehen sind. Eine Irreführung liegt insbesondere dann vor, wenn
> a) Arzneimitteln eine therapeutische Wirksamkeit oder Wirkungen oder Wirkstoffen eine Aktivität beigelegt werden, die sie nicht haben,
> b) fälschlich der Eindruck erweckt wird, dass ein Erfolg mit Sicherheit erwartet werden kann [...]«[14]

Deswegen dürfen beispielweise Globuli, die nur registriert und nicht zugelassen sind, per Gesetz nicht mit einer **Indikation** verkauft werden. Man darf also nicht angeben, wofür oder wogegen sie helfen sollen – weil man das einfach nicht weiß beziehungsweise nie belegt hat. Stattdessen findet man auf der Verpackung Disclaimer wie »registriertes homöopathisches Arzneimittel, daher ohne Angabe einer therapeutischen Indikation«.

An dieser Stelle darf einem eigentlich schon der Kopf platzen, und zwar dreifach: Erstens, wieso ist ein Mittel ohne Indikation überhaupt ein Arzneimittel? Zweitens, warum gilt die Angabe einer Indikation bei Homöopathika als strafbare Täuschung, weil keine Wirksamkeit belegt ist, aber wenn Ärzte und Heilpraktiker Globuli gegen bestimmte Beschwerden austeilen, ist alles fein? Und drittens, was ist mit *Meditonsin?* Die beliebten Tropfen werden doch ganz offensichtlich mit Indikation, nämlich als Mittel gegen Erkältung vermarktet! (Ja, Meditonsin ist homöopathisch. Erstaunlich vielen Menschen ist das gar nicht bewusst.)

Tja, jetzt kommt was, haltet euch fest: Es gibt die Möglichkeit, auch für Homöopathika eine Zulassung zu erlangen. Meditonsin ist das beste Beispiel dafür – es ist offiziell zugelassen und darf daher »gegen Erkältung« verkauft werden. Aber ... bedeutet das nicht, dass die Wirksamkeit gegen Erkältungen im Rahmen des Zulassungsprozesses belegt und überprüft wurde? ... Haha, nein!! Denn hier kommen wir zur zweiten Extrawurst: Der Wirksamkeitsnachweis funktioniert bei »besonderen Therapierichtungen« ganz anders als bei richtigen Arzneimitteln. Um eine Wirksamkeit für eine bestimmte Indikation zu belegen, müssen Hersteller von Homöopathika sogenanntes Erkenntnismaterial vorlegen, und je nach Stärke des Erkenntnismaterials werden Punkte vergeben. Je höher die erreichte Punktzahl, desto schwerwiegender darf die Krankheit sein, für deren Behandlung das Mittel zugelassen werden darf. Ein Wirksamkeitsnachweis via doppelblinde, randomisierte, kontrollierte Studie gibt beispielsweise acht Punkte (siehe Tabelle 4.1, Seite 141). Ist eine Studie nicht doppelblind und nicht randomisiert, sondern nur kontrolliert, gibt es vier Punkte. Dass man Studien, die methodisch unterschiedlich stark sind, unterschiedlich stark bewertet, ist ja erst mal sinnvoll. Allerdings ist es höchst irritierend, dass man auch mit Methoden punkten kann, die ganz und gar nicht wissenschaftlich sind.

Zum Beispiel kann man durch »Long-time-Use« einen Punkt erzielen, sprich, wenn ein Mittel oder eine Therapie seit mindestens 1978 auf dem Markt ist oder praktiziert wird. Tradition geht also als »Erkenntnismaterial« durch.

Einen weiteren Punkt kann man sich durch »Expertenurteile« einholen. Doch die Experten für Homöopathika sind hier natürlich – Homöopathen! Eine unabhängige, kritische Bewertung stellt man sich irgendwie anders vor, zumal diese Urteile eben nicht auf methodisch starken Belegen wie kontrollierten Studien basieren, sondern vielmehr auf einer persönlichen Einschätzung. Gleich zwei Punkte gibt es für eine »homöopathische Arzneimittelprüfung«. Klingt wissenschaftlich, ist es aber

Art des Erkenntnismaterials	Punkte
Randomisierte, placebokontrollierte Doppelblindstudie	8
Meta-Analyse	8
Randomisierte, kontrollierte Studie	6
Anwendungsbeobachtung, Kohortenstudie, vergleichende epidemiologische Studie	4
Kontrollierte Studie	4
Kasuistiken	2
Homöopathische Arzneimittelprüfung	2
Expertenurteile (Konsensuskonferenz)	1
Bewertete präparatbezogene Literaturübersicht	1
Monografien	1
Long-time-Use (mind. seit 1978)	1

Diese Methoden werden bei der regulären Zulassung von Arzneimitteln nicht anerkannt (Kasuistiken bis Long-time-Use).

Tabelle 4.1: Beurteilungskriterien des Bundesinstituts für Arzneimittel und Medizinprodukte (BfArM) für homöopathisches Erkenntnismaterial.

nicht. Im Grunde genommen funktioniert eine »homöopathische Arzneimittelprüfung« nach dem folgenden Prinzip: Probanden erhalten das zu testende homöopathische Mittel, nehmen es, horchen in sich hinein und schreiben wochenlang möglichst detailliert auf, was ihnen so alles an sich auffällt. Kein Witz. Dahinter steckt die homöopathische Idee, Ähnliches mit Ähnlichem zu bekämpfen. Die Mittel sollen bei Gesunden Symptome auslösen, die denen einer Krankheit ähnlich sind – und genau gegen diese Krankheit soll das Mittel dann taugen. Wenn also jemand während einer solchen »Studie« eine Rotznase bei sich feststellt, ist Schnupfen eine mögliche Indikation für das homöopathische Mittel. Eine Verblindung oder eine Kontrollgruppe, die Placebos erhält, wird dabei nicht vorgeschrieben. Uff. Ich sag ja, Methoden! Letztendlich muss man so eine homöopathische Arzneimittelprüfung einfach nur in der Erkältungssaison durchführen, wo besonders viele mal einen Schnupfen oder Halskratzen feststellen werden, und schon hat man zwei Punkte für ein Erkältungsmittel in der Tasche!

Das waren nun drei Beispiele, doch die ganze untere Hälfte der Tabelle 4.1 besteht aus solch krummen Methoden, mit denen sich ein Pharmakonzern niemals bei den Zulassungsbehörden blicken lassen dürfte. Doch mit genau diesen Methoden kann man bis zu acht Punkte sammeln – und damit kann man schon einiges anfangen. Über acht Punkte benötigt ein Hersteller nämlich nur, wenn er ein Mittel zur direkten Behandlung schwerer oder lebensbedrohlicher Erkrankungen verkaufen will (siehe Tabelle 4.2, Seite 143, IIIb und IVb). Um über acht Punkte zu erlangen, müsste man dann tatsächlich einen wissenschaftlich anerkannten Nachweis wie etwa eine kontrollierte Studie liefern. Doch bisher hat es in Deutschland noch kein einziges homöopathisches Präparat auf über acht Punkte geschafft.[15]

Dass es kein homöopathisches Mittel mit mehr als acht »Erkenntnispunkten« gibt, heißt im Klartext: Es gibt kein homöopathisches Mittel, dessen Wirksamkeit mit wissenschaftlich anerkannten Methoden belegt ist. **Obwohl es die homöopathische Lehre seit rund 200 Jahren gibt, existiert bis heute kein überzeugender Nachweis, dass Homöopathika über einen Placeboeffekt hinaus wirken.**

Aber macht ja nichts. Denn bereits ab 2 Punkten darf ein homöopathisches Mittel gegen leichte Erkrankungen zugelassen werden (siehe Tabelle 4.2, Seite 143). Und was *offiziell zugelassen* ist – und jetzt kommt der größte Irrsinn –, ist per Gesetzeskraft auch *offiziell wirksam*. Das Arzneimittelgesetz schreibt ja deutlich vor, dass alle zugelassenen Medikamente auch wirksam sein müssen! Anders gesagt: Auch wenn ein homöopathisches Mittel keinerlei *wissenschaftlichen* Wirkungsnachweis vorlegen kann, kann es vor dem Arzneimittelgesetz trotzdem als wirksam gelten. GESETZLICH WIRKSAM. Das muss man sich mal auf der Hirnhaut zergehen lassen.

Grad des Indikationsanspruchs	Therapieziel	Erforderliche Punkte
I. Leichte Erkrankungen d.h. leicht zu erkennen, dem Laien bekannt, zur Diagnostik und Therapie keine sofortige ärztliche Hilfe erforderlich, selbstlimitierend, den Patienten wenig beeinträchtigend	Besserung von Symptomen (ohne Nennung einer/s bestimmten Erkrankung, Störung/Zustandes) oder leichte Erkrankungen	2–6
II. Mittelschwere Erkrankungen d.h. funktionelle Beschwerden, reversible Organbeteiligung, zeitlich begrenzte Selbstmedikation, unkomplizierte Krankheitsverläufe, zur Diagnostik und Therapie selten ärztliche Intervention erforderlich	a) Unterstützung der Behandlung einer/s bestimmten Erkrankung/Störung/Zustandes	4–6
	b) Reduktion der Häufigkeit gelegentlich auftretender Störungen oder Besserung d. Symptome einer/s bestimmten Erkrankung/Störung/Zustandes oder Behandlung einer/s bestimmten Erkrankung/Störung/Zustandes	7
III. Schwere Erkrankungen d.h. irreversible Organveränderungen, Organbeteiligung, Gefahr bei verzögerter Behandlung, schwere Komplikationen möglich, zur Diagnostik und Therapie ärztliche Intervention in der Regel erforderlich, nicht selbstlimitierende Erkrankung	a) Unterstützung der Behandlung einer/s bestimmten Erkrankung/Störung/Zustandes	4–6
	b) Besserung der Symptome einer/s bestimmten Erkrankung/Störung/Zustandes oder Behandlung einer/s bestimmten Erkrankung/Störung/Zustandes	9
IV. Lebensbedrohliche Erkrankungen d.h. hohe Komplikationsrate, Mortalität	a) Palliative Therapie, d.h. keine Heilung, aber Linderung der Symptome, Verbesserung der Lebensqualität	4–6
	b) Behandlung von Begleitbeschwerden, Besserung der Symptome einer/s bestimmten Erkrankung/Störung/Zustandes oder Behandlung eine/s bestimmten Erkrankung/Störung/Zustandes	11

Tabelle 4.2: Indikationsanspruch und Therapieziele in der Homöopathie.[16]

Falls ihr euch fragt, wer dieses seltsame Punktesystem eigentlich festgelegt hat – nun ja, das war die zuständige »Expertenkommission für die homöopathische Therapierichtung«[17], die extra dafür berufen wurde und in erster Linie aus Homöopathen besteht. Mhm.

Na gut, ziehen wir einen Zwischenstrich unter diesen Zirkus und wiederholen noch einmal, weil es so unglaublich ist:

1. Homöopathische Präparate dürfen als Arzneimittel registriert und verkauft werden, ohne dass eine Wirkung nachgewiesen ist. Dementsprechend dürfen sie nicht für eine bestimmte Wirkung, sprich Indikation vermarktet werden. Denn das wäre eine Täuschung, die gesetzlich verboten ist. Aber Ärzte und Heilpraktiker dürfen die Präparate zur Behandlung konkreter Beschwerden ausgeben. Das ist dann ... keine Täuschung. Alles klar.
2. Es gibt eine Extrawurst-Zulassung für homöopathische Mittel wie Meditonsin und Co., die dann doch für eine bestimmte Indikation verkauft werden dürfen. Für die Indikation müssen sie eine Wirksamkeit »nachweisen«, wobei auch Nachweismethoden gelten, die wissenschaftlich nicht anerkannt sind. Keines der in Deutschland zugelassenen homöopathischen Präparate beruht auf einem Wirksamkeitsnachweis, der im regulären Zulassungsprozess richtiger Arzneimittel als Beleg bestehen würde. Ooookay.
3. Dass die Wirksamkeit wissenschaftlich unbelegt ist, ist zwar Tatsache – doch per Gesetz, also rein juristisch gesehen, ist die Wirksamkeit bei zugelassenen Homöopathika nachgewiesen! ...
Da wird man doch verrückt!!!

Auch nach längerem Kopfzerbrechen kann ich kein rationales Argument dafür finden, warum die »besonderen Therapierichtungen« diese gesetzlichen Extrawürste bekommen. Konsistent wäre doch nur eine von diesen beiden Optionen: Entweder man betrachtet homöopathische Präparate als Arzneimittel – dann sollten sie aber auch wie solche gehandhabt werden. Oder man betrachtet sie nicht als Arzneimittel, dann dürften sie aber auch nicht als solche vermarktet werden.

Versteht mich nicht falsch: Nur, weil etwas keine pharmakologische Wirkung hat, ist es nicht automatisch wertlos für die Gesundheit. Aber dazu kommen wir gleich noch ausführlich zurück, widmen wir uns vorher noch schnell dem Mythos der unterdrückten Heilmittel.

ALL DIE GEHEIMEN WUNDERMITTEL: DER MYTHOS DER UNTERDRÜCKTEN HEILMITTEL

Im Netz erfährt man immer wieder von natürlichen, sanften, aber wunderbar wirksamen Heilmitteln, deren Wirksamkeit aber nicht wissenschaftlich belegt ist. Manchmal wird das damit erklärt, dass die wissenschaftlichen Belege nur deswegen fehlen, weil die Forschung unterdrückt wird oder weil niemand die nötigen klinischen Studien finanzieren möchte. Schließlich haben wir ja auch oben gelesen, dass für die Finanzierung von klinischen Studien meist auch finanzielle Anreize benötigt werden. Allerdings sind klinische Studien nur die letzte Evidenzstation auf einer langen Forschungsreise, bei der die allermeisten getesteten Substanzen schon vorher rausfliegen – und das liegt nicht nur am Geld. Zunächst muss es einen plausiblen biochemischen Wirkmechanismus geben, zum Beispiel, dass die Substanz spezifisch in einen bestimmten biologischen Prozess einer bestimmten Krankheit eingreift. Ohne plausiblen Wirkmechanismus wird es übrigens auch schwierig, die Substanz in Tierversuchen zu testen, denn auch hier gibt es ethische Richtlinien (siehe Kapitel 8). Und erst wenn Zell- und Tierversuche Wirksamkeit und Verträglichkeit einer Substanz belegen können, kann man mit diesen Daten die Genehmigung einer klinischen Studie am Menschen beantragen.

Nun ist es bei angeblichen Heilmitteln oft so, dass bereits der Nachweis für einen plausiblen Wirkmechanismus fehlt. Wenn eine Substanz schon im allerersten Schritt, dem Nachweis einer biochemischen Wirkung, versagt, man dann aber behauptet, es läge nur am Geld und daran, dass niemand die klinischen Studien am Menschen bezahlen möchte – dann ist das ungefähr so, als würde ich mich darüber beschweren, dass meine Musik nicht im Radio gespielt wird, weil ich weniger Geld für Promo habe, obwohl ich in Wirklichkeit noch nicht einmal einen Song aufgenommen habe.

Die Vorstellung, dass medizinische Forschung an Substanzen, mit denen in der Pharmaindustrie wenig Geld zu verdienen ist, aus Konkurrenzgefahr unterdrückt wird, lässt sich recht schnell widerlegen, indem man sich einfach mal anschaut, was an Universitäten und anderen nichtkommerziellen, unabhängigen Forschungseinrichtungen alles so erforscht wird. Wenn beispielsweise ein Naturprodukt, das nicht patentierbar und damit für die Pharmaindustrie uninteressant ist, ernsthaftes medizinisches Potential zeigt, wird daran durchaus geforscht, und zwar rauf und runter. Schauen wir uns als konkretes Beispiel die Forschung rund um Kurkuma an, die uns zeigt, dass manchmal nicht zu wenige Studien das Problem sind – sondern zu viele.

KURKUMA – EIN SCHMERZHAFTES MULTI-HIT-WONDER

Kurkuma, auch Gelbwurzel oder Gelbingwer genannt, ist ein leuchtend gelbes Gewürz mit alter, südasiatischer Tradition. Es sorgt nicht nur in Curry für Geschmack und Farbe, sondern soll auch eine ganze Reihe gesundheitlicher Vorteile haben: Krebs, Alzheimer, Depression, Haarausfall, Erektionsstörungen – das ist eine unvollständige Liste von Krankheiten und Beschwerden, gegen die Kurkuma angeblich helfen soll. Kein Wunder, dass das asiatische Heilgewürz inzwischen auch in westlichen Großstadtcafés in Lattes und Smoothies gemischt wird und als gesundes Lifestyleprodukt über die Bartheken geht.

Kurkuma ist als pflanzliches Produkt ein Gemisch aus vielen unterschiedlichen Molekülen, aber das wohl wichtigste ist **Curcumin**. Curcumin gibt Kurkuma nicht nur die gelbe Farbe, sondern soll auch der Bestandteil sein, auf den all die heilenden Kräfte in erster Linie zurückzuführen sind. Um nun wissenschaftlich zu belegen, ob Curcumin tatsächlich gegen Krebs, Alzheimer oder Haarausfall hilft, kann man beispielsweise untersuchen, ob das Molekül an entsprechende **Targets** bindet (siehe Box 4.3, Seite 135). Zur Erinnerung: Unter Target versteht man ein körpereigenes Molekül, meist ein Protein, das bei der zu heilenden Krankheit eine Schlüsselrolle spielt. Es gibt Krebsarten, die durch die Mutation eines einzigen Proteins ausgelöst werden. Dieses würde man dann zum Target ernennen, also zu dem Ziel, das durch einen Wirkstoff ausgeschaltet werden soll. Je stärker und spezifischer der Wirkstoff nun das Target-Protein beeinträchtigt, desto höher ist das Potenzial, dass die Substanz als Therapie gegen diese Krebsart eingesetzt werden kann.

In der Regel sucht man potenzielle Wirkstoffe in größeren Screenings, in denen viele unterschiedliche Substanzen – natürlich vorkommende wie auch im Labor entwickelte – auf das Target geschmissen werden. Die Substanzen, die die gewünschte Reaktion mit dem Target zeigen, werden als **Hits** bezeichnet, die dann weiter untersucht und optimiert werden. Das Beeindruckende an Curcumin ist nun, dass es in erstaunlich vielen Studien für erstaunlich viele Targets als Hit aufgefallen ist. Die lange Krankheitsliste, die Curcumin angeblich lindern soll, kommt also nicht von ungefähr!

Curcumins Hitparade ist sogar so umfangreich, dass erfahrene Medizinalchemiker ein bis zwei Augenbrauen hochziehen und skeptisch werden. Wir haben es hier offensichtlich mit einem **chemisch promiskuösen** Molekül zu tun, also einem Molekül, das es mit jedem treibt, der nicht bei drei aus dem Reagenzglas ist. Das Problem an solchen reaktionsfreudigen Substanzen ist die hohe Gefahr für falsch-positive Hits. Wie kann ein falsch-positiver Hit zustande kommen? Nun, um Hits zu identifizieren, gibt es unterschiedliche Labortests, sogenannte **Assays**. Zum Beispiel gibt es Assays, die einen Fluoreszenzfarbstoff zur Hilfe nehmen, der anzeigt, ob ein Molekül mit dem Target interagiert. Sagen wir, es wird dann grün – Hit! Doch wenn eine Substanz nun besonders promiskuös und reaktionsfreudig ist, könnte sie auch direkt mit dem Fluoreszenzfarbstoff reagieren und die Lösung grün färben. Das wäre dann aber ein falsch-positives Ergebnis, weil das Target-Protein in Wirklichkeit gar nicht aktiviert wurde. Chemisch promiskuöse Substanzen, die ziemlich unspezifisch mit allem Möglichen reagieren und dadurch viele falsch-positive Hits landen, nennt man PAINS *(Pan-Assay Interference Compounds)* – und Curcumin gilt als besonders prominentes Mitglied der PAINS-Familie.[18] (Übrigens, das sagenumwobene »Rotwein-Molekül« Resveratrol gehört auch zum PAINS-Clan.)

PAINS sind für Medizinalchemiker echte »pains in the ass«, wie man im Englischen so schön sagt, denn sie stellen sich in den Laborassays als deutlich besser dar, als sie tatsächlich sind. Doch spätestens in klinischen Studien fliegt ihre Hochstapelei den Forschenden um die Ohren, wenn sich die scheinbar vielversprechenden Ergebnisse aus dem Labor nicht mehr reproduzieren lassen. Bis dahin hat man natürlich viel Zeit und Arbeit verpulvert. Es gibt unzählige vielversprechende Studien über mögliche biochemische Wirkmechanismen von Curcumin, aber die Studienlage bei Tierversuchen und klinischen Studien ist sehr durchwachsen.[19]

PAINS sind übrigens ein gutes Beispiel dafür, dass nichtkommerzielle Forschung nicht automatisch besser ist als kommerzielle Pharmaforschung. Denn während ein Pharmakonzern sehr genau hinschauen wird, bevor er Geld für Hochstapler-Moleküle zum Fenster rausschmeißt, gelten in der akademischen Forschung ganz andere Anreize: Hauptsache publizieren! *Publish or perish* ist das Motto, publizieren oder verrecken.[20] Dieser **Publikationsdruck** belastet nicht nur Wissenschaftler, sondern auch die Qualität der Wissenschaft. Da in der akademischen Forschung Leistung praktisch nur anhand von wissenschaftlichen Publikationen gemessen wird, könnt ihr euch sicher vorstellen, wie beliebt PAINS-Moleküle sind. Da sie prädestiniert dafür sind, bei biochemischen Assays Hits anzuzeigen, sind sie natürlich hervorragende Paper-Maschinen. Es kann eine Art Teufelskreis entstehen, den wir in ähnlicher Form bei unserer Brokkoli-Studie aus Kapitel 2 beschrieben haben: Studien mit scheinbar positiven Ergebnissen werden veröffentlicht, weltweit folgen immer mehr Forschende der falschen Fährte und produzieren ihrerseits fragwürdige Hits.[21] Je umfangreicher die Studienlage wird, desto eher ist man davon überzeugt, dass da doch irgendetwas dran sein muss – warum sollten es sonst so viele erforschen?

Wenigstens ist es eine erfreuliche Überraschung, dass Curcumin erst ab einer sehr hohen Dosis schädlich wird, die man

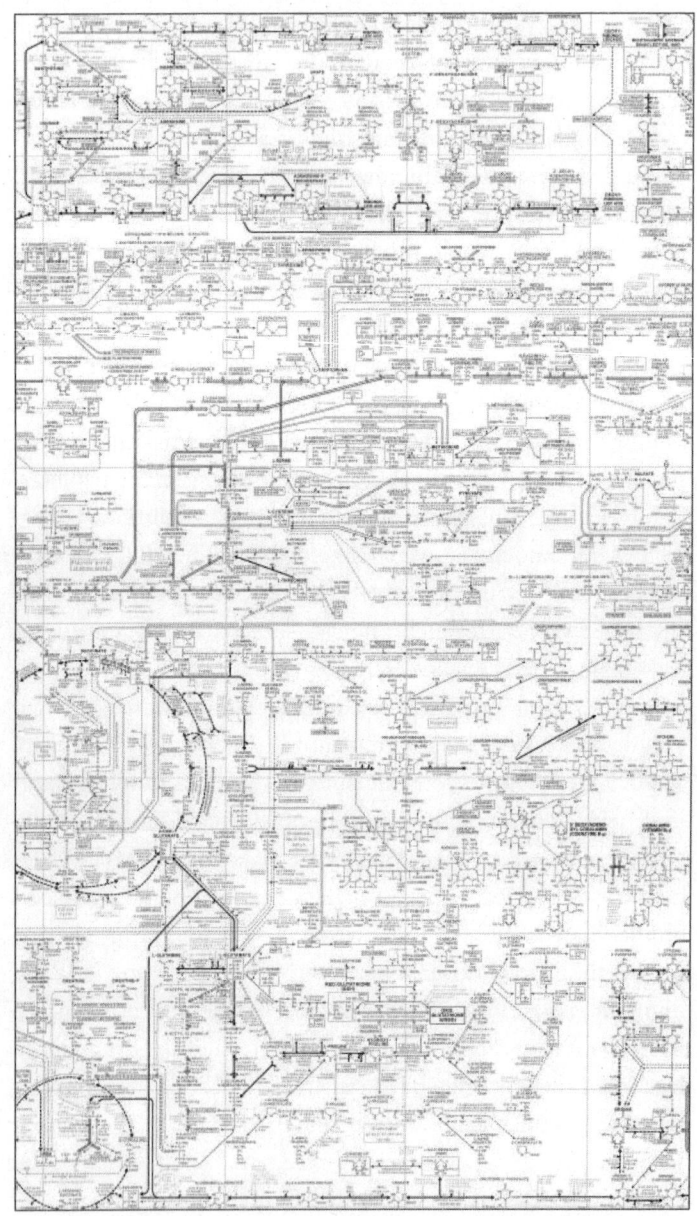

Abbildung 4.1: Ein Ausschnitt der Stoffwechselreaktionen in unserem Körper.

auch über extraviel Curry mit Kurkuma-Latte-Nachtisch nicht zu sich nehmen wird. Normalerweise sind reaktive Substanzen tendenziell schädlicher als solche, die gar nichts tun. Doch Curcumin hat eine sehr schlechte **Bioverfügbarkeit**[22] – das meiste passiert den Körper unberührt und wird einfach wieder ausgeschieden. Wollte man Curcumin als Medikament weiterentwickeln, gäbe es zwar bestimmt Möglichkeiten, die Bioverfügbarkeit durch bestimmte Modifizierung oder Zusätze zu erhöhen[23], allerdings gilt dann auch wieder die Faustregel: Ein Stoff, der eine breite Wirkung hat, hat in der Regel auch breite Nebenwirkungen.

Daher ist es grundsätzlich ein deutliches Warnzeichen für Bullshit, wenn ein Stoff die Sammellösung für alle möglichen unterschiedlichen Krankheiten sein soll. Die Realität ist da viel komplexer, Beispiel Krebs: Krebs ist eigentlich keine Krankheit für sich, sondern ein Sammelbegriff für Hunderte Krankheiten. Unterschiedliche Krebsarten basieren auf unterschiedlichen biologischen und biochemischen Prozessen, weswegen man sie auch unterschiedlich behandeln muss. Für Brustkrebs gibt es inzwischen etablierte Therapien mit guten Erfolgschancen[24], während wir Hirntumoren immer noch ziemlich hilflos gegenüberstehen[25]. Wahrscheinlich wird die Komplexität unseres Körpers einfach oft unterschätzt. Auf der Homepage des Pharmakonzerns Roche[26] findet man ein wunderbares Poster mit dem Titel »Metabolic Pathways« (Stoffwechselprozesse), das normalerweise auf 139 x 98 cm eine herrlich unübersichtliche Übersicht über nur die wichtigsten (!) biochemischen Reaktionen in unserem Körper präsentiert. Hier in diesem Buch ist leider etwas weniger Platz, aber ich wollte es euch trotzdem nicht vorenthalten (siehe Abbildung 4.1). Wahrscheinlich möchte Roche damit vor allem demonstrieren, wie erschreckend kompliziert ihre Arbeit ist. Denn wohlgemerkt sind die hier dargestellten Stoffwechselwege nur ein kleiner Teil der chemischen und biologischen Prozesse, die in einem menschlichen Körper vor sich gehen. Es ist einerseits faszinierend, wie viel wir dank Wissenschaft und Forschung inzwischen über unsere eigene Biologie wissen, andererseits wird einem ernüchternd bewusst, wie verdammt kompliziert alles ist.

MIR HAT'S ABER GEHOLFEN: WARUM DER PLACEBOEFFEKT FALLE UND HOFFNUNG ZUGLEICH IST

Man kann das überwältigende Stoffwechselplakat auch anders auslegen: »Der Körper ist so komplex, dass wissenschaftliche Studien da ohnehin nicht viel Erhellung bringen. Das Einzige, was zählt, ist doch, ob's wirkt oder nicht.« Diese Argumentation kommt bei sogenannten Alternativen Heilmitteln immer wieder auf, sei es Kurkuma oder Homöopathie. Und schließlich quillt das Internet ja nur so über vor positiven Erfahrungsberichten über diverse Mittel. Die Behauptung, dass Krankheiten derart komplex seien, dass wir sie ohnehin nicht richtig erforschen und systematisch Therapien entwickeln könnten, lässt sich leicht von der Hand weisen, wenn man bedenkt, wie viele lebensrettende Therapien Forschung und Entwicklung bereits hervorgebracht haben. Man schaue sich allein die Medizinnobelpreise ab Seite 313 (Kapitel 8) an. Aber der Gedanke »Hauptsache, es wirkt« ist begrüßenswert pragmatisch – allerdings muss man aufpassen, dass man nicht Opfer eines häufigen Fehlschlusses namens **post hoc ergo propter hoc** (lat.: danach, also deswegen) wird. Nur weil es mir *nach* der Einnahme von Globuli besser ging, heißt das noch nicht automatisch, dass es mir *deswegen* besser ging.

Eng verwandt ist die Denkfalle **cum hoc ergo propter hoc** (lat.: damit, also deswegen). Nur weil etwas gleichzeitig auftritt – seit ich einen neuen Heilpraktiker besuche, schlafe ich viel besser –, muss das eine nicht automatisch die Ursache des anderen sein.

Jaja, ihr wisst schon. **Placeboeffekt.** Man beobachtet bei klinischen Studien, dass es Menschen in der Kontrollgruppe, die nur ein Placebo erhalten, trotzdem besser geht. Oder, dass sie die Studie sogar abbrechen – wegen Nebenwirkungen (**Noceboeffekt**). Doch der Placeboeffekt wird dabei erstaunlich oft missverstanden. Meistens erklärt man sich den Placeboeffekt mit »Einbildung«. Es stimmt zwar, dass er stark subjektiv sein kann. Zum Beispiel fühlen sich Patienten nach der Anwendung eines Placebo-Asthmasprays[27] nach eigenen Angaben besser, doch misst man ihre Atemfunktion, sieht man von dieser empfundenen Verbesserung nicht viel. Allerdings beinhaltet eine Definition à la »ich erwarte, dass es besser wird, und empfinde es deshalb als besser« sowohl eine Überschätzung als auch eine Unterschätzung des Placeboeffekts!

Fangen wir mit der Überschätzung an.

Warum der Placeboeffekt überschätzt wird

Es gibt gesundheitliche Beschwerden, bei denen wir besonders anfällig sind für Scheinwirksamkeit: vorübergehende Beschwerden wie Kopfschmerzen oder eine Erkältung sowie chronische Leiden, die in Phasen oder Schüben kommen, wie beispielsweise Hautausschläge, die einen immer wieder befallen, ohne dass man genau nachvollziehen kann, was der Auslöser war. In solchen Fällen greifen wir meistens dann zu einem Mittel – sei es ein Medikament, ein paar Globuli oder ein Kurkuma-Latte mit extra Ingwer –, wenn es uns gerade besonders schlecht geht. Außergewöhnlich schlecht. Doch diese kurzfristige Abweichung von der gewöhnlichen Norm wird in der Regel auch wieder zu Ende gehen, nach einer gewissen Zeit sind die Kopfschmerzen, die Erkältung oder der Hautausschlag wieder verschwunden oder zumindest nicht mehr ganz so schlimm. Vielleicht haben wir das dem Medikament, den Globuli oder dem Kurkuma-Latte mit extra Ingwer zu verdanken – vielleicht aber auch nur der Zeit, beziehungsweise der hohen Wahrscheinlichkeit, dass es einem schon irgendwann wieder besser geht, nachdem es einem besonders schlecht gegangen ist.

Um sich das zu veranschaulichen, kann man sich einen Würfel zur Hand nehmen und folgendes Experiment machen: Immer wenn ihr eine 1 oder 2 würfelt, nehmt ihr euch eine Käsereibe und raspelt euch ein bisschen Parmesan auf den Kopf. Und schon werdet ihr feststellen, dass sich eure Würfelzahl nach dieser magischen Käseintervention zwar nicht immer, aber doch auffällig häufig nach oben verbessern wird. Statt frisch geriebenem Parmesan funktionieren übrigens auch kräftige Ohrfeigen, die man sich selbst gibt, oder irgendeine andere ausgedachte Intervention, denn die Wahrscheinlichkeit, dass sich die Augenzahl nach einer 1 oder 2 nach oben verbessert, ist schlicht und einfach ziemlich hoch. Genau so dürfte sich auch eine Erkältung bald wieder verbessern, wenn man an einem besonders heftigen Tag zu Globuli greift oder sich ein wenig Parmesan auf die Kopfhaut hobelt. Was ich damit sagen will: **Post hoc ergo propter hoc gilt natürlich auch für Placebo-Interventionen.** Nur weil es mir nach geriebenem Parmesan oder nach dem Schlucken einer Scheintablette besser geht, muss das nicht automatisch am Placeboeffekt liegen, da die Verbesserung ja auch einfach so eintreten kann.

Um eine Wirkung von Placebos zu belegen, braucht man somit eine Kontrollgruppe für die Kontrollgruppe: Man muss den Effekt einer Placebobehandlung mit dem Effekt von gar keiner Behandlung vergleichen, denn nur wenn die Placebobehandlung besser wirkt als nichts, kann man von einem echten Placeboeffekt sprechen. Genau darauf wurde in einer Meta-Analyse des Nordic Cochrane Centre mit über 200 klinischen Studien geschaut. Das überraschende Ergebnis: In klinischen Studien gab es einen nachweisbaren Placeboeffekt tatsächlich nur bei sehr wenigen Leiden oder Krankheiten. Eindeutig war er nur bei Schmerzen und Übelkeit.[28] Die Vorstellung, dass so gut wie jede erdenkliche Empfindung durch einen Placeboeffekt ausgelöst werden kann, ist also falsch.

Warum der Placeboeffekt unterschätzt wird

Der Placeboeffekt tritt bei Schmerzen und Übelkeit nicht nur eindeutig auf, sondern ist auch mehr als nur Einbildung.[29] Ich habe eine passende Geschichte, die eigentlich zu Kapitel 1 gehört, nämlich die Entstehungsgeschichte von Heroin, doch ich habe sie extra für das Pharma-Kapitel aufgehoben: Wir haben Heroin dem deutschen Pharmaunternehmen Bayer zu verdanken, welches das Opioid Ende des 19. Jahrhunderts als Schmerz- und Husten(!)mittel auf den Markt brachte. Der Clou: Im Gegensatz zu opiaten Schmerzmitteln wie Morphin oder Opium sollte Heroin nicht süchtig machen. Haha. Kann man ja mal behaupten, ohne Arzneimittelgesetz kein Problem.

Dass Opioide aber super Schmerzhemmer sind, kann man nicht bestreiten. Sie wirken, indem sie Opioidrezeptoren im Gehirn aktivieren, die normalerweise für körpereigene Schmerzhemmer wie Endorphine da sind. Nun wissen wir aus Kapitel 1, dass Heroin in reiner Form und richtig dosiert erstaunlich wenig schädlich ist, eine Überdosierung allerdings schnell tödlich enden kann. Bei akuter Heroinvergiftung[30] wird ein Wirkstoff namens **Naloxon** eingesetzt, der Menschen mit Heroinüberdosis noch in letzter Minute das Leben retten kann. Naloxon ist nämlich ein **Opioid-Antagonist**, kann also Opioide wie Heroin von den Opiodrezeptoren verdrängen und die Rezeptoren blockieren, ohne sie zu aktivieren.

Was hat das Ganze nun mit dem Placeboeffekt zu tun? Tja, haltet euch fest: 1978 gab es eine spektakuläre Studie[31] mit Naloxon und Placebo-Schmerzmitteln, also Scheinmedikamenten ohne Wirkstoff, die aber als Schmerzmittel verabreicht wurden. Patienten, die eine Weisheitszahn-OP hinter sich hatten, wurde entweder nur ein wirkstoffloses Placebo verabreicht oder ein Placebo in Kombination mit Naloxon. Unter den Patienten, die nur das Scheinmedikament erhielten, berichteten viele von einer Schmerzlinderung. So weit, so normal. Doch das Erstaunliche waren die Patienten in der Placebo-Naloxon-Gruppe – sie verspürten deutlich stärkere Schmerzen. Warum das? Na, weil der Körper ja auch eigene Opioide herstellt, die offenbar ausgeschüttet werden, wenn man ein Medikament nimmt, das man für ein Schmerzmittel hält! Wenn Naloxon allerdings die Opioidrezeptoren blockiert, können die körpereigenen Opioide nicht ihre schmerzlindernde Funktion ausführen, und die Patienten verspüren mehr Schmerz. Diese physiologische Schmerzlinderung durch ein Placebo ließ sich in einer anderen Studie[32] auch am Rückenmark beobachten. Fügt man Menschen einen Hitzeschmerz am Arm zu, kann man über Magnetresonanztomografie eine Schmerzreaktion im Rückenmark beobachten. Trägt man vorher eine Placebo-Schmerzsalbe auf, wird die entsprechende Aktivität im Rückenmark sichtbar gehemmt.[33] **Schmerzlinderung durch Placebos ist nicht bloß subjektiv, sondern kann eine echte, physiologische Schmerzlinderung bewirken.**

Doch zur spannendsten Unterschätzung kommen wir erst jetzt: Wirksame Placebobehandlungen setzen nicht unbedingt voraus, dass der Patient »verarscht« wird. **Der Placeboeffekt kann sogar eintreten, wenn man weiß, dass man nur ein Placebo bekommt.** Genauer gesagt: **Ein Placeboeffekt lässt sich antrainieren!** Unser Körper nimmt nämlich nicht nur passiv Wirkstoffe auf, sondern kann bestimmte biologische Prozesse auch erlernen. Der Lernmechanismus ist dabei die **klassische Konditio-**

nierung, wir kennen sie von Pawlows Hunden, die darauf trainiert wurden, »auf Kommando« zu sabbern. Indem Pawlow in seinen berühmten Experimenten zur Fütterung immer eine Glocke bimmelte, reagierten die Hunde irgendwann auch ohne Futter mit Speichelfluss auf das Gebimmel. Bei uns Menschen funktioniert es übrigens ganz ähnlich, zumindest mir zieht sich der Mund zusammen, wenn ich mir nur vorstelle, in eine Zitrone zu beißen. Doch man kann noch mehr konditionieren als den Speichelfluss. Bereits 1975 machten Forscher bei Ratten eine beeindruckende Entdeckung: Den Tieren wurde mehrmals ein Medikament verabreicht, das zu einer Unterdrückung des Immunsystems führt, und zwar jedes Mal in Kombination mit einer Süßstofflösung. Beim vierten Mal bekamen die Ratten allerdings nur die Süßstofflösung alleine, sprich eine Placebobehandlung. Ihr Immunsystem regelte sich trotzdem runter – Immunosuppression durch Placebobehandlung![34]

Könnte man das vielleicht sogar therapeutisch ausnutzen? Eine Unterdrückung des Immunsystems ist manchmal notwendig, zum Beispiel bei Patienten, die eine Organtransplantation erhalten haben. Damit das eigene Immunsystem das neue Organ nicht abstößt, müssen Patienten ein Leben lang Medikamente einnehmen, die das Immunsystem dämpfen. Kann man diese Medikamente durch eine Placebobehandlung ersetzen? Die Immunologin Julia Kirchhof wollte das herausfinden und untersuchte zwanzig Patienten an der Uniklinik Essen, die eine Nierentransplantation erhalten hatten. Das Essener Forscherteam verabreichte den Patienten jeden Morgen und jeden Abend die notwendigen immunhemmenden Tabletten, allerdings – ähnlich wie bei den Ratten – in Kombination mit einem besonderen Geschmack. Man muss in diesem Fall etwas kreativer werden als bei der Süßstofflösung für die Nager, schließlich soll der Placeboeffekt nicht jedes Mal auftreten, wenn die Patienten etwas Süßes essen. Außerdem funktioniert so eine Konditionierung am besten mit einem außergewöhnlichen, einzigartigen Reiz, den man dann ganz spezifisch mit dem Medikament verbindet. Die Forschenden mischten also Erdbeermilch, Lavendelöl und grüne Lebensmittelfarbe zusammen und servierten das komisch-urig schmeckende Gebräu zusammen mit den immunhemmenden Medikamenten. Nach drei Tagen Konditionierung kam der Test: Zusätzlich zu den regulären Einnahmen morgens und abends bekamen die Teilnehmer die grüne Erdbeer-Lavendel-Milch tagsüber ein drittes Mal, doch dieses Mal nur mit einer Placebotablette. Wohlgemerkt waren die Patienten darüber aufgeklärt, sie wussten also, dass sie eine wirkstofffreie Scheintablette zu sich nahmen. Und trotzdem reagierten die Immunsysteme offenbar auf die dritte Gabe, denn die Patienten zeigten ein nachweislich stärker gedämpftes Immunsystem, so als hätten sie an diesem Tag tatsächlich eine höhere Dosis eingenommen![35]

Mit solchen Tricks könnte es möglich sein, die notwendige Dosis bestimmter Medikamente zu reduzieren bei gleichbleibend optimaler Wirkung. Solche Studien sind der Grund dafür, warum sich manche für sogenannte **Open Label Placebos**[36] aussprechen, Placebos, die offen als solche gekennzeichnet sind und trotzdem therapeutisch eingesetzt werden können. Ganz einfach ist es allerdings nicht, unter anderem wegen der sogenannten **Extinktion**. Der Körper »vergisst« mit der Zeit die Konditionierung. Je öfter der Patient grüne Erdbeer-Lavendel-Milch ohne Medikament trinkt, desto schwächer wird diese Verbindung für sein Immunsystem. Placebos können Medikamente also nicht langfristig ersetzen, aber sie könnten ergänzend eingesetzt werden.

Auch wenn man bei ernsthaften Erkrankungen nicht um eine pharmakologische Behandlung herumkommt, lohnt es sich also, über die pharmakologische Wirkung hinauszudenken. Placebos könnten in einigen Bereichen ein nützliches Add-on sein, um die Wirkung von Medikamenten zu verbessern und vielleicht auch Nebenwirkungen zu verringern. Und eine besonders wichtige Facette des Placeboeffekts haben wir noch gar nicht besprochen. Doch die verdient ihren eigenen Absatz.

LASST UNS REDEN: DIE KRAFT DER SPRECHENDEN MEDIZIN

2002 fuhr eine 24-jährige Medizinstudentin über eine Landstraße, als ihr plötzlich ein Auto auf ihrer Fahrbahnseite entgegenkam. Der Fahrer hatte die Kurve geschnitten und raste auf sie zu. Die Studentin wich aus, verlor die Kontrolle über ihr Auto, überschlug sich. Es war ein riesiges Glück, dass sie den Unfall fast unversehrt überlebte und mit einem leichten Schleudertrauma und ein paar Kratzern davonkam – oder zumindest dachte sie das. Als sie Wochen später immer wieder Schwindelanfälle erlitt und sogar regelmäßig ohnmächtig wurde, versuchte sie, der Sache auf den Grund zu gehen. Sie wurde von Arzt zu Ärztin geschleust, alles wurde durchgecheckt, Herz, Nieren, Gehirn ... alles war normal. Keine Ahnung, was sie hatte. Erst als sie ziemlich verzweifelt auf den Rat einer Kommilitonin eine Heilpraktikerin aufsuchte, fand sie endlich Hilfe. Die Heilpraktikerin erkannte schnell, dass es sich um eine posttraumatische Belastungsstörung handeln musste, die der Autounfall ausgelöst hatte. Darauf war keiner der bisher abgeklapperten Mediziner gekommen. Die Heilpraktikerin nahm sich Zeit, hörte sehr aufmerksam zu und gab der Studentin Globuli, die ihr beim nächsten Schwindelanfall helfen sollten. Innerhalb weniger Wochen waren die Beschwerden weg.

Die Medizinstudentin, die inzwischen Ärztin ist, heißt **Natalie Grams** und ist heute eine der prominentesten Kritikerinnen der Homöopathie und des Heilpraktikerberufs. Das damalige

Erfolgserlebnis nach dem Unfall war nämlich nur der erste von zwei augenöffnenden Momenten. Natalie war fasziniert davon, dass sie hier auf etwas gestoßen war, das die Medizin offensichtlich nicht bieten konnte. In einem Interview für *maiLab* erzählte sie mir: »Auf mich hat das wie ein Erweckungserlebnis gewirkt, und ich dachte – wow, das muss ich unbedingt lernen!« Und sie lernte: Natalie promovierte über die Sicherheit von Traditionellen Chinesischen Heilkräutern, besuchte Kurse über Homöopathie und machte Praktika in Naturheilkundekliniken. Als ihr angeboten wurde, eine Praxis für Homöopathie zu übernehmen, brach sie sogar ihre Facharztausbildung zur Allgemeinmedizinerin ab und nahm begeistert an. Sie war beflügelt davon, wie gut sie ihren Patienten helfen konnte und wie dankbar diese waren. Viele waren – ähnlich wie sie mit ihren damaligen Ohnmachtsanfällen – von ärztlichen Behandlungen enttäuscht worden. Deswegen ärgerte sich Natalie über den Gegenwind, der ihr vonseiten der konventionellen Medizin entgegenschlug. Mit dem Ziel, die Homöopathie gegen die Engstirnigkeit ihrer medizinischen Kollegen besser verteidigen zu können, begann sie zu recherchieren – doch auf der Suche nach belastbaren Fakten erlebte sie ihre »zweite homöopathische Erweckung«: Es gab außer unzähligen anekdotischen Erfahrungsberichten keine handfesten wissenschaftlichen Belege. Ja, es fehlte allein schon ein biochemisch plausibler Wirkmechanismus. Eine bittere Ernüchterung.

Natalie wurde nicht nur klar, was nicht wirkt, sondern auch, was offenbar wirklich besser läuft als in der Medizin. In ihrem Buch »Was wirklich wirkt – Kompass durch die Welt der sanften Medizin« schreibt sie: »Ich habe mir als Homöopathin für ein Erstgespräch bis zu drei Stunden Zeit nehmen können. In dieser Zeit – wie auch bei jedem Folgetermin – waren wir völlig ungestört. Ich legte großen Wert darauf, dass meine Praxis eine stressfreie Zone blieb, vom möglichst leeren Wartebis zum aufgeräumten Sprechzimmer. Neben den akuten körperlichen Beschwerden, die meine Patienten zu mir führten, und der allgemeinen Befindlichkeit erkundigte ich mich immer nach der persönlichen Situation, um einen möglichst umfassenden Eindruck zu bekommen. In 7,6 Minuten ist so etwas kaum möglich.« So viel beziehungsweise so wenig Zeit verbringen niedergelassene Ärzte im Durchschnitt mit ihren Patienten.[37]

Wissenschaftliche Studien bestätigen, dass ein gutes Arzt-Patienten-Verhältnis die heilende Wirkung einer Therapie verbessern kann und somit ein wesentlicher Bestandteil des Placeboeffekts ist. Laut einer Studie der Stanford University[38] können allein die wahrgenommene Kompetenz meines Behandlers sowie eine positive Körpersprache – Augenkontakt, ein freundlicher Blick, ein Lächeln, verständnisvolles Nicken – bereits gegen Schmerzen helfen. Zeit für die Patienten, Zeit zum Zuhören, zum Erklären, die sogenannte **Sprechende Medizin,** kommt in Arztpraxen und noch mehr in den Krankenhäusern zu kurz, was viele Mediziner selbst sehr frustriert.[39] Dass »alternative Heiler« in diesem Aspekt deutlich stärker sind, lässt sich kaum von der Hand weisen und ist eine nicht unwichtige Erklärung für den Erfolg von Homöopathie und Co. Und solange sich das Honorierungssystem der Ärzte nicht ändert, werden Heilpraktiker und Alternative Kliniken in Sachen Sprechende Medizin noch lange die Oberhand behalten.

»Was sie letztlich gemacht hat, war eine gute Gesprächstherapie – wofür sie gar nicht ausgebildet war«, sagt Grams über ihre erste Heilpraktikerin. »Ich glaube, sie war menschlich einfach schwer in Ordnung, aber sie hatte in ihrem Rüstkasten nicht Therapien oder Maßnahmen, die das wissenschaftlich gut begleiten konnten. Und das ist eigentlich schade.«

DIE UNBEQUEME WAHRHEIT:
DER FALL HEVERT

Natalie Grams hat sich als »Aussteigerin« die Aufklärung über alternative Heilmethoden zur Berufung gemacht. Sie schreibt Bücher und Artikel, produziert Podcasts, tritt in Radio und Fernsehen auf. Dass sie sich damit nicht unbedingt beliebt macht, ist für sie Teil ihres Alltags. Doch sie staunte nicht schlecht, als sie 2019 eine waschechte Abmahnung im Briefkasten fand: Die Firma Hevert, ein großer homöopathischer Arzneimittelhersteller, forderte Grams dazu auf, eine Unterlassungserklärung zu unterschreiben. Was genau sie unterlassen sollte? Öffentlich zu behaupten, dass homöopathische Arzneimittel nicht über den Placeboeffekt hinaus wirken! 5100 Euro Strafe sollte es sonst hageln.

Grams war nicht die erste Kritikerin, die Hevert juristisch zum Schweigen bringen wollte. Nachdem der Gesundheitswissenschaftler Gerd Glaeske in der ARD-Sendung »Lebensmittel Check« Tim Mälzer erklärte, dass bei Homöopathika ein Wirksamkeitsnachweis grundsätzlich fehle, bekam auch er Post von Hevert. Da er keine Klage riskieren wollte, unterschrieb Glaeske. Schließlich, wir erinnern uns, beruhen zugelassene Homöopathika ja offiziell auf einem »Wirksamkeitsnachweis«. Der ist wie gesagt nur juristisch gültig und nicht wissenschaftlich, aber erklär das mal jemandem.

Grams unterschrieb allerdings nichts und tauchte stattdessen bei einer Folge von »Neo Magazin Royale« auf, in der Jan Böhmermann in genüsslichen zwanzig Minuten seiner Sendung die Unwirksamkeit von Homöopathie zelebrierte, inklusive Musiknummer und allem Böhmermann'schen Pipapo. Die Auskopplung bei YouTube[40] hat inzwischen über 3 Millionen Aufrufe. »Verklagt mich doch, ihr Quacksalber«, ruft Böhmermann am Ende Hevert zu. Dieser Einladung kam die Firma allerdings nicht nach – und bei Natalie Grams haben sie es sich anscheinend auch anders überlegt, denn sie hat seither nichts mehr von Hevert gehört.

Interessant ist nicht nur, dass eine Firma versucht, gegen wissenschaftlich korrekte Aussagen zu klagen. Dieselbe Firma vertreibt auch homöopathische Produkte in den USA. Dort gelten andere gesetzliche Auflagen – Homöopathika dürfen mit Indikation, also für bestimmte Beschwerden verkauft werden, allerdings sind die Hersteller dazu verpflichtet, den fehlenden Wirksamkeitsnachweis kenntlich zu machen. Auf der amerikanischen Homepage von Hevert sind die Produkte mit diesem Disclaimer versehen: »*Claims based on traditional homeopathic practice, not accepted medical evidence. Not FDA evaluated.*«[41] Das bedeutet, was auch immer das Präparat verspricht, sei es »schmerzlindernd« oder »gegen Schlafstörungen«, basiert auf traditioneller homöopathischer Praxis und nicht auf akzeptierter medizinischer Evidenz und wurde auch nicht behördlich überprüft. Hm. Klingt irgendwie sehr ähnlich wie das, was Glaeske zu Tim Mälzer gesagt hat. Verrückt, dass eine Firma in Deutschland Leuten Aussagen verbieten möchte, die sie in den USA sinngemäß auf ihre Produkte drucken.

Der Fall Hevert ist für mich bezeichnend für eines der Hauptprobleme mit »Alternativmedizin«. Ich habe nun viele Seiten damit vollgeschrieben, dass es neben einer pharmakologischen Wirkung einen facettenreichen Placeboeffekt gibt, der in der konventionellen Medizin lange nicht ausreichend ausgeschöpft werden kann. Ich habe also weniger ein Problem damit, dass Mittel wie Globuli keine pharmakologische Wirkung haben. Wenn man diese Tatsache aber nicht wahrhaben möchte, finde ich das ziemlich problematisch.

SCHADET JA NICHT? FÜNF GESCHICHTEN

Wir müssen nicht darüber reden, dass Medikamente Nebenwirkungen haben, dass Ärzte Fehler machen, dass sie viel zu wenig Zeit haben, dass Menschen sich durch belastende Behandlungen quälen und nicht immer geheilt werden können, und, und, und. Diese Schattenseiten der Medizin haben wir wahrscheinlich alle auf dem Schirm. Wir haben wahrscheinlich auch alle schon persönlich schlechte Erfahrungen gemacht. Im Gegensatz dazu scheinen »alternative Methoden« zwar manchmal etwas schwurbelig, aber dafür können sie wenigstens keinen Schaden anrichten. Wirksamkeit, na ja, na gut, aber – unbedenklich ist es doch, oder? … Nein, so pauschal würde ich da nicht zustimmen. Es ist eine vielschichtige Angelegenheit. Hier ein paar unterschiedliche Gedanken, verpackt in fünf wahren Geschichten:

Geschichte Nr. 1: Energie auf Abruf

Wir saßen in der WG-Küche und aßen Nudeln vom Vortag. Meine Mitbewohnerin Amrei hatte ihre Mutter zu Besuch, die gerade begonnen hatte, von Globuli zu erzählen. Amrei lächelte ein wenig peinlich berührt und sagte mit leicht beschwörendem Unterton: »Mama, Mai ist Chemikerin …« Doch das war wohl zu subtil, um Amreis Mama davon abzuhalten, die Wirkung ihrer Globuli zu erklären. Ich machte Richtung Amrei eine abwinkende Schon-gut-Geste, zumal ich wirklich interessiert zuhörte. »Immer wenn ich schlapp bin, nehme ich ein bisschen – und ich schwöre euch, ich bin danach voller Energie und ich kriege dann immer alles geschafft!«, sagte die Mama. Ich nickte nachdenklich und bewundernd. Es fiel mir kein Grund ein, was dagegen einzuwenden wäre, im Gegenteil, ich fand das ziemlich genial und war fast ein wenig neidisch auf Amreis Mutter. Energie auf Abruf könnte ich auch gebrauchen.

Geschichte Nr. 2: Das Missverständnis

Als die Wehen so richtig losgingen, brachten auch die Atemübungen, die ich im Geburtsvorbereitungskurs verinnerlicht hatte, nicht mehr viel. Ich war recht optimistisch in die Geburt gegangen und hielt mich bis dahin für eine tapfere Frau, die was einstecken kann, aber jetzt stand ich über das Kreißsaalbett gebeugt und krallte mich an der Matratze fest, war nass geschwitzt und hatte Tränen in den Augen. »Wir sollten etwas gegen die Schmerzen machen«, sagte die Hebamme. Ich nickte eifrig, während ich versuchte, langsam auszuatmen. »Wir fangen mit etwas Homöopathischem an.« – »NEIN!!«, rief ich entsetzt, fast schon panisch. Die Hebamme schien unbeeindruckt und sagte beschwichtigend, aber routiniert: »Es ist nur ganz sanft. Vertrauen Sie mir, Sie brauchen etwas.« – »Nein!«, schnaufte ich. »Das hilft bei mir nicht!« Die Hebamme griff meinen Arm, schaute mir fest in die Augen und sagte mit einer mütterlichen Strenge: »Wenn Sie das nicht nehmen wollen, dann gibt es nur ein richtiges Schmerzmittel.« Ich war zwei Sekunden lang perplex, weil ich nicht verstand, wieso sie das wie eine Drohung aussprach, schrie dann aber: »JA, BITTE!!!« Jetzt war die Hebamme kurz perplex, reichte mir dann aber rasch Buscopan und ein Glas Wasser. Wir hatten offenbar aneinander vorbeigeredet.

Geschichte Nr. 3: Der psychosomatische Krebs

Im idyllischen Greiz in Thüringen können Krebspatienten in einer alternativen Krebsklinik »biologische Medizin«, so werden die Methoden zumindest vermarktet, in Anspruch nehmen. Anja Weiß war eine dieser Patientinnen, deren Familie sich nach ihrem Tod an die Öffentlichkeit wandte. Nachdem Anja Weiß an Brustkrebs erkrankt war und die empfohlene Chemotherapie aus Angst und Misstrauen abgelehnt hatte, wurde sie in der alternativen Klinik unter anderem davon überzeugt, dass ihre Krebserkrankung psychosomatische Ursachen hatte, wie

Traumata in der Kindheit oder ein gestörtes Verhältnis zu ihrer Mutter. Viele Tausend Euro sackte die Klinik für solche Erleuchtungen ein. Ohne jede medizinisch wirksame Behandlung verstarb Anja Weiß 2019 im Alter von 46 Jahren.[42] Konventionell behandelt, beträgt die relative Fünf-Jahres-Überlebensrate bei Brustkrebs 87 Prozent, die relative Zehn-Jahres-Überlebensrate 82 Prozent.[43]

Geschichte Nr. 4: Die 100 000-Euro-Wette
Als ich mich mit dem Arzt David Bardens traf, kam er mit einem Bodyguard zum Interview. Ohne Personenschutz macht er so etwas nicht mehr. Er und seine Familie werden bedroht, unter anderem wird er als Kindermörder beschimpft. Während wir die Kameras aufbauen, erzählt David von der Tochter seiner Bekannten. Als Kleinkind erkrankte das Mädchen an Masern, überstand die Infektion zunächst. Doch mit fünf Jahren bemerkten Eltern und Ärzte, dass irgendetwas nicht stimmte. Es stellte sich heraus, dass sie an einer Gehirnentzündung litt. Mit 14 Jahren verstarb das Mädchen.

Die Gehirnentzündung nennt sich SSPE: *Subakute sklerosierende Panenzephalitis,* eine Folgekrankheit der Masern, die sich aber erst Monate bis Jahre später bemerkbar macht – und immer tödlich verläuft. Hinzu kommt, dass die Masern unser Immunsystem nachhaltig schwächen. Das Immunsystem hat eine Art Gedächtnis, mit dem es sich Krankheitserreger merkt. Die Masern können dieses Gedächtnis beeinträchtigen, sodass wir anfälliger für eine ganze Reihe von Infektionskrankheiten werden. Die Vorstellung, dass Masern das Immunsystem stärken würden, ist also genau falsch. Darüber klärt David auf – und wird dafür angefeindet, beispielsweise von Anhängern der sogenannten Germanischen Neuen Medizin, die unter anderem glauben, es gäbe gar keine Masernviren und Masernimpfungen seien eine Verschwörung der Pharmaindustrie. In der Szene ist

David Bardens den meisten ein Begriff, denn er hatte sich mit einem prominenten Anführer angelegt: Stefan Lanka, promovierter Biologe und Autor von Büchern wie »Impfen und AIDS: Der neue Holocaust«. Vor einigen Jahren erklärte Lanka auf seiner Homepage, dass er bereit sei, 100000 € auszuzahlen, wenn ihm jemand mit einer wissenschaftlichen Studie beweisen könne, dass es das Masernvirus gibt. »Dem zeig ich's«, dachte sich David und schickte Lanka gleich sechs wissenschaftliche Studien zu. Doch der Masernleugner wollte die Studien nicht als Beweis akzeptieren.

Kampflustig beschloss David, vor das Landgericht in Ravensburg zu ziehen. Er habe nicht nur die 100000 € Preisgeld einklagen, sondern das Geld auch noch für Masernimpfungen spenden wollen, erzählt mir David. Wohlgemerkt – und das ist wichtig zu betonen – ging es bei dem Gerichtsprozess nicht um die Existenz von Masernviren an sich. Dass diese existieren, ist ein Fakt, der nicht juristisch infrage gestellt wird. Der Knackpunkt war: Hatte David mit diesen sechs Studien tatsächlich einwandfrei belegt, dass es das Masernvirus gibt? Und damit Anspruch auf das Preisgeld von 100000 €? Ein unabhängiger wissenschaftlicher Gutachter kam zu dem Schluss: Ja, hatte er! Doch hier beginnt der eigentlich verrückte Teil der Geschichte. Lanka wollte das Geld nicht zahlen und ging in Berufung. In nächster Instanz wurde der Fall vor dem Oberlandesgericht in Stuttgart verhandelt – dort kam man zu einem anderen Urteil. Und jetzt haltet euch fest: Der Masernleugner hatte in seiner Auslobung nach *einer* wissenschaftlichen Studie verlangt – David hatte aber sechs Studien eingereicht, die nur in ihrer Gesamtheit den Beweis lieferten. Aus diesem rein formalen Vorwand durfte Lanka die sechs Studien als Beweis ablehnen. Rein juristisch gesehen, verpflichtete die Art und Weise seiner Auslobung ihn nicht dazu, das Preisgeld auszuzahlen – und so gewann er den Prozess und durfte sein Geld behalten.

Obwohl das Oberlandesgericht ausdrücklich vermerkte, dass die Existenz von Masernviren in diesem Prozess gar nicht zur Debatte stand, schreiben sich Lanka und seine Anhänger seither auf die Fahne, dass sogar gerichtlich bestätigt sei, dass es keine Masernviren gäbe. Man muss nicht lange googeln, bis man auf diese Falschaussage stößt.

Geschichte Nr. 5: Die Waage

2016 kamen in einem alternativen Krebszentrum in Brüggen-Bracht am Niederrhein drei Krebspatienten ums Leben. Sie starben infolge eines Therapieversuchs mit dem experimentellen Wirkstoff Brompyruvat – ein Stoff, der zwar im Labor Hoffnung geweckt hatte, aber noch nicht als Medikament zugelassen war. Die Patienten hatten vorher eingewilligt, sie vertrauten ihrem Heilpraktiker, der die Intervention durchführte. Doch die drei Menschen starben nicht etwa an Nebenwirkungen der noch nicht ausreichend getesteten Substanz, sondern an der erschreckend groben Fahrlässigkeit des Heilpraktikers. Obwohl er keine ausreichend sensible Waage hatte, die dazu geeignet gewesen wäre, die Substanz zu handhaben, hielt ihn das nicht davon ab, das Präparat eigenhändig anzusetzen. So verabreichte er seinen Patienten eine tödliche Dosis.

ERGÄNZEND, NICHT ERSETZEND

Die fünf Geschichten, die ich im letzten Abschnitt erzählt habe, drehen sich für mich um einen zentralen Punkt: Freiheit. Die Freiheit, über meinen eigenen Körper und über das, was für ihn am besten ist, selbst zu entscheiden. Die Freiheit, meine Behandlungen, Therapien und Interventionen selbst zu wählen. Das fängt bei kleinen Dingen an: Amreis Mutter kann zu Globuli greifen, um Sachen geschafft zu bekommen, ich zu Kaffee. Andere Frauen können im Kreißsaal Homöopathika nehmen

BOX 4.4: HEILPRAKTIKER

Was machen Heilpraktiker eigentlich genau? Sie üben »Heilkunde« aus, und das kann quasi alles sein. Laut Heilpraktikergesetz ist **die Ausübung der Heilkunde jede berufs- oder gewerbsmäßige Tätigkeit zur Feststellung, Heilung oder Linderung von Krankheiten, Leiden oder Körperschäden.** Ich sag ja, das kann alles sein.

Es gibt zwei große Tätigkeitsbereiche, die »Naturheilkunde« und die »Psychotherapie«, deshalb werden Heilpraktiker von außen oft als »kleine Ärzte« oder »kleine Psychotherapeuten« wahrgenommen. Allerdings brauchen Ärzte und Psychotherapeuten eine **Approbation,** also eine staatliche Zulassung, um arbeiten zu dürfen – Heilpraktiker nicht. Gerade im Bereich der Psychotherapie ist der Unterschied zwischen einer studierten Psychotherapeutin, die für ihren Beruf ausgebildet und zugelassen ist, und einem Heilpraktiker, der im Zweifelsfall gar keine fachliche Ausbildung hat (siehe unten), für Laien oft nur schwer ersichtlich. Beispiel – ein Praxisschild, auf dem steht:

Mai Thi Nguyen-Kim
Heilpraktikerin und Psychotherapeutin

– ist verboten! Wenn man keine Approbation zur Psychotherapeutin hat, dann darf man sich so auch nicht nennen. Klingt sinnvoll. Wenn auf dem Schild allerdings steht:

Mai Thi Nguyen-Kim
Heilpraktikerin für den Bereich Psychotherapie

– ist alles rechtens![44] Denn hier wird ja gar nicht behauptet, dass da jemand Psychotherapeutin ist. Wird doch klar, oder? Gott sei Dank ist das alles so transparent und überhaupt nicht irreführend.

Was vielen nicht bewusst ist: **Heilpraktiker ist der einzige Beruf im Gesundheitswesen, bei dem keine fachliche Ausbildung vorgeschrieben ist.** Um als Heilpraktiker tätig zu werden, muss man lediglich eine Heilpraktikerprüfung beim zuständigen Gesundheitsamt ablegen, die aus sechzig Multiple-Choice-Fragen (45 davon müssen richtig beantwortet sein) und einer mündlichen Prüfung besteht. Wie anspruchsvoll ist diese Prüfung wohl? Heilpraktiker sagen »sehr!«, Mediziner rümpfen eher abfällig die Nase. Dass man mit sechzig Multiple-Choice-Fragen und einer mündlichen Prüfung nur eine begrenzte Menge an Fachwissen abfragen kann, ist klar, aber muss nicht automatisch heißen, dass die Prüfung einfach ist. Was viel interessanter ist: Was muss man tun, *bevor* man die Prüfung ablegen darf? Trommelwirbel bitte ... einen Hauptschulabschluss ablegen[45]. That's it. Yep.

Aber, aber!, werden die Heilpraktiker aufschreien. Vor der Prüfung wird doch im Schnitt eine dreijährige Ausbildung absolviert[46], nicht umsonst gibt es etliche Heilpraktikerschulen. Dort werden Heilpraktiker in spe natürlich sehr gewissenhaft ausgebildet, sagen alle, wenn man sie fragt, nach welchen Standards die Lehrpläne erstellt werden. **Tatsächlich gibt es aber keinerlei verbindlichen Standards und auch keine Lehrpläne, die eine fachliche Ausbildung sicherstellen.** Es gibt lediglich Leitlinien, sowohl für die Ausbildung als auch für den Beruf selbst, doch dass diese Leitlinien auch eingehalten werden – na ja, darauf müssen wir Patienten letztendlich einfach vertrauen. Und selbst bei einem klaren Verstoß gegen diese Leitlinien passiert nicht viel. Heilpraktiker können dann beispielsweise aus einem Heilpraktikerverband ausgeschlossen werden, was allerdings keine beruflichen Konsequenzen für sie haben muss, im Gegensatz zu Ärzten, denen die Approbation und damit auch die Berufserlaubnis entzogen werden kann.

Das größte Problem liegt allerdings darin – und auch dies wissen viele nicht –, dass die Heilpraktikerprüfung lediglich eine **Unbedenklichkeitsprüfung** ist und nicht mehr. Daher darf sie genau genommen auch nur ÜBERprüfung genannt werden, weil sie im Gegensatz zu einer Prüfung keine fachliche Qualifikation abfragt. **Die Heilpraktikerüberprüfung stellt nur sicher, dass von dem Heilpraktiker oder der Heilpraktikerin keine Gefahr für die Volksgesundheit ausgeht.**[47] Ja, lest den Satz ruhig noch mal. Eieiei. Versteht mich nicht falsch, es ist natürlich sehr wichtig, dass der Gang zum Heilpraktiker nicht gefährlich ist, aber – come on. Wer einen Heilpraktiker aufsucht, erwartet doch ein bisschen mehr als nur,

> dass einem nichts zustößt. Man ersucht um »Feststellung, Heilung oder Linderung von Krankheiten, Leiden oder Körperschäden« – doch eben dafür sind Heilpraktiker *de facto* nicht ausgebildet.
>
> Natürlich gibt es Heilpraktikerinnen und Heilpraktiker, die eine fachliche Ausbildung haben und eine Heilpraktikerüberprüfung zusätzlich abgelegt haben. (Zum Beispiel diejenigen, bei denen auf dem Praxisschild tatsächlich »Psychotherapeut« steht.) Doch für die Patientinnen und Patienten ist dieser Unterschied nur schwer zu erkennen. Außerdem muss man sich fragen, warum die Anforderungen an Heilpraktiker so niedrig sind, obwohl sie sich mit der Gesundheit von Menschen beschäftigen und damit eine große Verantwortung tragen. Es besteht also eine riesige gesetzliche Diskrepanz zwischen dem, wofür Heilpraktiker ausgebildet sind – keine fachliche Ausbildung, lediglich eine Überprüfung der Unbedenklichkeit –, und dem, was Heilpraktiker dürfen: Feststellung, Heilung oder Linderung von Krankheiten, Leiden oder Körperschäden. Eine solche Diskrepanz gibt es sonst in keinem anderen Gesundheitsberuf.

oder ganz auf Schmerzmittel verzichten, ich kann Buscopan einwerfen oder mir eine PDA legen lassen. Und auch bei schweren Erkrankungen wie Krebs muss niemand eine Chemotherapie machen, man kann sich dagegen entscheiden. (In Endstadien von Krebserkrankungen wird sogar häufig davon abgeraten.) Diese Freiheit müssen wir haben. Ohne meine Einwilligung darf nichts passieren.

Doch mit Einwilligung allein ist es ja noch nicht getan. Die ethischen Richtlinien, die für klinische Studien aufgestellt wurden, sollten doch eigentlich für jede Form der Gesundheitsintervention gelten: Es braucht eine *informierte* Einwilligung. Und wenn ich mich zwischen zwei vermeintlich wirksamen Behandlungen entscheiden muss, Chemotherapie oder Globuli, eine davon aber in Wirklichkeit gar nicht wirksam ist, dann bin ich nicht frei – sondern werde einfach verarscht. Ich frage mich angesichts der eklatanten Fahrlässigkeit des Heilpraktikers mit der groben Waage, wie gut die drei verstorbenen Krebspatienten über die ungetestete Substanz Brompyruvat tatsächlich aufgeklärt waren. Ich bin mir jedenfalls ziemlich sicher, dass sie darauf vertraut haben, dass ihr Heilpraktiker zumindest dazu in der Lage war, den Wirkstoff abzuwiegen. Ich bin mir ziemlich sicher, dass sie glaubten, über die fachliche Kompetenz ihres Behandlers »informiert« zu sein.

Dass die Pharmaindustrie in diesem Kapitel alles in allem anscheinend besser weggekommen ist als die Alternativmedizin, ist nicht zuletzt dem Arzneimittelgesetz zu verdanken – der genauen Lupe. Die strengen gesetzlichen Regeln und die staatliche Kontrolle von pharmazeutischen Arzneimitteln bieten den Patienten Sicherheit. Die seltsamen gesetzlichen Extrawürste für die »besonderen Therapierichtungen« hingegen, die ebenfalls im Arzneimittelgesetz verankert sind, führen dazu, dass man in der sogenannten Alternativmedizin viel mehr nachweislichen Quatsch bis Irrsinn findet. Wenn ich darüber aufkläre, bekomme ich viele Beschwerden, weil sich etwa Heilpraktiker zu Unrecht angegriffen fühlen und für die Unzulässigkeiten ihrer Kollegen – »weniger schwarzer Schafe«, so sieht man diese – mit verurteilt werden. Na, umso wichtiger, dass man gesetzliche Rahmen und Kontrollen schafft, um eben zwischen schwarzen Schafen und kompetenten, verantwortungsbewussten Personen zu unterscheiden. Wo man Raum für Täuschung lässt, wird es immer jemanden geben, der diesen Raum für sich ausnutzt.

Ich wundere mich immer wieder über die Dreistigkeit von Scharlatanen und selbst ernannten Gesundheitsexperten, die ein Narrativ einer bösen Pharmaindustrie bedienen, die ja nur Geld machen möchte, während sie selbst ebenfalls Geld verdienen mit den Krankheiten der Menschen beziehungsweise mit Büchern, Seminaren oder alternativen Behandlungen. Der entscheidende Unterschied ist, dass sie sehr viel lascheren Kontrollen unterliegen. Am schlimmsten sind studierte Naturwissenschaftler oder Mediziner, die sehr genau wissen, wie sie im gesetzlichen Rahmen navigieren und ihren Doktor- oder Professortitel dazu missbrauchen, besonders verletzliche, verzweifelte, hilfesuchende Menschen mit Heilungsversprechen zu ködern oder 100 000 € als PR-Stunt auszuloben. Sie stellen sich auf Bühnen, oder nutzen Plattformen im Netz, gerne im Arztkittel, und erzählen dort, ohne rot zu werden, von kaltblütigen, gewissenlosen Pharmafirmen, während sie diese Kaltblütigkeit und Gewissenlosigkeit selbst verkörpern. Denn sie bieten ihre wissenschaftlich unbelegten Therapiemethoden ja nicht einfach begleitend an, sondern halten ihre Anhänger aktiv davon ab, sich echte, wirksame Hilfe zu holen – und nehmen die Schäden, die diese Menschen dadurch erleiden, offenbar gefühlskalt in Kauf. Daher habe ich, wenn es um Medizin und nachgewiesene Heilung geht, ein Problem mit dem Wort »alternativ«, weswegen ich immer so umständlich von der *sogenannten* Alternativmedizin spreche. Denn zu Medizin gibt es nach meinem Verständnis von Medizin keine Alternative. Solange »Alternativmedizin« als Alternative verstanden und vermittelt wird, und nicht als **begleitende Zusatzmaßnahme,** werden Menschen zu Schaden kommen, weil sie sich – falsch informiert – gegen wirksame Behandlungen entscheiden.

Dabei kann Medizin, wie wir in diesem Kapitel auch erfahren haben, durch unkonventionelle Methoden, die zwar keine pharmakologische Wirkung haben, aber einen nicht zu unterschätzenden, vielschichtigen Placeboeffekt, ergänzt und verbessert werden. Bei Heilung geht es schließlich immer auch um subjektives Wohlbefinden, weswegen die subjektive Wahrnehmung von nicht-pharmakologischen Interventionen absolut valide ist.

Es gibt bestimmt »Heiler« oder Heilpraktiker, die ihre Arbeit genauso verstehen: als qualitätssteigernde *Begleitung*. Und es ist schade, dass es da nicht viel mehr Zusammenarbeit mit der Medizin gibt. Allein, wenn es um die Zeit mit dem Patienten geht, kann die Medizin gar nicht leisten, was die Heilkunde anbieten kann. Und gerade bei schweren Erkrankungen, bei denen Behandlungen oft mit starken Nebenwirkungen einhergehen können, kann jede Methode, die diese Nebenwirkungen irgendwie erträglicher macht und abmildern kann, ganz entscheidend zum Behandlungserfolg beitragen. Umso tragischer, wenn ausgerechnet bei schweren Erkrankungen, die »Alternativmedizin« über das Ziel hinausschießt und die Heilung für sich beansprucht.

Als Reaktion auf den tragischen Tod der drei Krebspatienten nach der falschen Dosierung auf der groben Waage, machte der Bund der deutschen Heilpraktiker deutlich: »Wir Heilpraktiker sollten unsere Bemühungen stets komplementär, niemals jedoch als Krebsbehandlung oder als ›alternative Krebstherapie‹ verstehen oder unseren Patienten gegenüber so kommunizieren.«[48]

Amen, kann ich dazu nur sagen, amen.

Vielleicht werden wir uns ja alle wenigstens in einer Sache einig: Das Arzneimittelgesetz könnte mal wieder eine Reform vertragen.

KAPITEL 5

WIE SICHER SIND IMPFUNGEN?
GETRÜBTE RISIKOFREUDE

FANGFRAGE
Wo ist dein Impfpass?

Babys erinnern mich oft mehr an kleine Tiere als an kleine Menschen, vor allem wenn sie noch nicht sprechen können. Ein Baby ist so unschuldig und hilflos, wie ein kleines Tierchen eben. Als sich unser Tierchen das erste Mal wehtat, war ich mental nicht darauf vorbereitet, zumal ich auch noch selbst daran schuld war. Als ich die Kleine auf ihrem Kinderbett ablegen wollte, stieß ich aus Versehen ihr Köpfchen, das sie ja noch nicht einmal selbst halten konnte, an dem Holzgitter, was ein »Rums!« und eine Beule mit sich brachte. Die Beule ließ sich zum Glück schnell wegkühlen, und der Stoß war weniger schlimm, als er zunächst schien. In meiner Wahrnehmung glich der »Rums!« aber in etwa einer Bombenexplosion. Das Tierchen schaute mich mit aufgerissenen Knopfaugen an, als wollte es sagen: »Warum tust du mir weh, Mama?« Ich schaute entsetzt zurück, und noch bevor die Kleine verstanden hatte, was gerade passiert war, fing ich an zu weinen, nein, zu flennen. Natürlich stimmte die Kleine rasch mit ein. Schluchzend hielt ich das arme, hilflose, kleine Tierchen umschlungen und konnte es kaum aushalten, dass ich ihm wehgetan hatte. Als wir uns beide wieder beruhigt hatten, war ich ziemlich verwundert über meine, ja, Hysterie. Mir wurde einmal mehr klar, dass all die generisch wirkenden Floskeln, die man über das Elternsein hört und sagt, wie »Das verstehst du erst, wenn du selbst Kinder hast«, ja oh so wahr sind.

Als die Kleine ihre ersten Spritzimpfungen bekam, konnten mein Mann und ich selbst in vereinter Kuschelkraft den Zorn des Tierchens über die beiden Pikser kaum bändigen. Natürlich tat sie uns unglaublich leid, doch wir mussten auch immer wieder schmunzeln über den ein oder anderen ohrenbetäubenden Schrei oder ihr beleidigtes, kleines Gesicht, als wir wieder im Auto saßen. Zu Hause war sie ganz matt und schlief viel. Abends bekam sie Fieber und war ein besonders armes, hilfloses, kleines Tierchen. Ganz heiß und erschöpft lag sie da. Wir gaben ihr ein Paracetamol-Zäpfchen und hielten ihre Händchen: »Gut, dass deine Immunantwort funktioniert, Kleine. Du machst das super«, flüsterten wir ihr zu. (Ja, mein Mann ist auch Chemiker.) Ich stellte mir vor, wie die T-Zellen und B-Zellen in ihr umherwuselten und sich für den Angriff vieler böser Krankheitserreger rüsteten, und das war ein gutes Gefühl.

Doch was, wenn man nicht weiß, dass Fieber und Erschöpfung normale Symptome einer erwünschten Immunantwort sind? Oder wenn man nicht weiß, wie Impfstoffe überprüft und zugelassen werden? Wenn mich schon ein gestoßenes Köpfchen auf den Kopf stellt, wie würde ich dann auf so ein fiebriges, erschöpftes Tierchen reagieren, wenn ich mir über die Sicherheit von Impfungen nicht zu 100 Prozent sicher wäre?

THERE'S NO GLORY IN PREVENTION

Die größten Erfindungen der medizinischen Forschung sind oft nur gute Imitationen der Natur. Im Fall von Impfungen imitiert man mit Impfstoffen Krankheitserreger – den Rest erledigt unser Körper ganz alleine: Trifft er auf einen Krankheitserreger, wird dieser im Idealfall vom Immunsystem erfolgreich bekämpft. Doch das eigentlich Bemerkenswerte ist das Gedächtnis unseres Immunsystems. Nach gewonnener Schlacht verbleiben Gedächtniszellen und Antikörper im Körper und halten sich für einen erneuten Angriff bereit. Wagt sich der gleiche Erreger noch einmal in den Körper, kommt es zum schnell orchestrierten Gegenschlag, und der Angriff wird im Keim erstickt: Der Körper ist immun.

Dieses Prinzip machen sich Impfungen zunutze, indem tote Krankheitserreger oder nur Teile des Erregers als Impfstoff verabreicht werden, die zwar nicht dazu in der Lage sind, die eigentliche Krankheit auszulösen, aber ausreichen, um das Immunsystem zu aktivieren (**Immunantwort**). Ohne die Krankheit wirklich durchleben zu müssen, bilden wir ein Immungedächtnis aus und sind beim Angriff des echten Erregers immun. Dieses hier (nur sehr grob beschriebene) Grundprinzip von Impfungen ist nicht nur genial, sondern einer der größten Gamechanger der Menschheitsgeschichte.

Ohne Impfungen wäre unser Leben richtig beschissen. Entschuldigt die Wortwahl, aber nur so ist es faktisch korrekt. Ohne Impfungen hätten wir keine Kontrolle über Pocken, Diphtherie, Tetanus, Gelbfieber, Pertussis (Keuchhusten), Haemophilus influenza Typ b (Hib), Poliomyelitis (Kinderlähmung), Masern, Mumps, Röteln, Typhus, Tollwut, Rotaviren oder Hepatitis B.[1] Wir wären ständig mit dem Überleben irgendwelcher Seuchen beschäftigt. Jedes Jahr wäre mehr oder weniger wie 2020, nur dass wir uns weniger Sorgen um Achtzigjährige machen müssten, weil wir gar nicht so alt werden würden. Keine andere medizinische Errungenschaft, noch nicht einmal Antibiotika, hat mehr Leben gerettet und mehr Lebensjahre geschenkt als Impfungen, abgesehen von sauberem Wasser.[2]

Doch genau wie wir das saubere Trinkwasser aus unseren Wasserhähnen als Selbstverständlichkeit hinnehmen, ist für uns auch eine Welt ohne regelmäßige Epidemien ganz normal geworden, weswegen wir die Bedeutung des Impfens schnell unterschätzen. Wir haben es mit einem klassischen **Prevention Paradox** zu tun:

Es gibt etwas Schreckliches. → Das Schreckliche wird erfolgreich verhindert, und der Schrecken bleibt aus. → Wir stellen fest: War ja gar nicht so schrecklich. Was für eine unnötige Panik!

Um gegen diese Wahrnehmungsstörung anzukämpfen, muss man mühsam auf die Vergangenheit verweisen, um die Wertschätzung von Impfungen aufrechtzuerhalten: Erinnert euch! Die Pocken forderten allein im 20. Jahrhundert insgesamt 300 bis 400 Millionen Tote![3]

Erinnert euch! Auch regelmäßige Masernepidemien forderten weltweit zwei bis drei Millionen Tote pro Jahr![4]

Erinnert euch! Vor nicht allzu langer Zeit erkrankten allein in Deutschland jährlich Tausende Kinder an Polio (Kinderlähmung), 1952 waren es rund 10000 Kinder![5]

Seit 2020 brauchen wir den Blick in die Vergangenheit wohl nicht mehr, um Dankbarkeit für Impfungen zu verspüren. Nachdem uns im Frühjahr 2020 gesagt wurde, dass wir in diesem Jahr nicht mehr mit einem Coronaimpfstoff rechnen sollten, mussten wir erst mal kollektiv schlucken.

Dass die Impfstoffe nun doch früher kommen als erwartet – während ich an diesem Manuskript sitze, haben die ersten Impfungen in Deutschland gerade begonnen –, wäre Grund, eine fette Party zu schmeißen, wenn enger Kontakt und Singen in geschlossenen Räumen momentan nicht leider lebensgefährlich wären. Bis dieses Buch erscheint, werden weltweit schon Millionen Menschen geimpft worden sein.

BOX 5.1: HERDENIMMUNITÄT

Beim Impfschutz geht es nicht nur um den eigenen Schutz vor gefährlichen und tödlichen Infektionskrankheiten, sondern auch um den **Schutz von Mitmenschen, die sich aus gesundheitlichen Gründen nicht impfen lassen oder keinen ausreichenden Impfschutz aufbauen können,** wie Menschen mit einer chronischen Erkrankung oder Babys. Diese Menschen sind im Falle einer Ansteckung besonders gefährdet, da sie ein schwächeres Immunsystem und damit ein erhöhtes Risiko für einen schweren Krankheitsverlauf haben.

Wenn allerdings genügend Menschen in der Bevölkerung immun sind, findet ein Krankheitserreger nicht genügend Opfer zum Befallen – eine Infektionskette oder ein Ausbruch kann so gar nicht erst entstehen. In diesem Fall spricht man von der sogenannten **Herdenimmunität**[6]. Die immunen Personen wirken wie eine Art Schutzwall, der nicht geimpfte Menschen beschützt – seien es Menschen, die trotz Impfung keinen ausreichenden Impfschutz aufbauen können, Menschen, die gar nicht erst geimpft werden können – oder nicht geimpft werden wollen. Doch nicht nur das: Langfristig kann eine Herdenimmunität sogar dazu führen, dass Infektionsketten ins Leere laufen und Krankheiten sogar **ausgerottet** werden können **(Elimination)**. Bei den Pocken ist das beispielsweise gelungen, nachdem in den 1960er-Jahren noch über zwei Millionen Menschen weltweit[7] daran erkrankten, von denen etwa ein Drittel verstarb. Durch intensive Impfprogramme weltweit konnten die Pocken ausgerottet werden. Auch von Poliomyelitis (Kinderlähmung) konnten sich viele Regionen der Welt[8] (in Amerika, dem westpazifischen Raum und in Europa) verabschieden. Auf dem europäischen Ausrottungsplan stehen derzeit unter anderem Röteln und Masern[9]. Je nachdem, wie ansteckend ein Erreger ist, braucht man einen mehr oder weniger großen immunen Teil der Bevölkerung, um Herdenimmunität zu erreichen. Bei den besonders ansteckenden Masern braucht es eine Herdenimmunität von mindestens 95 Prozent. Dass wir diese Schutzquote nicht erreichen, zeigt sich durch immer wieder auftretende Masernausbrüche, wie etwa 2014/2015 in Berlin, wo über 1200 Menschen erkrankten, die Hälfte davon Erwachsene[10]. Auch wenn zuletzt die Infektionszahlen bei Masern eher niedrig waren, ist immer wieder mit größeren Ausbrüchen zu rechnen, solange keine Herdenimmunität besteht.

Die Masern stellen einen besonderen Fall im Impfkampf dar. Die Krankheit hat immer noch – völlig zu Unrecht – den Ruf einer eher harmlosen »Kinderkrankheit«. Dabei schwächt eine Masernerkrankung nicht nur bei Kindern, sondern auch bei Erwachsenen nachweislich und langfristig das Immunsystem und erhöht damit die Anfälligkeit für eine ganze Bandbreite weiterer Infektionskrankheiten[11]. Außerdem können die Masern in einem von tausend Fällen Gehirnentzündungen auslösen, in seltenen Fällen auch eine subakute sklerosierende Panenzephalitis (SSPE), die immer tödlich verläuft[12]. In Kombination mit ihrer verdammt hohen Ansteckungsrate und der entsprechend notwendigen hohen Herdenimmunität, die hierzulande nicht erreicht wird, sind die Masern ein Sorgenkind, das besondere Aufmerksamkeit fordert:
Mit Ausnahme der weltweiten Impfpflicht für Pocken, die 1959 beschlossen wurde, trat im März 2020 mit dem **Masernschutzgesetz** zum ersten Mal eine (Quasi-)Impfpflicht in Kraft. Demnach sind die von der STIKO (der Ständigen Impfkommission des Robert Koch-Instituts) empfohlenen Masernimpfungen Voraussetzung für Kinder, um in einer Kita oder Schule aufgenommen zu werden. Einen Nachweis über die Impfung müssen auch nach 1970 geborene Mitarbeiter von Kitas und Schulen vorweisen. (Warum das so ist, dazu später mehr.) Wer sich nicht daran hält, dem kann ein Bußgeld von bis zu 2500 Euro drohen. Das Masernschutzgesetz ist nicht nur ein Mittel auf dem Weg zur Ausrottung der Masern, sondern auch ein Schutz für Kitakinder, Schüler, Lehrer und Erzieher, die aus medizinischen Gründen keinen eigenen Impfschutz aufbauen können. Für sie wäre ein Kita- und Schulalltag im Zweifelsfall lebensbedrohlich.

Trotzdem ist **Impfpflicht** zu Recht ein kontrovers diskutiertes Thema. Der deutsche Ethikrat sieht Impfpflicht kritisch, und auch viele Menschen, die Impfungen an sich befürworten, lehnen eine Impfpflicht ab. In der Kritik steht auch die **intransparente Kommunikation der Masernimpfpflicht**[13], die *de facto* eine Impfpflicht für Masern, Mumps und Röteln ist, da in Deutschland keine Masereinzelimpfstoffe eingesetzt werden, sondern die bewährte MMR-Dreifachimp-

> fung, also gegen Masern, Mumps und Röteln. Wohlgemerkt ist an
> dieser Dreifachimpfung nichts auszusetzen, umso mehr würde ich
> mir hier eine transparentere Vermittlung wünschen. Einzelimpfstoffe
> können nur auf Rezept aus der Schweiz importiert werden. Im August
> 2020 kam es da zu einem Lieferengpass[14].

LASST DIE IMPFGEGNER IN RUHE!

Als ich mich im Herbst 2019 mit David Bardens traf (siehe Kapitel 4), war es für mich schwer vorstellbar, dass der junge Arzt nur mit Personenschutz Interviews gab oder Vorträge hielt. Als ich ein Jahr später eine Lesung halten wollte, musste ich einsehen, dass ich das lieber auch nicht ohne Sicherheitsvorkehrungen tun sollte. Die Lesung mussten wir letztlich wegen Corona absagen, aber einen persönlichen Security-Service hatte mein Verlag bereits organisiert. Denn wenn ich die Geschichten über mich und meine angebliche Verbindung zu einer Art Impfmafia tatsächlich glauben würde, würde ich mich wahrscheinlich auch hassen. Oft muss ich aber auch lachen, zum Beispiel, als ich ein Schaubild entdeckte, das im Netz zirkuliert und das mich als Teil eines großen Verschwörungsnetzwerks zeigt:

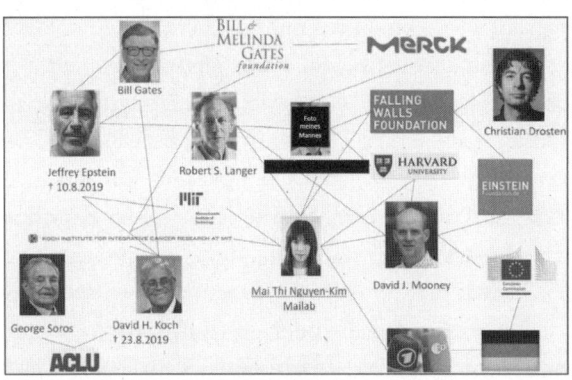

Die Grafik soll wohl meine Befangenheit in Sachen Impfen durch meine Nähe zur Pharmaindustrie und zu so dunklen Strippenziehern wie Bill Gates entlarven. Es ist wahrscheinlich die schmeichelhafteste Verschwörung, die mir je angedichtet wurde. Vor Corona wurde ich von Impfgegnern meistens eher als dumme, hirngewaschene YouTuberin hingestellt, aber inzwischen sehen mich immer mehr als einflussreiche Hirnwäscherin – definitiv ein Aufstieg in der Verschwörerhierarchie. Und wer auch immer dieses Schaubild erstellt hat, hat sich durchaus nicht alles ausgedacht, denn, ich will jetzt nicht angeben, aber viele der Verbindungen stimmen: Ja, ich habe tatsächlich bei David Mooney in *Harvard* und bei Robert Langer am *MIT* geforscht. Letzteren nenne ich sogar Bob, auch wenn ich mir nicht sicher bin, ob Bob sich an mich erinnert. Das Langer Lab, also die Forschungsgruppe rund um Bob Langer, ist tatsächlich Teil des *Koch Institute for Integrative Cancer Research at MIT,* das mit einem guten Batzen Geld des nicht unumstrittenen David H. Koch erbaut wurde. Davon abgesehen habe ich mit Koch sowie den anderen zwei Milliardärs-Philanthropen Soros und Gates natürlich nichts zu tun, aber einmal hätte ich Bill Gates fast (!) gesehen. Wenige Wochen, nachdem ich das Langer Lab verlassen hatte, bekam Bob Besuch von Bill Gates (da fehlt im Schaubild also eigentlich eine Linie zwischen den beiden), doch ich konnte das nur auf Facebook bei meinen ehemaligen Labmates verfolgen. Nicht auszumalen, hätte ich ein Facebook-Foto mit Bill Gates. Aber Achtung, die wichtigste Verbindung habe ich zu meinem Mann. Er ist auch Chemiker und arbeitet wie die meisten Chemiker als Chemiker. Bei einem Chemie- und Pharmaunternehmen, in der Forschung, wo er nach neuen Wirkstoffen sucht. In Kommentarspalten unter meinen Videos oder in Antwort-Tweets wird er dann regelmäßig zum »Forschungschef« oder gar zum Besitzer einer Pharmafirma befördert. Mein Mann und ich wollen nämlich einfach nur das sweet, sweet Impfstoffmoney einsacken. Deswegen habe ich schon im April 2020 erklärt, dass die Coronapandemie erst mit einem Impfstoff enden wird. Natürlich nur, weil ich ein perfides Eigeninteresse daran habe, dass möglichst viele Menschen geimpft werden.

Welches Eigeninteresse all die Wissenschaftler und Ärzte haben, die keine Ehepartner in der Pharmaindustrie haben, aber trotzdem auf den Impfstoff setzen, ist nur eine von vielen Fragen, aber fangen wir erst gar nicht damit an – über die Idee einer Pharmaverschwörung haben wir ja schon in Kapitel 4 gesprochen. Nur, dass wir uns nicht falsch verstehen, *wäre* mein Mann an der Forschung zu einem rettenden Coronaimpfstoff beteiligt, wäre ich sicher riesig stolz. Leider arbeitet er bei einer Firma, die gar keine Coronaimpfstoffe entwickelt. Genau genommen hat er 2020 fast gar nicht gearbeitet, sondern war in Elternzeit.

Aber warum erzähle ich das alles? Weil es vielen von euch wahrscheinlich ähnlich geht wie mir: Man hat den Eindruck, dass ein erstaunlich großer Anteil der Bevölkerung von Wissenschaft und Vernunft nichts hören möchte und sich stattdessen in Telegram-Gruppen an fantasievollen Schaubildern hochschaukelt. 2020 war es besonders schlimm, nicht nur, weil Krisen historisch betrachtet immer Blütezeit von Verschwörungsmythen sind[15], sondern auch, weil die Presse selbst ernannte Querdenker und Verschwörungserzähler liebt. Über sie lassen sich so wunderbar empörte Artikel schreiben und Beiträge produzieren, die viel besser geteilt werden als wichtige, aber vergleichsweise langweilige Informationen. Statt mit den prekären Arbeitsbedingungen von Pflege- und Krankenhauspersonal, die sich während der Pandemie teilweise bis ins Unerträgliche verschärft haben, beschäftigt man sich viel leidenschaftlicher mit Jana aus Kassel, die glaubt, wie Sophie Scholl zu sein, weil sie auf Querdenkerdemos Flyer verteilt. Ranga Yogeshwar nennt das treffend

»Erregungsbewirtschaftung«. Aber auch vor Corona schien Aufklärung über Impfen wie ein ewiger Kampf gegen Impfgegner und Erzählungen von Pharmaverschwörungen. Immer wieder fühlt man sich dazu gezwungen, zum hundertsten Mal zu erklären, dass die Studie, die damals Autismus mit der Masern-Mumps-Röteln-Impfung in Verbindung brachte, gefälscht war, zurückgezogen wurde und dass dem Arzt Andrew Wakefield, der diese Studie geschrieben hatte und heute immer noch den Autismus-Schrecken verbreitet, die Approbation entzogen wurde.[16]

Der Fokus auf die Impfgegner ist meiner Meinung nach allerdings ein Fehler. Nein, lasst die Impfgegner in Ruhe! Ich meine das ernst. Lasst sie einfach. Denn selbst eine Herdenimmunität von 95 Prozent, die man bräuchte, um die Masern langfristig auszurotten (siehe Box 5.1, Seite 179), würde man auch ohne Impfgegner schaffen. Laut einer repräsentativen Umfrage der Bundeszentrale für gesundheitliche Aufklärung BZgA lehnten 2018 nur 2 Prozent der Deutschen Impfungen klar ab.[17] Lass das in Wirklichkeit mal doppelt so viele sein, wegen *Social Desirability Bias* (Kapitel 2), dann würde es immer noch hinhauen.

Es gibt verschiedene Gründe, warum Menschen nicht ausreichend geimpft sind, und viele sind recht unspektakulär. An dieser Stelle Grüße an alle Erwachsenen, die nach 1970 geboren wurden: Seid ihr gegen Masern geimpft, und wenn ja, habt ihr bisher zwei Impfungen bekommen oder nur eine? Wisst ihr das spontan oder müsstet ihr das im Impfpass nachschauen? Und wo war der doch gleich? In Deutschland wird Erwachsenen, die nach 1970 geboren sind, ans Herz gelegt, ihren Masernimpfstatus zu checken. Wer noch nie an Masern erkrankt ist oder bisher nur eine Impfung bekommen hat, sollte die Masern-Mumps-Röteln-Impfung (die gibt es ja, wie erwähnt, nur im bewährten Dreierpack MMR, siehe Box 5.1, Seite 179) unbedingt nachholen, natürlich auf Kosten der Krankenkasse. Erst mit zwei Impfungen ist der Impfschutz vollständig. Bei älteren Erwachsenen, die vor 1970 geboren sind, geht man davon aus, dass sie die Masern irgendwann durchgemacht haben und deswegen immun sind. Daran sieht man übrigens noch einmal, wie ansteckend diese Krankheit ist, nämlich so sehr, dass man davon ausgeht, dass sie ohne Impfung jeder irgendwann bekommt. Laut der BZgA-Umfrage haben allerdings 72 Prozent der nach 1970 Geborenen von diesem Appell an sie nichts mitbekommen. Gleichzeitig fühlten sich knapp 60 Prozent der Befragten gut bis sehr gut übers Impfen informiert.

Für mich als Wissenschaftskommunikatorin war das überraschend und augenöffnend. Denn in meiner subjektiven Wahrnehmung waren die Masernausbrüche einzig und allein auf all die knallharten Impfgegner zurückzuführen, die mir in Kommentarspalten sehr zahlreich vorkamen. Doch die lautesten Stimmen im Netz sind auch hier wie so oft nicht repräsentativ. Wenn man sich als Journalistin zu sehr auf das Debunken extremer Ideen konzentriert, die letztlich nur von einer unbedeutend kleinen Zahl an Menschen ernsthaft geglaubt werden, vernachlässigt man eine viel größere Gruppe: Die Menschen, die berechtigt oder unberechtigt ernsthaft Bedenken oder Zweifel haben oder sich einfach ausführlichere Informationen wünschen. Auch bei den aktuellen Coronaimpfstoffen bestehen Sorgen und Zweifel bei vielen Menschen, weit über die kleine Impfgegner-Community hinaus. Denn die meisten Impfungen, die von der STIKO empfohlen werden, haben eine jahrzehntelange Erfolgsgeschichte vorzuweisen. Nicht nur haben sie ihre Wirkung zur Schau gestellt, indem die entsprechenden Krankheiten stark kontrolliert bis ausgerottet werden konnten, sondern haben sich auch über Jahre bis Jahrzehnte als sicher erwiesen. Doch der Coronaimpfstoff ist nicht nur nagelneu, sondern er wurde auch beindruckend schnell aus dem Hut gezaubert. Einerseits sind wir alle dankbar und euphorisch, dass die Wissenschaft geliefert hat. Andererseits fragt man sich zu Recht: Wie in aller Welt ging das jetzt alles so schnell? (Antwort: siehe Box 5.2) Und kann das wirklich sicher sein? Es wäre doch nicht der erste neue Impfstoff, der unerwartete Nebenwirkungen hätte ...

DIE SCHWEINEGRIPPE UND NARKOLEPSIE

Wenn ich vor 2020 hätte wetten müssen, welche Virusfamilie uns die nächste Pandemie beschert, hätte ich auf Influenza getippt. (Bleibt mein Tipp für die nächste Pandemie, aber hoffentlich nicht mehr zu meinen Lebzeiten.) Die verharmlosenden Vergleiche zwischen COVID-19 mit einer Grippe, die während der Coronapandemie immer wieder aufkamen, finde ich schon deshalb unangebracht, weil Influenzaviren auch richtige Arschlöcher sind, wenn nicht sogar größere als Coronaviren. Das sieht man allein an der saisonalen Grippe, für die jedes Jahr ein neuer Impfstoff hergestellt werden muss, weil die Viren so verdammt wandlungsfähig sind. (Während ich dieses Manuskript schreibe, machen sich beunruhigende Nachrichten über eine neue, deutlich ansteckendere SARS-CoV-2-Variante breit, die zunächst in England entdeckt wurde, aber inzwischen auch schon in Deutschland unbemerkt angekommen ist.)

Es gibt Impfstoffentwickler, die das ganze Jahr über nichts anderes machen, als Grippeimpfstoffe herzustellen. In allen Ländern werden Patientenproben gesammelt, um herauszufinden, welche Arten von Grippeviren aktuell herumgehen. Die Daten werden der Weltgesundheitsorganisation gemeldet, die jede Grippesaison die Beschaffenheit des neuen Impfstoffes festlegt. Doch da der Impfstoff ja auch erst mal hergestellt werden muss, sind uns die Grippeviren immer etwa ein halbes Jahr

BOX 5.2: WARUM WAR DER CORONAIMPFSTOFF SO SCHNELL DA?

Die folgenden Schaubilder zeigen den üblichen zeitlichen Ablauf bei der Entwicklung eines Impfstoffs und wie sehr die Zeit zwischen Forschungsbeginn und Verfügbarkeit dieses Mal gestrafft war.

Es wurden also keine Sicherheitsschritte oder Phasen ausgelassen, sondern nur effizienter gestaltet. Das war vor allem aus den folgenden Gründen möglich:

1. Der SARS-CoV-2-Erreger ähnelt, wie der Name schon sagt, dem SARS-Virus, das 2002 bis 2003 eine Pandemie vor allem im asiatischen Raum auslöste, sowie dem MERS-Virus (»Middle Eastern Respiratory Syndrome«): Die genetischen Verwandtschaften liegen bei etwa 79 beziehungsweise 50 Prozent. Die Impfstoffentwickler konnten also auf die Forschung zu SARS und MERS zurückgreifen[18], und mussten bei COVID-19 nicht ganz von vorne anfangen.
2. Es gab für die Entwickler eine noch nie da gewesene Finanzspritze: Die deutsche Bundesregierung sprach Herstellern Hunderte Millionen Euro[19] zu. In den USA wurden für ein vergleichbares Vorhaben 18 Milliarden Dollar[20] lockergemacht. Das ermöglichte den Herstellern, Prozesse zu beschleunigen, mehr Expertinnen und Experten einzustellen und bei der Produktion höhere Risiken einzugehen (zum Beispiel die massenhafte Herstellung von Impfstoffdosen, die unmittelbar bei der Zulassung zur Verfügung stehen).
3. Die Europäische Kommission hat sich vorab dazu verpflichtet, mehreren Entwicklern Hunderte Millionen Impfdosen abzukaufen, sobald sie sich als sicher erwiesen haben[21].
4. Während der klinischen Forschungsphasen wurde COVID-19 bei den Entwicklern und den Behörden gegenüber anderen Projekten priorisiert. Dadurch wurden Kapazitäten geschaffen, die zum Beispiel in ein sogenanntes **Rolling Review**[22] flossen. Das ist ein effizienter Prozess, durch den neu erfasste Daten von den Behörden umgehend geprüft werden, sobald sie vorliegen, anstatt

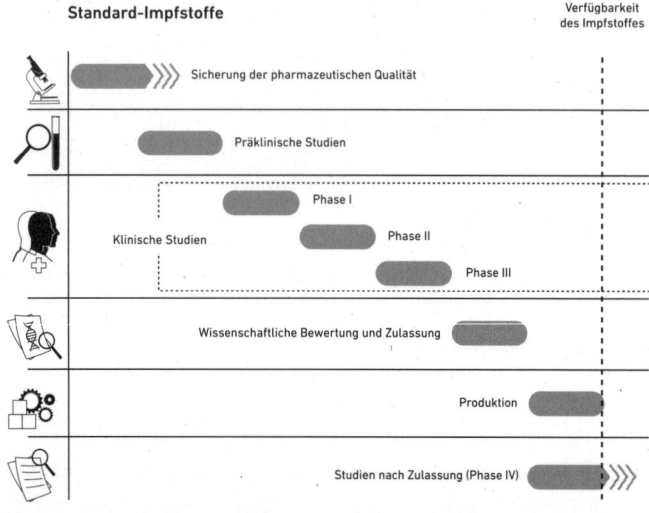
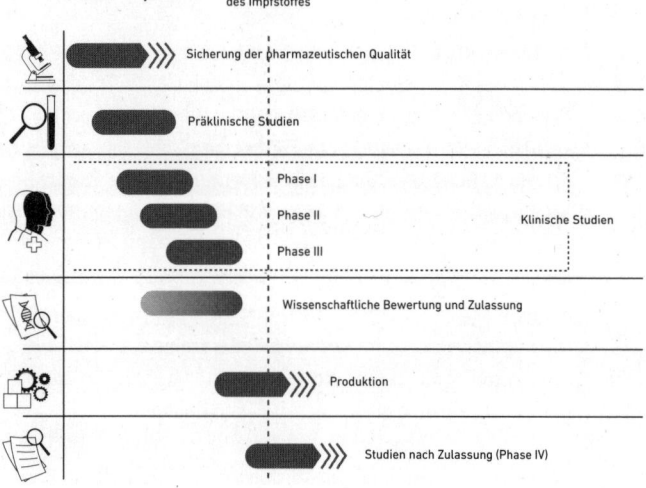

Abbildung 5.1: Entwicklungsschritte und ihre Dauer bei üblichen Impfstoffen (oben) im Vergleich zu COVID-19-Impfstoffen (unten).

auf einen abschließenden Bericht, bei dem alle Daten zunächst gesammelt werden, zu warten. Ähnliche Prozesse wurden beispielsweise auch bei der Impfstoffentwicklung gegen Ebola organisiert.

5. Die Coronapandemie war während der klinischen Phasen schon gut am Wüten. Das ist natürlich schlecht, aber für die Impfstoffentwicklung tatsächlich gut. Wenn nicht gerade Epidemien oder Pandemien im Gange sind, sind groß angelegte Effektivitätsstudien für Impfstoffe schwierig bis unmöglich, da es genügend natürliche Infektionen geben muss, um zu erkennen, ob die Impfung ausreichend gegen sie schützt.[23] Deswegen konnten Phase-III-Studien bei Coronaimpfstoffen sehr viel schneller abgeschlossen werden als gewöhnlich.

Fazit: Die Entwicklung, die klinischen Studien und der Zulassungsprozess waren bei den Coronaimpfstoffen trotz Rekordzeit nicht weniger sorgfältig als gewöhnlich, sondern teilweise sogar besonders aussagekräftig wegen großer Probandenzahlen und hohem Infektionsgeschehen in der Bevölkerung.

voraus. Und da sich die Viren innerhalb dieser kurzen Zeit schon wieder weiter gewandelt haben, wirkt die Grippeimpfung nicht so genau wie andere Impfungen, beziehungsweise in manchen Jahren wirkt sie besser, in anderen weniger. Aber hier sprechen wir ja nur von den vier Gruppen von Grippeviren, die für unsere saisonalen Grippewellen verantwortlich sind.[24] Die Influenzafamilie ist, ähnlich wie die Coronafamilie, groß. Wir Menschen sind nur einer von vielen Wirten, die befallen werden.

Und immer mal wieder geschieht es, dass ein Influenzavirus, das innerhalb einer Tierart fröhlich vor sich hin mutiert hat, sich so stark wandelt, dass es ganz plötzlich auf den Menschen überspringen kann – kennen wir auch von Corona, da war es möglicherweise eine Rhinolophus-Fledermaus –, und mit so einer Überraschung kann unser Immunsystem dann leider wirklich nicht rechnen, und wir haben den Salat.

Entsprechende Influenza-Salate wurden uns ja vor nicht allzu langer Zeit serviert. 2005 war es die Vogelgrippe, ein erschreckend tödliches Virus, das die Hälfte (!) aller Infizierten tötete, doch zum Glück steckten sich weltweit nur 900 Menschen an. 2009 folgte die Schweinegrippe, die sich von Mexiko aus über die Welt ausbreitete. Um es für diejenigen, die sich nicht daran erinnern, vorwegzunehmen: Die Schweinegrippe-Pandemie forderte Gott sei Dank deutlich weniger Todesopfer als anfangs befürchtet. Weltweit starben knapp 20 000 Menschen. Zum Vergleich: Während ich das hier schreibe (Anfang 2021), sind seit Pandemiebeginn allein in Deutschland schon mehr als 40 000 Menschen an und mit COVID-19 gestorben. Doch als sich die Schweinegrippe ausbreitete, war die Angst groß. Denn – wie es nun einmal bei einer Pandemie so ist, wir kennen es nun alle – am Anfang ist es immer schwierig einzuschätzen, wie schlimm das Ganze wird. Bei jeder Pandemie stehen wir vor der Herausforderung, dass wir es mit einem ganz neuen Virus zu tun haben. Wenn es nicht so neuartig wäre, dass menschliche Immunsysteme weltweit nicht darauf vorbereitet sind, dann gäbe es auch keinen weltweiten Ausbruch. Was sich aber schnell abzeichnete: Die Schweinegrippe war viel ansteckender als die Vogelgrippe. Weltweit infizierten sich rund 200 Millionen Menschen. Ein Impfstoff musste so schnell wie möglich her! In diesem Fall war es ein Glück, dass ohnehin so viele Firmen weltweit damit beschäftigt waren, Grippeimpfstoffe herzustellen. Mehrere Hersteller konnten kurzfristig ihre Produktion auf einen Schweinegrippeimpfstoff umstellen. Noch im selben Jahr begannen Impfungen in verschiedenen Ländern.

Aber wenige Monate nach der Impfung stellte man etwas Beunruhigendes fest: In manchen Ländern wurde auffällig oft Narkolepsie diagnostiziert. **Narkolepsie** ist eine chronische Krankheit, bei der es urplötzlich zu einer Erschlaffung der Muskeln kommen kann, oft ausgelöst durch starke Emotionen (**Kataplexie**).[25] Von außen sieht Kataplexie aus wie eine Ohnmacht, doch die Betroffenen sind bei Bewusstsein, können sich aber für ein paar Sekunden bis Minuten nicht bewegen. Außerdem äußert sich Narkolepsie durch starke Schlafstörungen, Betroffene sind tagsüber extrem müde, haben dafür nachts Schwierigkeiten einzuschlafen. Diese Symptome sind für Betroffene eine erhebliche Behinderung im Alltag. Autofahren zum Beispiel ist ja schon bei extremer Müdigkeit gefährlich, aber jetzt stelle man sich vor, irgendein Idiot nimmt einem die Vorfahrt, und man regt sich so sehr auf, dass man buchstäblich zusammenklappt.

Narkolepsie ist eine verhältnismäßig seltene Krankheit. (Es gibt zwei Arten der Narkolepsie, nur bei Typ 1 tritt Kataplexie auf, bei Typ 2 nicht.[26] Bei der Schweingrippe und der Schweinegrippeimpfung handelt es sich um Narkolepsie Typ 1.) Als man nun nach der Schweingrippeimpfung in Finnland 14 und in Schweden mindestens sechs Fälle beobachtete[27], war das Grund genug, mehrere Studien zu starten, um einen möglichen Zusammenhang zu überprüfen. Auf der ganzen Welt schauten nun Länder nach ihren Narkolepsiediagnosen – doch die meisten stellten keine Häufung von Narkolepsiefällen nach der Impfung fest.

Woran lag das? Warum sahen nur wenige Länder diesen Effekt? Ähnlich wie bei der Coronapandemie gab es mehrere zugelassene Impfstoffe von unterschiedlichen Firmen. Und in den Ländern, in denen Narkolepsie häufiger auftrat, wie in Schweden, Finnland oder Irland, wurde ein bestimmter Impfstoff verwendet: **Pandemrix,** ein Impfstoff der Pharmafirma *GlaxoSmithKline.* Aha! Dann muss es ja dieser Impfstoff sein, könnte man sich an dieser Stelle denken. Aber Moment. Nun kamen Daten aus Peking[28] und Taiwan[29] ins Spiel. In der chinesischen Hauptstadt wurde kaum jemand gegen die Schweinegrippe geimpft, dort ist das Virus einfach so durchgerauscht. Doch auch dort verzeichnete man einen deutlichen Anstieg an Narkolepsiefällen. So auch in Taiwan – da wurde zwar geimpft, allerdings nicht mit Pandemrix. Vor allem aber sah man einen Anstieg an Narkolepsiefällen bereits *vor* der Impfung. Es sollte sich herausstellen, dass nicht nur eine Impfung mit Pandemrix Narkolepsie auslösen kann, sondern auch die Schweinegrippe selbst.

Als man einmal Narkolepsie auf dem Schirm hatte, entdeckte man noch mehr über die Krankheit. Mit genauerem Blick auf Daten aus dem Pekinger Schlafzentrum[30] sah man, dass die Anzahl neuer Narkolepsiediagnosen nach jeder Erkältungssaison ein wenig nach oben ging! Lang nicht so deutlich wie nach der Schweinegrippe, aber im Frühjahr und Sommer, sprich nach jeder Erkältungssaison[31], gab es eine sechs- bis siebenfach erhöhte Wahrscheinlichkeit, an Narkolepsie zu erkranken. Wie ist das alles zu erklären?

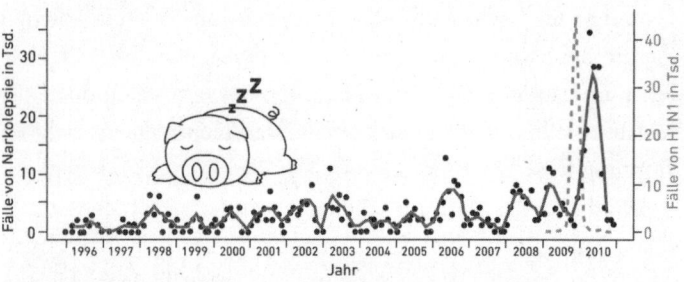

Abbildung 5.2: Jedes Jahr häufen sich neue Narkolepsiefälle in Peking kurz nach der Erkältungssaison (rote Kurve). Nach der Schweinegrippe (grauer Peak) folgte eine besonders hohe Anzahl neuer Narkolepsiediagnosen (letzter Peak der roten Kurve).

Erst einmal müssen wir verstehen, wie Narkolepsie entsteht. Narkolepsie ist eine **Autoimmunerkrankung,** sprich, das eigene Immunsystem richtet sich aus Versehen gegen den eigenen Körper.[32] Das Immunsystem ist ja nicht zimperlich und wird notfalls auch brutal, um den Körper zu beschützen. Zellen zu töten gehört da zum Standardprogramm – blöd nur, wenn es sich gegen eigene, gesunde Zellen richtet. Im Falle einer Narkolepsie tötet das Immunsystem bestimmte Hirnzellen, die einen Botenstoff namens **Hypocretin** produzieren, dessen Mangel mit Narkolepsie assoziiert ist.[33] Man muss nun davon ausgehen, dass einige Grippeviren in einigen, seltenen Fällen – es gibt mehrere Risikofaktoren, die entscheidend dafür sind, wer betroffen ist, beispielsweise genetische Prädisposition – ebenfalls Hypocretin produzierende Hirnzellen töten. Und bei der Schweinegrippe ist das Risiko dafür anscheinend besonders stark erhöht.

Wie genau das Schweinegrippevirus Narkolepsie auslösen kann, ist bisher noch nicht im Detail aufgeklärt. Die meiner Auffassung nach plausibelste Hypothese dreht sich um ein Prinzip namens **Molekulare Mimikry**[34]. Mimikry kennen wir aus dem Tierreich, zum Beispiel von der harmlosen Schwebfliege, die mit ihren schwarz-gelben Streifen vorgibt, eine Wespe zu sein.

Unter Molekularer Mimikry versteht man den Täuschungsversuch eines Krankheitserregers, der dem Immunsystem vorgaukelt, Teil des eigenen Körpers zu sein. Ein Virus kann auf seiner Oberfläche bestimmte Proteinsequenzen tragen, die Bestandteilen des Wirtskörpers ähnlich sehen. Wenn der Plan aufgeht, schaut das Immunsystem drauf, denkt sich, »Ach, einer von uns«, und lässt den Erreger in Ruhe. Wenn das allerdings nicht richtig funktioniert, entwickelt das Immunsystem nicht nur eine Abwehr gegen dieses Virus, sondern auch gegen die körperähnlichen Bestandteile, mit denen das Virus geschmückt ist. Hat das Virus nun Hypocretin-ähnliche Bestandteile auf seiner Oberfläche, dann kann das Immunsystem auch eine Abwehr gegen Hypocretin entwickeln. In der Folge zerstört es nicht nur Zellen, die von dem Virus befallen sind, sondern auch

Zellen, die Hypocretin produzieren – was dann zu Narkolepsie führen kann.

Und warum kann dasselbe jetzt auch bei einem Impfstoff gegen Schweinegrippe passieren? Impfstoffe enthalten oft Virusbestandteile, zum Beispiel bestimmte Oberflächenproteine. Und wenn die Mimikry-Hypothese stimmt, braucht man nur ein bisschen Pech (beziehungsweise sehr viel Pech), und zufälligerweise sind bei den Oberflächenbestandteilen ausgerechnet solche Hypocretin-Mimikry-Sequenzen dabei, die – genau wie das Virus selbst – das Immunsystem dazu veranlassen, die gerade beschriebene Autoimmunstörung und damit Narkolepsie zu entwickeln. So zumindest die Hypothese.[35]

Egal ob sich die Mimikry-Hypothese durch weitere Forschung noch bestätigen wird oder nicht – dass nicht nur die Schweinegrippe, sondern auch ein Impfstoff gegen die Schweinegrippe Narkolepsie ausgelöst hat, ist unumstritten. Bei etwa einer von 16 000 Impfungen mit Pandemrix trat Narkolepsie als Autoimmun-Folgeerkrankung auf.[36] Über die Jahre ist die Narkolepsiegeschichte etwas in Vergessenheit geraten, bekam allerdings neue Aufmerksamkeit, als die ersten freudigen Nachrichten über bald kommende Coronaimpfstoffe verkündet wurden. Es ist nur nachvollziehbar, dass sich etwas Sorge in die Erleichterung und Freude mischte. Was, wenn so etwas noch einmal passiert?

NO RISK, NO ZULASSUNG: WARUM SICH SELTENE NEBENWIRKUNGEN IMMER ERST NACH DER ZULASSUNG ZEIGEN

Ich kann noch nicht allzu viel über die Coronaimpfungen schreiben, da sie gerade erst losgehen, während ich diese Seiten schreibe. Dass ein Impfstoff gegen COVID-19 eine unerwartete, seltene Nebenwirkung hat, wie beispielsweise eine Autoimmun-Folgeerkrankung, kann man prinzipiell nicht ausschließen, vor allem nicht, da SARS-CoV-2 nach aktuellem Wissensstand selbst ein starker Auslöser für Autoimmunerkrankungen zu sein scheint. Auch hier wäre es theoretisch möglich, dass einzelne Bestandteile des Virus durch Molekulares Mimikry diese Autoimmunstörung auslösen und dass mit sehr viel Pech genau diese Bestandteile zufällig Teil der Impfung sind. Doch eines kann ich trotzdem schon jetzt mit Sicherheit sagen, weil es alle Impfungen betrifft, die die ersten drei Phasen der klinischen Studien erfolgreich abgeschlossen haben: Das Risiko für schwerwiegende Nebenwirkungen ist verhältnismäßig gering. Schauen wir uns an, warum.

Bei Impfstoffen gelten besonders strenge Maßstäbe, was ihre Nebenwirkungen betrifft. Eine Therapie gegen einen aggressiven, tödlichen Krebs kann auch mit schwereren Nebenwirkungen zugelassen werden, wenn die Schwere der Krankheit diese rechtfertigt. Bei Impfstoffen, die gesunden Menschen verabreicht werden, sind schwerere Nebenwirkungen allerdings ethisch nicht vertretbar. Deswegen hat die Sicherheit bei Impfstoffen oberste Priorität.

Grundsätzlich folgen Impfstoffe demselben Zulassungsprozess wie Arzneimittel (vergleiche Kapitel 4). Analog zum BfArM, das die Arzneimittelzulassung überprüft, ist für Impfstoffe das **Paul-Ehrlich-Institut** (PEI) zuständig beziehungsweise die **Europäische Arzneimittelagentur EMA**. Wie schon in Box 4.2 in Kapitel 4 beschrieben, müssen zunächst umfassende präklinische Studien vorliegen, damit man eine klinische Studie mit Menschen anmelden kann, und genau wie bei Arzneimittelstudien müssen klinische Studien auch hier sowohl von einer Ethikkommission als auch von der verantwortlichen Zulassungsbehörde genehmigt werden. Zunächst werden also drei Phasen klinischer Studien mit zunehmend größerer Probandenzahl durchlaufen, bei der nicht nur die wissenschaftlichen Daten, sondern auch die überprüfenden Behörden Wirksamkeit, Sicherheit und pharmazeutische Qualität sicherstellen (siehe auch Box 5.2, Seite 187). Nur die allerwenigsten Kandidaten schaffen es durch all diese Runden bis zur Zulassung. Nach erfolgreichem Zulassungsverfahren kommt der Impfstoff auf den Markt und damit in die Phase IV, dem sorgfältig überwachten »Praxistest«. Zulassungen für bestimmte Patientengruppen wie Schwangere oder Säuglinge werden erst erlassen, wenn entsprechende Sicherheitsdaten vorliegen, und sind daher oft verzögert.

Aber wie oft muss man generell mit Nebenwirkungen bei Impfungen rechnen? Hier zunächst eine Übersicht über bisher bekannte Impfnebenwirkungen und ihre Häufigkeit:

Häufige Nebenwirkungen: > 1 in 100
Rötungen oder Schwellungen der Einstichstelle, Muskelschmerzen rund um die Einstichstelle, Müdigkeit, Abgeschlagenheit und leichtes bis mittleres Fieber – diese häufigen Nebenwirkungen gehören zur erwarteten Impfreaktion, die auf eine normale Immunantwort hinweist. Beim neuen mRNA-Coronaimpfstoff von BioNTech und Pfizer sollen solche Impfreaktionen intensiver sein als bei den meisten anderen Impfungen. Auch Übelkeit, Durchfall oder Übergeben können bei bestimm-

ten Impfungen auftreten. Doch alle diese Nebenwirkungen verschwinden nach wenigen Tagen von alleine und hinterlassen keine bleibenden Schäden.

Seltene Nebenwirkungen: 1 in 100 bis 1 in 100 000
Zu selteneren Nebenwirkungen von Impfungen zählen hohes Fieber oder Fieberkrämpfe. Bei der MMR-Impfung (Dreifachimpfung gegen Masern, Mumps und Röteln) können Fieberkrämpfe in einem von 3000 Fällen[37] auftreten. Bei der MMRV-Impfung (Vierfachimpfung gegen Masern, Mumps, Röteln und Windpocken) gibt es bei Kleinkindern gegenüber dem Dreifachimpfstoff ein erhöhtes Risiko für Fieberkrämpfe. Man muss in einem von 2300 Fällen mit einem zusätzlichen Fieberkrampf im Vergleich zur MMR-Impfung rechnen.[38] Bei der Pandemrix-Impfung entwickelte unter den Geimpften zwischen neun und 14 Jahren einer von 16 000 Menschen eine Narkolepsie[39]. Bei der Rotavirenimpfung kann in bis zu sechs von 100 000 Fällen[40] eine Invagination (Intussuszeption), eine Einstülpung des Darms, auftreten. (Unabhängig von der Impfung kommt eine solche Invagination 33 bis 100 Mal pro 100 000 Fällen vor.[41])

Sehr seltene Nebenwirkungen: 1 in 100 000 bis
1 in 1 Million
Es sind nicht viele sehr seltene Nebenwirkungen bekannt. Bei einer Influenzaimpfung in den 1970er-Jahren trat bei einem von 100 000 Fällen das Guillain-Barré-Syndrom auf.[42] Starke allergische Reaktionen zählt man in der Regel auch zu den sehr seltenen Nebenwirkungen.[43] Als nach den im Dezember 2020 angelaufenen ersten Impfungen in Großbritannien mit dem neuen mRNA-Coronaimpfstoff vereinzelt allergische Schocks auftraten[44], reagierten die Behörden dennoch alarmiert und rieten vorsorglich davon ab, starke Allergiker zu impfen, bis be-

lastbare Daten vorliegen. Die Sorgen haben sich aber bisher nicht bestätigt oder verschärft.

Anhand dieser Zahlen wird schnell deutlich, warum man seltene Nebenwirkungen erst nach der Zulassung feststellen wird. In der Regel nehmen in Phase-III-Impfstudien mehrere Tausend Probanden teil – deswegen hatte man die Narkolepsiefälle bei Pandemrix vor der Zulassung auch nicht bemerkt. Bei den neuen Coronaimpfstoffen gab es so viele Freiwillige, dass richtig starke Phase-III-Studien mit 30 000 bis 40 000 Probanden zustande kamen. Doch selbst mit dieser Ausnahmegröße hätte man im Fall Pandemrix Narkolepsiefälle, die in einem von 16 000 Fällen auftreten, nicht als statistisch signifikant wahrgenommen. Denn wohlgemerkt wird bei einer Studie mit 40 000 Teilnehmern ja nur die Hälfte geimpft, die andere Hälfte bekommt eine Placebospritze.

Ja, aber warum macht man die Studien dann nicht größer?

Na ja, man könnte natürlich auch eine klinische Studie mit Hunderttausenden Probanden durchführen. Nur dann muss man sich fragen: Wenn eh so viele Menschen geimpft werden – warum dann nicht gleich zulassen? Irgendwann kriegt man da nämlich auch ein ethisches Problem mit der ungeimpften Placebogruppe. Man muss es schließlich auch ethisch rechtfertigen können, Menschen unwissend ungeimpft zu halten, wenn man bereits sieht, dass der Impfstoff gut funktioniert und – bis auf seltene bis sehr seltene Nebenwirkungen – sicher ist.

Ich hatte dazu übrigens auch ein interessantes Gespräch mit Marylyn Addo, Infektiologin und Oberärztin an der Uniklinik Hamburg-Eppendorf. Sie arbeitet gerade selbst an der Entwicklung eines Vektorimpfstoffs gegen Corona und ist gleichzeitig Probandin bei einer klinischen Phase-III-Studie, natürlich bei einem anderen Hersteller. (Bei seinen eigenen klinischen Studien darf man nicht mitmachen.) Als Ärztin muss sie wahrscheinlich frühzeitig aus der Studie aussteigen oder muss zumindest die Verblindung für sich lüften lassen, wenn sie sichergehen möchte, dass sie als Ärztin nicht nur für ihren eigenen Schutz, sondern auch zum Schutz ihrer Patienten geimpft ist.

Und was ist mit Nebenwirkungen, die sich vielleicht erst viel später bemerkbar machen? Obwohl die Erkrankung an Narkolepsie durch die Schweinegrippeimpfung als Langzeitfolge bezeichnet wird, da Narkolepsie eine chronische Krankheit ist, tauchten die Symptome bereits wenige Wochen nach der Impfung auf.[45] Auch die Erfahrung mit anderen Impfstoffen zeigt: Wenn Symptome nicht innerhalb von zwei bis drei Monaten nach Impfung auftreten, ist die Wahrscheinlichkeit, dass später noch welche nachkommen, sehr klein. Man kommt in der Risikobetrachtung dann an den Punkt, es nicht länger rechtfertigen zu können, eine rettende Impfung zurückzuhalten.[46] Bei Corona dürfte das schnell einleuchten – natürlich könnten wir noch ein Jahr weitertesten, um zu schauen, ob in einem Jahr plötzlich irgendetwas Unerwartetes passiert. Selbst wenn das sonst nie der Fall ist ... was ist, wenn doch? Na ja, da Studien mit Zehntausenden Menschen schon seit Monaten Wirksamkeit und Sicherheit der Impfstoffe gezeigt haben, wäre es unverantwortlich, wegen eventueller sehr seltener Nebenwirkungen oder unwahrscheinlicher, viel später auftretender Komplikationen SARS-CoV-2 noch weiter wüten zu lassen.

Wichtig ist vor allem die sorgfältige Beobachtung *nach* der Zulassung während Phase IV. Was viele wahrscheinlich nicht wissen: Nicht nur bei neuen Impfstoffen, sondern auch bei bewährten Impfungen werden Nebenwirkungen sorgfältig beobachtet. Sämtliche Nebenwirkungen, die nach irgendeiner Impfung auftreten, müssen gemeldet und gesammelt werden, das schreibt seit 2001 das **Infektionsschutzgesetz**[47] vor. Wie gesagt, bei Impfungen hat Sicherheit oberste Priorität – und natürlich schaut man bei neuen Impfstoffen besonders genau hin.

Nun weiß man ja aber nicht, ob etwas, das *nach* einer Impfung auftritt, auch *durch* die Impfung ausgelöst wurde – ihr wisst schon, *post hoc ergo propter hoc* (siehe Kapitel 4). Denn eine Placebogruppe haben wir nach der Zulassung ja nicht mehr. Aber trotzdem wird alles vorsorglich beim jeweiligen Gesundheitsamt gemeldet und an das Paul-Ehrlich-Institut weitergegeben, das alle Meldungen sammelt. Übrigens können nicht nur Ärzte Verdacht auf Impfnebenwirkungen melden, sondern jeder Patient und jede Patientin kann das auch direkt über ein entsprechendes Meldeformular tun.[48]

Nun werden bei einem neuen Impfstoff nicht nur Ärztinnen und Ärzte sowie die Behörden wachsamer sein und im Zweifelsfall – wie etwa bei der Coronaimpfung und allergischen Reaktionen – lieber Vorsicht als Nachsicht walten lassen. Auch die Bevölkerung wird Augen und Ohren offen halten, ihre geimpften Nachbarn sehr genau beobachten oder nach einer Impfung besonders aufmerksam in sich hineinhorchen. Genau wie wir bei einer Behandlung mit Placeboeffekten rechnen müssen, müssen wir bei einer Impfung auch mit Noceboeffekten rechnen – doch nicht nur das. Wir werden vieles auch allein durch die erhöhte Aufmerksamkeit feststellen. Wir kennen den Effekt von Corona selbst beziehungsweise von dem ständigen Verdacht, COVID-19 zu haben. Ich jedenfalls habe seit Beginn der Pandemie auffällig oft ein Kratzen im Hals, deutlich öfter als sonst, was aber aller Wahrscheinlichkeit nach nur daran liegt, dass ich viel aufmerksamer darauf achte. Auch jeder kleine Huster, der mir sonst nicht weiter auffallen würde, ist mir natürlich direkt suspekt. Und so wird es auch nach der Impfung passieren, dass häufige Beschwerden, die man sonst im Alltag nicht weiter beachtet, nach einer Impfung dann doch auffallen.

Es wird außerdem früher oder später passieren, dass Menschen nach einer Coronaimpfung versterben. 2019 starben in Deutschland im Durchschnitt allein 900 Menschen pro Tag an Herz-Kreislauf-Erkrankungen. Viele davon gehören zur älteren Coronarisikogruppe, die zuerst geimpft wird. Doch natürlich wird uns jeder Todesfall, der nach einer Impfung auftritt, erst einmal in Sorge versetzen.

Wir können uns also darauf verlassen, dass alles, was zeitlich nach einer Impfung auftritt, jede kleine Beschwerde, jede ernsthafte Erkrankung und jeder Todesfall, gesammelt und dokumentiert wird – nicht nur, weil die Behörden da hinterher sind, sondern weil wir als Bevölkerung automatisch aufmerksamer und alarmierter sein werden. Und das ist gut. Denn sollte etwas, das über die normalen Impfreaktionen (Rötungen, Abgeschlagenheit, Fieber, Muskelschmerzen, s.o.) hinausgeht, häufiger auftreten als sonst, kann der Impfstoff schnell zurückgezogen werden und näher untersucht werden. Im März 2011 wurde beispielsweise in Japan ein Impfstoff gegen Pneumokokken und Hib (Haemophilus influenzae Typ b) kurzfristig zurückgezogen, nachdem vier Kinder kurz nach der Impfung verstarben.[49] Die Untersuchungen konnten später keinen Zusammenhang zwischen der Impfung und den Todesfällen feststellen. Trotzdem kann so ein Fall das Vertrauen natürlich erschüttern. Obwohl die japanischen Behörden nur richtig und verantwortungsvoll gehandelt hatten, indem sie den Impfstoff vorschnell vom Markt nahmen, blieb bei der Bevölkerung Skepsis zurück. Warum hat man denn den Impfstoff zurückgezogen, wenn er sicher ist? – das ist eine nachvollziehbare Frage. Und der Rückzug hatte natürlich deutlich mehr mediale Aufmerksamkeit bekommen als das Ergebnis der genauen Untersuchungen.

Man kann nur hoffen, dass die Coronaimpfungen ein voller Erfolg werden. Da wir hier besonders große Phase-III-Studien haben, ist die Wahrscheinlichkeit, dass unerwartete Impfkomplikationen auftreten, geringer als bei anderen Impfstoffen nach der Zulassung.

Im Klartext heißt das alles: **Impfstoffe werden immer mit einem Restrisiko für eventuelle, seltene Nebenwirkungen zugelassen.** Wenn man versuchen wollte, das Restrisiko auszuschließen oder noch einmal deutlich zu reduzieren, würde das zwangsläufig bedeuten, dass man die Zulassung dringend gebrauchter Impfstoffe zurückhielte, die sich in klinischen, kontrollierten Studien an Tausenden Menschen – im Fall Corona an Zehntausenden – bereits als wirksam und sicher erwiesen haben. Die Schäden, die COVID-19 hingegen anrichtet, brauchen keine Wahrscheinlichkeitsrechnung. Die Infektions- und Todeszahlen und auch die Beobachtungen eventueller bleibender Langzeitschäden nach überstandener Infektion sprechen da leider für sich. Die Risiko-Nutzen-Abwägung ist ein »Nobrainer«, wie man im Englischen so schön sagt. Momentan freuen sich manche wahrscheinlich *eigentlich* schon auf ihre Coronaimpfung, wollen aber lieber erst noch ein paar Monate die »Risikofreudigen« beäugen, die scheinbar mutig ihre Oberarme für die Spritze frei machen. Doch rational betrachtet, statistisch betrachtet, wenn man ganz nüchtern Risiko gegen Nutzen abwägt, ist es die eigene Risikofreude, die sich bloß nicht als solche anfühlt. Eine getrübte Risikofreude, wenn man so will. In Wirklichkeit sind die Risikofreudigen nicht diejenigen, die sich bereits in Phase IV impfen lassen, sondern diejenigen, die sich dagegen entscheiden.

VERNUNFT IST KEINE BÜRGERPFLICHT.
SCHADE EIGENTLICH

Bei den Coronaimpfstoffen ist es nicht anders als bei bewährten Impfstoffen (Bei allen Impfungen, die von der STIKO offiziell empfohlen werden, müsste die Impfkommission, also letztendlich der Staat, sogar haften, wenn die Sicherheit entgegen der Empfehlung nicht gegeben wäre.): Die Nebenwirkungen der Impfung stehen in keinem Verhältnis zu den Schäden der entsprechenden Krankheit. Es ist ganz ähnlich wie bei Sicherheitsgurten im Auto. Bei einem Unfall kann man sich durch den Sicherheitsgurt verletzen, wenn man Pech hat, kann man sich sogar das Schlüsselbein brechen. Doch sich deswegen lieber abzuschnallen, ist statistisch betrachtet nichts anderes, als auf eine Impfung zu verzichten. Auch die Vorstellung, dass es langfristig besser ist, eine Krankheit durchzumachen, als sich impfen zu lassen, beruht auf keinen belastbaren Studien. Bei Masern ist sogar das Gegenteil der Fall – die Krankheit schwächt das Immunsystem nachhaltig.[50] Im Gegensatz zu vielen anderen wissenschaftlichen Themen, bei denen es keine einfache, kurze Antwort gibt (allein in den bisherigen Kapiteln gab es dafür ja einige Beispiele), ist die Risiko-Nutzen-Abwägung bei allen offiziell empfohlenen Impfungen eindeutig: **Es gibt keinen rationalen Grund, die Krankheit einer Impfung vorzuziehen.**

Aber ist das schon Grund genug für eine Impfpflicht? Kann man Menschen zur Vernunft zwingen? Vernunft ist keine Bürgerpflicht, normalerweise ist es Teil meiner persönlichen Freiheit, auch unvernünftige Entscheidungen zu treffen. Rein juristisch betrachtet, ist eine Impfung, genau wie eine Operation oder jeder andere medizinische Eingriff, ein »Eingriff in die körperliche Unversehrtheit« – eine Nadel piekst durch meine Haut, und ein Stoff wird injiziert – und damit ein Verstoß gegen Artikel 2 des Grundgesetzes. Unsere Grundrechte sind unser höchstes Gut, aber sie gelten natürlich nicht grenzenlos für jeden Einzelnen, sondern dienen in erster Linie dem Allgemeinwohl. Wenn ich durch Verzicht auf Impfungen andere Menschen, die nicht geimpft werden können, der Gefahr einer Infektion aussetze, die im Zweifel sogar lebensgefährlich für sie sein kann, dann muss mein Recht auf körperliche Unversehrtheit gegen ihr Recht auf körperliche Unversehrtheit abgewogen werden. »Deine Freiheit, deine Faust zu schwingen, endet dort, wo meine Nase anfängt« ist das Motto.

Die ethische und juristische Grundsatzfrage hinter einer Impfpflicht lautet also: Darf man Menschen die Kontrolle über ihren eigenen Körper und ihre eigene Gesundheit in Bezug auf eine Impfung absprechen, um das Grundrecht auf Leben und körperliche Unversehrtheit anderer Menschen, die nicht geimpft werden können, zu schützen?

Einen Aspekt finde ich besonders spannend: Gerade, *weil* die Risiko-Nutzen-Abwägung wissenschaftlich so unumstritten ist, macht es die ethische Fragestellung umso komplizierter! Warum? Na, für die einen macht es die Rechtfertigung einer Impfpflicht nur leichter: Wenn die Schäden einer Impfung in keinem Verhältnis stehen zu den Schäden der Krankheit und wenn es beim Impfschutz nicht nur um die eigene Gesundheit geht, sondern auch um den Schutz der Mitmenschen (siehe Box 5.1, Seite 179), dann ist eine Impfpflicht ja wohl gerechtfertigt. Für andere fehlt aber eben wegen der sehr unmissverständlichen Risiko-Nutzen-Abwägung die Notwendigkeit einer Pflicht. Unter Impfbefürwortern gibt es daher Kritiker der Impfpflicht, die davon überzeugt sind, dass man mit einer besseren Aufklärung nicht nur Herdenimmunität erreichen kann, sondern auch die **Solidarität** in der Bevölkerung stärkt, die nur schwer erzwungen werden kann. Auch das Abbauen von Impfhürden kann zu einer höheren Impfquote beitragen. Wenn man nicht erst seinen

Impfpass suchen müsste, sondern die Impfungen elektronisch – natürlich unter entsprechendem Datenschutz – abrufbar wären, oder wenn man für eine Impfung keinen Arzttermin vereinbaren müsste, sondern in jede Praxis oder vielleicht sogar in jede Apotheke hineinspazieren könnte, um sich kurzfristig impfen zu lassen, würden das einige möglicherweise gerne in Anspruch nehmen und die Impflücke dadurch weiter schließen.

Bei der Coronaimpfung hat die deutsche Regierung auf eine Impfpflicht verzichtet, obwohl die Pandemie Ausnahmezustand genug gewesen wäre, um sie laut Infektionsschutzgesetz anzuordnen. Ich glaube ja – trotz all der Kommentare und Verschwörungsschaubilder – immer noch an die menschliche Vernunft und denke nicht, dass man Menschen zu ihrem Glück zwingen muss. Ja, es ist ein verdammtes Schweineglück, dass wir zum ersten Mal in der Geschichte der Menschheit eine Pandemie mit diesem globalen Ausmaß nicht einfach überleben beziehungsweise übersterben müssen, sondern uns gegen das Virus wehren können. Ich denke schon, dass die meisten Menschen – vielleicht nach anfänglichem Zögern – dieses Privileg am Ende nicht ausschlagen werden. Und wer weiß, was wir noch alles schaffen, nachdem wir diese Pandemie überstanden haben. Vielleicht kriegen wir ja bald auch noch diese Scheißmasern ausgerottet.

NACHKLAPP: IMPFEN IST KEIN KÄSEBROT

Erst mal: Ja, ich habe mich geirrt. Zwar hat sich durchaus die Mehrheit gegen COVID-19 impfen lassen, aber eine deutlich kleinere Mehrheit, als ich erwartet hätte. Anfangs konnte ich es nicht begreifen, ich war zeitweise sogar sehr frustriert. Ich habe sogar 2021 ein Video mit dem Titel »Impfpflicht ist OK« hochgeladen, in dem ich mich für eine Impfpflicht ausgesprochen habe.[51] Für mich definitiv eine Abweichung von meiner Grundüberzeugung »Aufklärung statt Zwang«, die mir ohne einen pandemischen Ausnahmezustand nicht in den Sinn gekommen wäre.

Ich hätte es nachvollziehen können, wenn man sich zumindest einmal kritisch und ernsthaft mit einer Impfpflicht beschäftigt hätte, um sich dann meinetwegen auch dagegen zu entscheiden. Das kann man ja gut begründen. Aber dass unsere Regierung eine Impfpflicht kategorisch ausschloss und sie noch nicht einmal zur Debatte stand, war in meinen Augen ein Dogmatismus, der der Notlage nicht angemessen war.

Ex post denke ich, dass es vielleicht unterm Strich doch gut war, dass die Impfpflicht nicht kam. Zwar nicht für die Gesundheit der Bevölkerung, aber für das Vertrauen in Wissenschaft und Staat. *Ex ante* stand ich damals noch unter dem Eindruck des desillusionierenden Reality-Checks, dass manche Menschen niemals glauben werden, dass die Coronaimpfungen ein Geschenk und keine Gefahr sind – egal, wie gut man es erklärt. Dass die Statistik, die ich diesem Kapitel erklärt habe, für manche niemals eine kleinste gemeinsame Wirklichkeit sein wird. Und wenn man das einmal akzeptiert – was ich inzwischen getan habe – und man sich in diese Menschen hineinversetzt, dann ist eine Impfpflicht ein Horrorszenario. In dem Gefühl zu leben, dass man vom Staat zu etwas gezwungen wird, was gefährlich bis tödlich sei, das wünsche ich niemandem. Und wenn ich jetzt etwa in die USA blicke und sehe, was eine tiefe gesellschaftliche Spaltung mit einer Demokratie macht, dann verstehe ich inzwischen, dass die Folgen einer Impfpflicht gesamtgesellschaftlich nicht ohne Risiko sind.

Was kann ich heute (Anfang 2025) noch hinzufügen? Die Corona-Impfungen sind bisher die größte Impfung der Menschheitsgeschichte. Entsprechend ist inzwischen auch die größte Phase 4 der Menschheitsgeschichte vorbei. Was ich 2020 nur spekulieren, aber nicht wissen konnte: Durch die schiere statistische Power wurden tatsächlich seltene Nebenwirkungen sichtbar – leider oder zum Glück, je nachdem wie man es sieht. Natürlich wäre es besser gewesen, es hätte diese Nebenwirkungen nicht gegeben. Aber dass sie entdeckt wurden und man auf sie reagiert hat, zeigt, dass die Phase-4-Kontrolle, die ich in diesem Kapitel beschrieben habe, tatsächlich stattfindet.[52]

Der sogenannte »AstraZeneca-Impfstoff«, der im Januar 2021 zugelassen wurde, sorgte bei vielen Menschen nachvollziehbarerweise für große Verunsicherung, als klar wurde, dass er in seltenen Fällen Hirnvenenthrombosen auslösen kann. Was heißt selten? Machen wir erst mal eine kleine statistische Einordnung zur Orientierung: Bei 2,5 von 100 000 Impfungen traten beim »AstraZeneca-Impfstoff« Hirnvenenthrombosen auf. Bei der Coronainfektion traten in 4,3 Fällen von 100 000 Infektionen Hirnvenenthrombosen auf.[53] Und noch ein anderer Vergleich zur allgemeinen Größenordnung: Bei dem viel verkauften Erkältungsmedikament Aspirin Plus C treten »schwerwiegende Blutungen, wie z.B. Hirnblutungen« (also eine vergleichbar schwere Nebenwirkung) in 10 bis 100 Fällen pro 100 000 auf.[54] Das ist ein gutes Stück häufiger als eine Hirnvenenthrombose nach AstraZeneca – aber selten genug, um Aspirin Plus C trotzdem zu nehmen.[55]

Trotzdem kann ich nur zu gut nachvollziehen, wenn man sich fragt: Aber was, wenn es mich doch trifft? »Selten« ist nun mal nicht gleich »nie«. Ich wurde während der AstraZeneca-Verunsicherung in einem Interview gefragt: »Wenn ein Käsebrot in

2,5 von 100 000 Fällen eine Hirnvenenthrombose auslösen würde, würdest du es dann essen?« Meine Antwort war und ist klar: Nö. Wieso sollte ich? Denn auch wenn das Risiko »2,5 von 100 000« (oder: 0,0025 Prozent) sehr klein ist, kann ich das Risiko ja auf null reduzieren, indem ich das Käsebrot einfach nicht esse. Kein Käsebrot, kein Risiko. Aber, ganz wichtig: Impfen ist kein Käsebrot. Denn »keine Impfung, kein Risiko« gilt hier nicht.

Erst mal, ja – indem ich mich gegen eine Impfung entscheide, gehe ich kein Risiko für Impfnebenwirkungen ein. Aber dafür ein anderes. Entscheide ich mich gegen eine Impfung, entscheide ich mich dadurch für das Risiko, mich ungeimpft mit Corona zu infizieren und infolge dessen zum Beispiel auch eine Hirnvenenthrombose zu erleiden. Oder im schlimmsten Fall zu sterben. Es gibt bei einer Impfentscheidung also in jedem Fall ein Risiko. Ich muss mich nur entscheiden, welches ich lieber trage.

Was ich auch einmal gefragt wurde, nachdem ich mich für eine Impfpflicht aussprach: »Mai, wenn mein Kind durch die Coronaimpfung Nebenwirkungen erleidet, übernimmst du dann dafür die Verantwortung?« Als Mutter kann ich diese Frage nur zu gut nachfühlen. Denn, nein, ich kann nicht dafür die Verantwortung übernehmen. Anders gesagt, ich kann nicht versprechen, dass dein Kind keine Impfnebenwirkungen haben wird. Im Gegenteil, wie in diesem Kapitel betont, es gibt *immer* ein Restrisiko für seltene Nebenwirkungen. Aber ich sehe es durchaus als meine Verantwortung, die statistisch größten »Gewinnchancen«, die beste Risiko-Nutzen-Abwägung öffentlich zu vermitteln. Aber klar, auch wenn Nebenwirkungen selten sind: Wenn jemand davon betroffen ist, ist es mehr als nachvollziehbar, dass man die Statistik verflucht und sich wünscht, man hätte sich nicht impfen lassen.

In Deutschland wurde letztendlich auf den »AstraZeneca-Impfstoff« verzichtet. Für uns war es eine privilegierte Entscheidung, die wir deshalb treffen konnten, weil wir Alternativen (BioNTech, Moderna und Johnson & Johnson) hatten. Andere Länder hatten diesen Luxus nicht. Und in der Risikoabwägung war es für sie statistisch immer noch das kleinere gesundheitliche Risiko, mit AstraZeneca zu impfen als gar nicht. Ich hatte damals das Gefühl, dass wir nicht genug wertgeschätzt haben, welchen Luxus wir uns in dieser globalen Ausnahmesituation geleistet haben.

Aber enden wir mit einer guten Nachricht, die wir nach Phase 4 ebenfalls verkünden können: Die Coronaimpfungen haben allein im Jahr 2021 laut Schätzungen 14,4 Millionen Leben weltweit gerettet.[56]

KAPITEL 6

DIE ERBLICHKEIT VON INTELLIGENZ:

WARUM DIE ANZAHL UNSERER FINGER WENIGER ERBLICH IST ALS DAS ERGEBNIS EINES IQ-TESTS

FANGFRAGEN

Sprache oder Mathe?

○ Ich bin eher sprachlich begabt.
○ Ich bin eher mathematisch / naturwissenschaftlich begabt.

Zu welchem Anteil ist Intelligenz genetisch bedingt?
Intelligenz ist ...

○ nur genetisch bedingt
○ eher genetisch bedingt
○ zu ähnlichen Anteilen genetisch und umweltbedingt
○ eher umweltbedingt
○ nur umweltbedingt

Keine Fangfrage: Kennt ihr euren IQ? Die meisten Menschen haben noch nie einen professionell durchgeführten IQ-Test abgelegt – und einige hätten Angst davor. Was, wenn das Testergebnis schlecht ist? Wenn ich schon dumm bin, möchte ich das nicht auch noch numerisch belegt unter die Nase gerieben bekommen. Doch auch ein zu gutes Ergebnis ist nichts, womit man hausieren gehen wollte. Bei den Recherchen zu einem *maiLab*-Video erzielte unser Autor Dennis bei einem

IQ-Test von *Mensa* 130 Punkte – Hochbegabung mit Punktlandung. Ihm wurde ans Herz gelegt, dieses Ergebnis für sich zu behalten, so etwas käme nicht gut an. Dafür wurde Dennis ein Mitgliedschaftsbogen für Mensa in Deutschland e.V. zugeschickt.

Der Klub der Anonymen Hochbegabten? Wenn ein niedriger IQ am liebsten verdrängt wird, ein hoher IQ nicht gut ankommt, und ein durchschnittlicher IQ wohl nicht der Rede wert ist – warum sollte dann irgendjemand überhaupt einen solchen Test machen? Auf diese Frage kommen wir am Ende des Kapitels zurück, doch zunächst zeigt sie, dass der Punktestand eines IQ-Tests in erster Linie etwas in unseren Köpfen macht und nur in zweiter Linie Relevanz für den Alltag zu haben scheint.

EIN DOPPELTES MISSVERSTÄNDNIS

Francis Galton wäre vielleicht verärgert darüber, dass die meisten zuallererst erwähnen, dass er ein Cousin von Charles Darwin war, um ihn vorzustellen. Jetzt habe ich das auch getan, dabei hätte er dieses Namedropping gar nicht nötig, um als bedeutender Forscher durchzugehen. Galton war ein breit aufgestellter Wissenschaftler, der seiner Nachwelt Erkenntnisse aus unterschiedlichen Fachgebieten hinterließ, zum Beispiel war er der Erste, der den Begriff **Korrelationskoeffizient** verwendete, der uns in Kapitel 2 geholfen hat, Videospiele und Gewalt zu verstehen, und auch in diesem Kapitel nützlich sein wird. Galton gilt allerdings auch als einer der Väter der **Eugenik**. 1869 veröffentlichte er das Buch »Hereditary Genius«, das 1910 unter dem Titel »Genie und Vererbung« auf Deutsch erschien und in der *Spiegel*-Bestsellerliste gelandet wäre, hätte es sie damals schon gegeben. In der Einleitung schrieb Galton:

BOX 6.1: DIE VERTEILUNG DES IQ

Der **Intelligenzquotient, kurz IQ,** unterliegt einer **Normalverteilung** oder **Gaußverteilung** (wegen der glockenartigen Form auch manchmal als **Glockenkurve** bezeichnet). »Normalverteilung« trifft es wahrscheinlich am besten, da diese statistische Verteilung tatsächlich sehr normal, sprich gängig ist. Die meisten Größen in Natur und Alltag sind normalverteilt, seien es Körpergrößen, Regenmengen oder Pro-Kopf-Käsekonsum.

Grob gesagt bedeutet eine Normalverteilung, dass durchschnittliche Werte sehr häufig, extreme Werte sehr selten sind. Genauer gesagt bedeutet eine Normalverteilung: Die Breite der Kurve wird durch die **Standardabweichung** bestimmt, und über zwei Drittel aller Messwerte (68,27 Prozent) liegen maximal eine Standardabweichung vom Durchschnittswert entfernt. Alltäglich gesprochen könnte man alles innerhalb des Bereiches »Mittelwert +/- 1 Standardabweichung« als

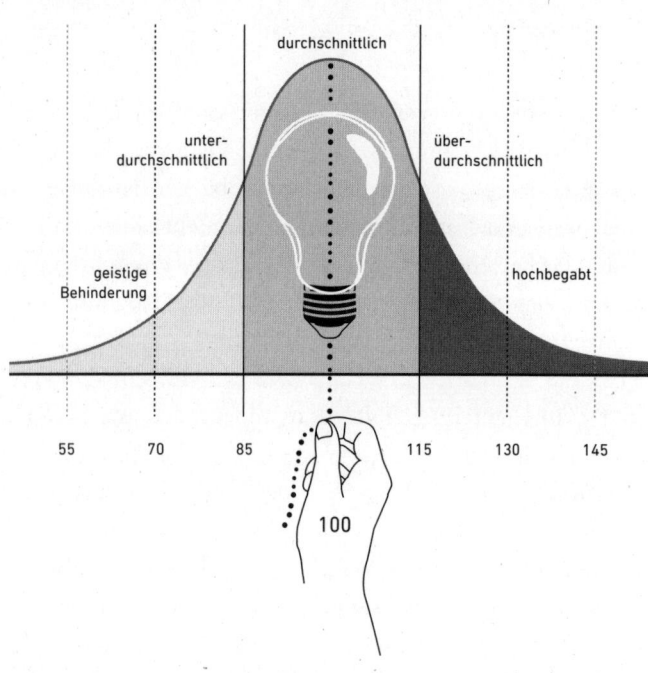

> »durchschnittlich« bezeichnen. Liegt ein Wert weiter als eine Standardabweichung vom Mittelwert entfernt, wird's über- oder unterdurchschnittlich. Die allermeisten Werte (95,42 Prozent) sind nicht mehr als zwei Standardabweichungen vom Durchschnitt entfernt (»Mittelwert +/- 2 Standardabweichungen«). Jenseits von zwei Standardabweichungen findet man nur noch wenige Extremwerte.
>
> Wie groß Mittelwert und Standardabweichung jeweils sind, hängt davon ab, was wir betrachten: Körpergröße, Käsekonsum oder IQ. Beim IQ wird der Mittelwert auf 100 Punkte festgelegt, die Standardabweichung auf 15 Punkte. Der IQ ist ein **relativer Wert,** kein absoluter. Er gibt an, wie jemand im Vergleich zum Rest abschneidet, und – wie das bei einer Normalverteilung nun einmal so ist – die meisten sind durchschnittlich. 68,27 Prozent aller Menschen erzielen bei einem IQ-Test 85–115 Punkte (100 +/- 15). 95,42 Prozent aller Menschen liegen im Bereich 70–130 (100 +/- 30). Und weniger als 5 Prozent haben einen IQ von unter 70 oder über 130. Ein IQ unter 70 wird zur Diagnose einer geistigen Behinderung herangezogen; ab einem IQ von 130 gilt man als hochbegabt.

»Wenn es also [...] leicht ist, durch sorgsame Auslese eine beständige Hunde- oder Pferderasse zu erhalten, die mit einer besonderen Schnelligkeit oder einer ähnlichen Fähigkeit ausgestattet ist, müßte es ebenso möglich sein, durch wohlausgewählte Ehen während einiger aufeinanderfolgender Generationen eine hochbegabte Menschenrasse hervorzubringen.«[1]

Diese Grundidee der Eugenik, die »Verbesserung der menschlichen Rasse« – und damit einhergehend das Auslöschen von unerwünschtem Erbgut –, passte im Dritten Reich den Nazis wunderbar in den Kram und diente als vermeintlich wissenschaftliche Grundlage für die nationalsozialistische »Rassenhygiene« und als Rechtfertigung für Massenmorde, auch an Kranken und Kindern, sowie für grausame, unmenschliche Menschenversuche. Aber auch in jüngeren Zeiten wird mit der Idee eines bedrohten Genpools immer wieder kokettiert. 2010 schrieb Thilo Sarrazin in seinem Buch »Deutschland schafft sich ab« (das dann wirklich *Spiegel*-Bestseller wurde) unter anderem über einen angeblichen Intelligenzzerfall in Deutschland durch Zuwanderung.

Wenn man schwankend am Abgrund der Eugenik steht, wird einem bei der Erblichkeit von Intelligenz besonders mulmig. Denn Intelligenz ist in unserer Gesellschaft eine Königseigenschaft, die das Potenzial haben könnte, Unmenschliches zu rechtfertigen. Wenn man nämlich »Rassenhygiene« auf etwas wie weiße Haut, blondes Haar oder blaue Augen bezieht, fiele es zumindest heute auch dem größten Rassisten schwer, die Überlegenheit dieser Äußerlichkeiten überzeugend zu erklären. Doch wenn es um eine Eigenschaft wie die Intelligenz geht, bekommt das Streben nach einem »besseren Genpool« bei aller Menschenverachtung vielleicht für manche etwas grausam Nachvollziehbares.

Kein Wunder also, dass man als menschenliebender Mensch am liebsten gar nichts von einer Erblichkeit von Intelligenz wissen möchte. Der Gedanke ist zu leicht politisch instrumentalisierbar.

Aber es muss noch nicht einmal Eugenik sein. Selbst ohne diese bleischwere Assoziation ist vielen der Gedanke, dass Intelligenz eine angeborene Fähigkeit ist, unangenehm. Das würde ja bedeuten – so glauben zumindest viele – dass man nichts an dieser Fähigkeit ändern könne, sollte man über einen IQ-Test erfahren, man sei unterdurchschnittlich. Diese trostlose Aussicht lässt manche denken: Na, dann will ich mein Ergebnis vorsichtshalber gar nicht wissen. Wenn die Intelligenz hingegen trainierbar ist, durch Bildung, Erziehung und Erfahrungen, dann bin ich meines Glückes und meines IQs

Schmied. So zumindest die gängige und für manche schönere Vorstellung.

Doch all diese Gedanken basieren auf zwei Missverständnissen: einem großen Missverständnis über den Begriff »Intelligenz« und einem noch viel dramatischeren Missverständnis über den Begriff »Erblichkeit«. Es wird auch fast das gesamte Kapitel dauern, um diese beiden Begriffe zu klären, aber hat man sie erst einmal verstanden, wird das Thema Erblichkeit von Intelligenz erstaunlich unkontrovers.

WAS IST INTELLIGENZ?

Ist Intelligenz das, was ein IQ-Test misst?

Kurz gesagt: Nein. Ein IQ-Test misst nicht die Intelligenz, sondern … na ja, eben nur den IQ – diesen allerdings ziemlich verlässlich. Was zum Teufel soll das bedeuten? Das bedeutet zunächst, dass Intelligenz mehr ist als der Intelligenzquotient. Sie ist schlicht zu komplex, um mit einem IQ-Test gemessen werden zu können.

Ein allgemeines Verständnis von Intelligenz ist die Fähigkeit, komplexe Probleme zu lösen, logisch und abstrakt zu denken, schnell zu lernen. Doch über eine detaillierte Definition von Intelligenz können Intelligenzforscher lange und nuanciert diskutieren.[2] Allerdings werden wir uns für unsere Zwecke (Zweck: Die Erblichkeit von Intelligenz verstehen) auf den IQ fokussieren, aus ganz pragmatischen Gründen. Denn in der Forschung muss Intelligenz ja irgendwie vergleichbar gemessen werden, und da ist ein IQ-Test das Instrument erster Wahl. Wer sich also in der Intelligenzdebatte argumentativ auf Intelligenzforschung beziehen möchte, sollte zunächst auf dem Schirm haben, dass man in der Forschung zwar den IQ messen kann, aber nicht Intelligenz in all ihrer Komplexität.

Gut, Schirm ist aktualisiert – aber wie sinnvoll sind IQ-Tests dann überhaupt? Gönnen wir uns hierfür zwei Fachbegriffe: **Reliabilität** und **Validität**. Zwei Größen, die beide in der Alltagssprache unter »Aussagekraft« fallen, doch eine Differenzierung lohnt sich. Die Reliabilität eines Tests beschreibt seine »Treffsicherheit«: Wie konsistent lassen sich Ergebnisse reproduzieren, wenn man den Test unter gleichen Bedingungen wiederholt? Die Validität hingegen ist ein Maß für die »Richtigkeit«: Messe ich tatsächlich, was ich messen will? Eignet sich dieser Test dafür überhaupt?

Reliabilität und Validität können dabei unabhängig voneinander sein. Zum Beispiel ist der Zollstock nicht allzu valide, um das Gewicht zu messen (oder sagen wir: weniger valide als eine Waage, denn wir haben ja in Box 2.1, Seite 68, gesehen, dass Gewicht und Größe durchaus stark korrelieren), dafür aber reliabel.

Anhand von Reliabilität und Validität lässt sich besser nachvollziehen, warum IQ-Tests in der Forschung eine große Rolle spielen, obwohl sich die meisten Intelligenzforscher einig sind, dass Intelligenz mehr ist als das, was ein IQ-Test misst. Zunächst sind IQ-Tests ziemlich bis sehr reliabel. Wie muss man sich »ziemlich bis sehr« vorstellen?

Eine verhältnismäßig einfache Methode, um Reliabilität zu quantifizieren, ist ein *Retest* (also eine Wiederholung des Tests). Lässt man eine Gruppe von Menschen einen IQ-Test und einige Zeit (Monate bis Jahre) später einen Retest machen, können sich die beiden Ergebnisse mehr oder weniger ähneln. Man bestimmt hierzu Werte zwischen 0 und 1 für die **Retest-Reliabilität**. Der Extremfall, dass alle Teilnehmenden im Retest genau dasselbe Ergebnis wie im Test erzielen, ergibt eine Retest-Reliabilität (r) von 1. Der andere Extremfall, dass Testergebnis und Retestergebnis komplett voneinander abweichen, ergibt eine Retest-Reliabilität von 0. (Wir haben es hier mit einem → **Korrelations-**

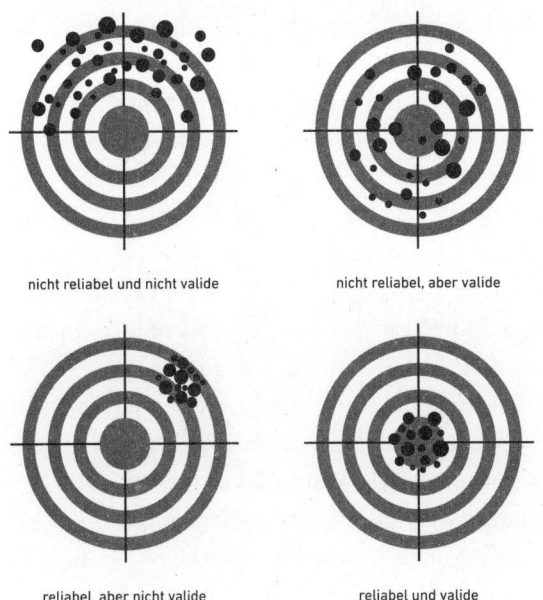

nicht reliabel und nicht valide

nicht reliabel, aber valide

reliabel, aber nicht valide

reliabel und valide

Abbildung 6.1: Wenn es das Ziel ist, die Mitte einer Zielscheibe zu treffen, können Reliabilität (Treffer lassen sich gut reproduzieren) und Validität (Treffen der Mitte) unabhängig voneinander sein.

koeffizienten, siehe Kapitel 2, Box 2.1, zu tun, in diesem Fall für die Korrelation zwischen Testergebnis und Retestergebnis).

Ab r = 0,8 kann man von einer guten bis sehr guten Reliabilität sprechen. Und bei IQ-Tests bewegen wir uns in einem soliden bis starken Bereich von r = 0,7 bis 0,9, je nach Studie.[3]

Es ist spannend zu sehen, dass die Retest-Reliabilität umso größer ist, je weniger Zeit zwischen Test und Retest vergeht. Wenn man einen IQ-Test nach ein paar Wochen oder wenigen Monaten wiederholt, ist das Ergebnis des zweiten Tests im Schnitt näher am ersten Ergebnis dran (r = 0,8–0,9)[4], als wenn zwischen den beiden Tests mehrere Monate bis Jahre liegen (r = 0,7–0,8, in manchen Studien auch niedriger, bis zu 0,5)[5]. Alles in allem spricht das für eine doch ganz beachtliche

Reliabilität von IQ-Tests. Gleichzeitig zeigt uns die Beobachtung, dass die Stabilität von IQ-Testergebnissen mit der Zeit abnimmt, dass unsere Performance in IQ-Tests im Laufe des Lebens nicht konstant ist, also keine fixe Hausnummer ist.

Nur damit wir uns nicht falsch verstehen, was hier mit Stabilität oder Konstanz im Laufe eines Lebens gemeint ist: Im Querschnitt einer Bevölkerungsgruppe ist der IQ offenbar nicht konstant, sondern altersabhängig. Dass Babys und Kleinkinder kognitiv noch nicht so ganz auf der Höhe sind, ist ja kein Geheimnis, und dass das Gedächtnis und andere mentale Fähigkeiten im höheren Alter immer stärker abnehmen, ist auch bekannt. Deswegen gibt es für verschiedene Altersgruppen auch unterschiedliche, altersgerechte IQ-Tests. Doch diese Art von Stabilität oder Konstanz meine ich hier nicht, sondern: Wenn ich als Kind beispielsweise im unteren Drittel der IQ-Verteilung liege, wie hoch ist die Wahrscheinlichkeit, dass ich als Erwachsene und Oma ebenfalls im unteren Drittel abschneiden werde? Das ist die Stabilität, eine individuelle Stabilität im Laufe eines Lebens, über die uns die Retest-Reliabilität Auskunft gibt.

Veranschaulichen wir uns das einmal in einem konkreten Beispiel: Nehmen wir eine Gruppe von Menschen und vergleichen ihre IQ-Test-Ergebnisse im Kindesalter mit ihren Ergebnissen im Erwachsenenalter. Zur Veranschaulichung machen wir einen Scatterplot (wie in Box 2.1, Kapitel 2). Auf der y-Achse tragen wir die IQ-Ergebnisse im Erwachsenenalter gegen die Testergebnisse im Kindesalter auf der x-Achse auf. Jeder Datenpunkt steht für einen Studienteilnehmer:

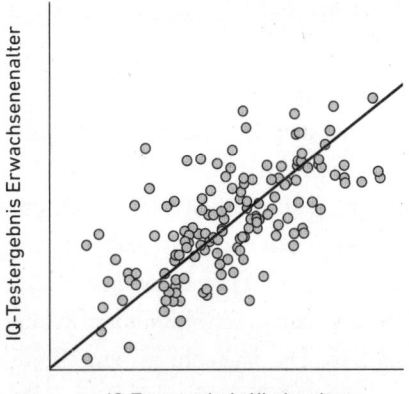

Abbildung 6.2: Exemplarischer Scatterplot für Retest-Reliabilität mit Korrelationskoeffizient r = 0,7.

Hier zu sehen ist eine Korrelationsstärke von 0,7 (je nach Studie beobachtet man bei Kohortenstudien, in denen man Kinder bis ins Erwachsenenalter begleitet, meistens Korrelationskoeffizienten zwischen 0,5 und 0,7[6]), was allgemeinhin als solide bis starke Korrelation gilt – und man sieht auch am Scatterplot, dass der positive Zusammenhang recht deutlich ist. Zum Vergleich stellt die schwarze Linie den Extremfall dar, in dem alle Probanden als Kinder und Erwachsene das exakt gleiche Ergebnis bekommen hätten (das wäre dann ein Korrelationskoeffizient von 1).

Als Forscherin würde ich über diese Grafik nun sagen: »Der IQ im Kindesalter ist ein guter Prädiktor für den IQ im Erwachsenenalter.« Oder: »Der IQ im Kindesalter hat eine starke Voraussagekraft für den IQ im Erwachsenenalter.« Wir erinnern uns an Kapitel 2: Starke »Voraussagekraft« heißt in der Statistik erst einmal nichts anderes, als dass eine starke Korrelation besteht (über die Kausalität reden wir später ausführlich). Und das wiederum heißt nichts anderes, als dass die Wahrscheinlichkeit, im IQ-Test im Vergleich zum Rest der Truppe als Kind und Erwachsener ähnlich abzuschneiden, recht groß ist.

Doch wie diese »recht große Wahrscheinlichkeit« in der Praxis aussieht, ist für die meisten Laien bestimmt eine Enttäuschung (oder Erleichterung, je nachdem): Bei r = 0,7 kann ich mit 68-prozentiger Wahrscheinlichkeit eine Spanne von Kindheits-IQ +/- 10 Punkte voraussagen, was ja bereits keine kleine Spanne ist. Aber möchte man sich zu 95 Prozent sicher sein, wird's geradezu lausig: Da muss man eine Spanne von Kindheits-IQ +/- 20 Punkte angeben. Das ist mehr als eine Standardabweichung! Wenn mir eine Hellseherin auf dem Jahrmarkt voraussagen würde, dass mein Kind als Erwachsene sich um 20 IQ-Punkte verbessern *oder* verschlechtern wird, würde ich mein Geld zurückverlangen.

Besonders anschaulich ist der Vergleich mit der Korrelation zwischen Körpergröße und Körpergewicht – auf Seite 71 hatten wir da ein Beispiel mit einer Korrelation von 0,77, also noch 10 Prozent stärker als 0,7. Wir haben ein ganz gutes Gefühl für die Verteilungen und Zusammenhänge zwischen Körpergröße und Körpergewicht in der Bevölkerung. Als Forscherin würde ich hier auch wieder sagen, dass die Körpergröße ein starker Prädiktor für das Körpergewicht ist. Aber im Alltag ist uns allen wahrscheinlich klar, dass ich nur mit großer Unsicherheit das Gewicht einer Person voraussagen kann, wenn ich weiß, wie groß sie ist.

Was lernen wir daraus? Was für die Wissenschaft eine starke Korrelation ist, und mit Blick auf große Bevölkerungsgruppe oder Kohorten sehr spannend und aussagekräftig ist, hat nicht unbedingt so viel Aussagekraft für eine individuelle Person.

Dass man ab r = 0,7 aufwärts von einer starken Korrelation beziehungsweise einer starken Reliabilität sprechen kann, berücksichtigt übrigens auch, dass kein Test perfekt ist. Genau wie bei einem Vokabeltest oder einer Abiturprüfung kann man bei einem IQ-Test zum Beispiel einen guten oder schlechten Tag haben. Allein die Ausgeschlafenheit hat wesentlichen Einfluss auf die kognitive Leistungsfähigkeit.[7] Und auch die persönliche Motivation schlägt sich deutlich im Testergebnis nieder. Wer zum Beispiel eigentlich gar keinen Bock auf einen IQ-Test hat, erzielt in der Regel ein schlechteres Ergebnis; wird man aber mit einem kleinen Taschengeld belohnt, ist auch das Ergebnis besser.[8]

IQ-Tests sind also kein magisches Werkzeug, das unberührt von persönlichen Schwankungen ist, aber sie sind – sofern sie professionell durchgeführt und ausgewertet werden (sprich *nicht* in irgendeiner Handy-App) – doch ziemlich verlässlich. Also reliabel.

Komplizierter und gleichzeitig interessanter ist die Validität von IQ-Tests. Hier kommen wir zurück zur ersten Fangfrage: Seid ihr nun eher sprachlich oder mathematisch begabt? Na ja, wenn man Menschen mehrere Intelligenztests machen lässt, die unterschiedliche kognitive Fähigkeiten abfragen (Arbeitsgedächtnis, logisches Denken, sprachliches Verständnis, räumliches Vorstellungsvermögen und so weiter), dann tendieren diejenigen, die gut in einem Test abschneiden, auch dazu, gut in den anderen Tests abzuschneiden.[9] Wer sprachlich begabt ist, ist demnach mit hoher Wahrscheinlichkeit auch mathematisch begabt. Ich weiß – die meisten von euch denken jetzt: Ich muss eine klare Ausnahme von dieser Regel sein! Fragt mal eure Freunde, dann werdet ihr feststellen, wie viele »klare Ausnahmen« es von dieser Regel anscheinend gibt. Doch einige von euch müssen sich da wohl falsch einschätzen, denn dass verschiedene kognitive Fähigkeiten auf einem **Allgemeinen Faktor der Intelligenz** basieren, auch »g-Faktor«[10] genannt (engl.: *»general factor«*), ist wissenschaftlich bestens etabliert. Die erste Beobachtung der

Allgemeinen Intelligenz durch Charles Spearman im Jahr 1904[11] ist nicht viel jünger als Gregor Mendels berühmte Erbsenzuchtexperimente, aus denen er die Mendel'schen Regeln zur Vererbung ableitete.

Entsprechend ist der g-Faktor in Fachkreisen seit Langem eine Selbstverständlichkeit, was ihn aber nicht weniger spannend macht. Er bedeutet nämlich: Der IQ ist zwar, ähnlich wie Schulnoten oder andere Testergebnisse, *per se* keine Persönlichkeitseigenschaft, sondern eben nur ein Testergebnis. Doch dieses Testergebnis korreliert mit so etwas wie einer allgemeinen Intelligenz. Intelligenz lässt sich also durch IQ-Tests indirekt beobachten. Und nicht nur das. Der IQ (beziehungsweise der g-Faktor) ist ein Prädiktor für eine beeindruckende Liste an Dingen:

- Schulnoten
- Höhe des Schulabschlusses
- Beruflicher Erfolg
- Einkommen
- Wohlstand
- Subjektives Wohlbefinden
- Allgemeine Gesundheit
- Langlebigkeit

Wow. Es scheint, als ginge alles erdenklich Gute im Leben mit einem hohen IQ einher. Falls ihr zu denjenigen gehört, die Angst hätten, ihren IQ zu erfahren, wird euch diese Liste nicht gerade beruhigen. Und sie ist bestätigt durch eine überzeugend große Anzahl von Studien und Meta-Analysen aus jahrzehntelanger Forschung.[12]

Aber keine Panik – die Korrelationsstärken sind hier deutlich kleiner als bei der Retest-Reliabilität von eben. Beispielsweise korreliert der IQ mit Bildung mittelstark (r = 0,4–0,5 laut einer Meta-Analyse mit insgesamt über 100 000 Studienteilnehmern), mit dem Einkommen nur schwach (r = 0,1–0,25).[13]

Auch hier muss man also von der Laiensicht und der Forschersicht unterscheiden. Für Wissenschaftler ist es spannend, gewisse Trends in Bevölkerungen zu erkennen, aber wir Laien, die uns von der Wissenschaft oft bedeutende Aussagen für unsere individuelle Person wünschen, werden da oft nicht bedient. Aus wissenschaftlicher Sicht ist die Tatsache, dass der IQ (oder die allgemeine Intelligenz g) mit so vielen Faktoren für Lebensqualität zusammenhängt, faszinierend. Und aus Kapitel 2 wissen wir, dass Effektgrößen und Korrelationskoeffizienten bei psychologischen Größen tendenziell klein sind, weil unsere Persönlichkeit so komplex ist und die Methoden beschränkt. So gesehen kann man vielleicht nachvollziehen, warum Wissenschaftler Intelligenz so gerne erforschen, da keine andere messbare Persönlichkeitseigenschaft Indikatoren von Erfolg und Lebensqualität so zuverlässig voraussagt. Deswegen gibt es einen recht großen Konsens darüber, dass IQ-Tests eine ganz passable Validität haben. Es ist also nicht nur die Reliabilität, sondern auch die Validität, die IQ-Tests bei Forschenden so beliebt macht.

Es gibt kaum eine andere Persönlichkeitseigenschaft, die in der Forschung so intensiv untersucht wurde und wird wie die Intelligenz. Doch dieser »Hype« innerhalb der Wissenschaft ist wahrscheinlich zu großem Teil einem gewissen Pragmatismus geschuldet: So etwas wie IQ-Tests gibt es für andere ähnlich wichtige Persönlichkeitseigenschaften nicht. Es gibt zwar wissenschaftliche Methoden, mit denen man Kreativität, Gewissenhaftigkeit, Neugier oder emotionale Fähigkeiten bewerten kann, aber keine dieser Methoden ist so reliabel und valide wie IQ-Tests. Man denke nur an die vergleichsweise kläglichen Versuche, Aggressionen zu messen (Kapitel 2). Zugespitzt könnte man es so formulieren: Wissenschaftler untersuchen den IQ auch deswegen so intensiv, weil sie's können.

Für unseren Laienalltag würde ich an dieser Stelle aber gerne zwei Zwischenfazits ziehen:

1. **Die Voraussagekraft der Intelligenz wird oft überschätzt.**
   Nur weil Intelligenz ein – nach wissenschaftlichem Maßstab – guter Prädiktor für etwa Bildungs- und Berufserfolg ist, ist sie nicht mehr als ein Puzzleteil von vielen. Die Psychologin Sophie von Stumm spricht von drei Säulen für akademischen Erfolg: Intelligenz, Gewissenhaftigkeit und *a hungry mind* – »ein hungriger Geist«. Gewissenhaftigkeit und Neugier können Bildungs- und Berufserfolg ähnlich gut voraussagen wie die Intelligenz.
2. **Die Relevanz der Intelligenz wird oft überschätzt.**
   Der IQ steht nicht für all unsere kognitiven Fähigkeiten. Erstens lässt sich Intelligenz nicht in all ihrer Komplexität in IQ-Tests abfragen. Und zweitens gibt es ja noch mehr kognitive Fähigkeiten, die viele Fachleute nicht zur Intelligenz zählen würden, die aber nicht weniger relevant sind. Kreativität oder »Emotionale Intelligenz« beispielsweise (oft wird zur besseren Differenzierung der Begriff »Emotionale Kompetenz« bevorzugt) lassen sich in ihrer Bedeutsamkeit wahrscheinlich nur schwer der Intelligenz unterordnen, werden aber durch IQ-Tests nicht abgefragt.

So viel erst mal zur missverstandenen Intelligenz. Zur viel stärker missverstandenen Erblichkeit kommen wir sofort, doch vorher hätte ich noch ein paar missverstandene Basics zur Genetik in petto. Die Basics brauchen wir ohnehin, also los geht's!

BOX 6.2: DAS GENOM

DNA, Gene, Genom – was ist eigentlich der Unterschied? Schauen wir uns mal unsere genetische Information, also den Bau- und Funktionsplan unseres Körpers an, indem wir außen anfangen und immer weiter reinzoomen.

Jede Zelle unseres Körpers hat einen Zellkern. Jeder Zellkern enthält unsere gesamte genetische Information: das **Genom.** Das Genom besteht aus 23 Chromosomen beziehungsweise 23 Chromosomenpaaren, die so aussehen:

Jeder Mensch erbt einen Chromosomensatz von der Mutter und einen vom Vater. Nur das 23. Paar ist kein richtiges Paar, sondern besteht in aller Regel bei Männern aus einem X-Chromosom und einem Y-Chromosom, bei Frauen sind es zwei X-Chromosome.

Jedes Chromosom kann man sich vorstellen wie eine Spule, um die ein DNA-Molekül aufgewickelt ist. DNA steht für Desoxyribonukleinsäure, beziehungsweise das englische **D**eoxyribo**N**ucleic **A**cid.

Schaut man sich die chemische Struktur, die berühmte Doppelhelix, etwas genauer an, ist die DNA fast schon erstaunlich einfach aufgebaut, denn sie besteht aus nur vier verschiedenen Bausteinen, sogenannten **Nukleotiden**. Sie setzen sich aus einem Zucker-, einem Phosphat- und einem Basenteil zusammen. Mithilfe dieser **Basen** lassen sich die Nukleotide unterscheiden: Adenin, Thymin, Guanin und Cytosin – **A, T, G** und **C**. Mit diesen vier Buchstaben lässt sich unser ganzes Genom schreiben.

Da sich jeweils zwei Basen über Wasserstoffbrückenbindungen gegenseitig anziehen, bringen die Basen die beiden Stränge der DNA wie einen Reißverschluss zusammen. Betrachtet man ein schematisches Bild einer DNA-Doppelhelix, dann sieht man, dass die Querverstrebungen zwischen den beiden Strängen von den Basen gebildet werden. Die beiden Stränge selbst sind komplementär zueinander: Jedes A ist gegenüber mit einem T gepaart, und umgekehrt. Und jedes G ist mit einem C gepaart, und umgekehrt. Daher spricht man von **Basenpaaren**. Unser Genom besteht aus rund 3 Milliarden Basenpaaren.

Je nachdem, in welcher Reihenfolge sich diese Basenpaare zur DNA zusammensetzen, ergibt sich der individuelle Code unseres Genoms.

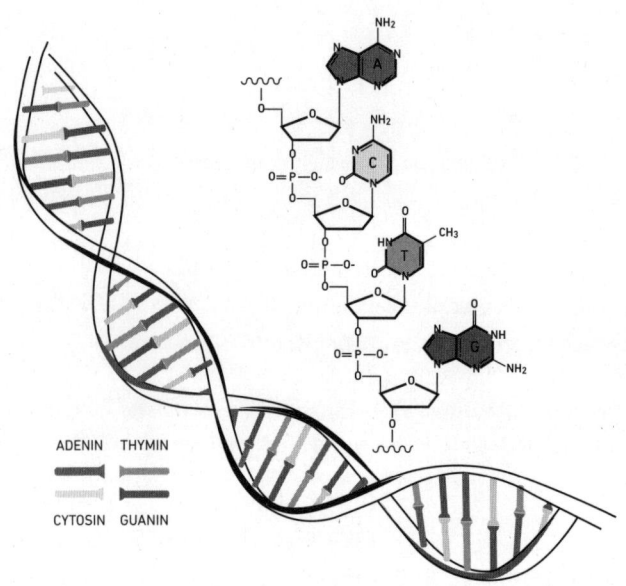

Und was ist nun ein **Gen**? Oft werden die Begriffe Gene und DNA im Wechsel verwendet, und im Alltag geht diese Ungenauigkeit auch meistens auf. Doch nicht jeder Buchstabe unserer DNA trägt eine praktisch relevante Information, sondern nur bestimmte Abschnitte – die Gene. Auf einem Gen ist eine konkrete Bauanleitung für ein bestimmtes Einzelteil kodiert, etwa für ein Enzym oder einen Rezeptor. Wenn man so will, sind Gene also der interessante, praxisrelevante Teil der DNA. Das menschliche Genom enthält ungefähr 20500 Gene.

Das Genom ist bei allen Menschen zu 99,9 Prozent gleich.[14] Sprich, 99,9 Prozent der 3 Milliarden Basenpaare sind von Mensch zu Mensch identisch, man findet dieselbe Abfolge von Buchstaben an denselben Stellen der gleichen Chromosomen. Die restlichen 0,1 Prozent sind das, was uns zu Individuen macht. So gibt es bei bestimmten Genen unterschiedliche Varianten, also unterschiedliche Kodierungen an der gleichen Stelle des gleichen Chromosoms. Diese Genvarianten nennt man **Allele**. Das individuelle Genom jedes Menschen wird also durch dessen Allele bestimmt.

DREI GESETZE FÜR DIE GENETIK KOMPLEXER PERSÖNLICHKEITSEIGENSCHAFTEN

Die meisten unserer genetischen Eigenschaften sind **polygen,** sprich abhängig von mehreren Genen gleichzeitig. Ein unschönes Gegenbeispiel ist die Krankheit *Chorea Huntington,* eine Erkrankung des Gehirns, die Bewegungsfähigkeit und verschiedene mentale Fähigkeiten zerfrisst. Die Krankheit ist auf ein einziges mutiertes Gen zurückzuführen, das man entsprechend »Huntington-Gen« taufte. Es sitzt im Chromosom Nr. 4 und trägt den Bauplan für das Huntington-Protein, das die Zerstörung des Gehirns verursacht. Die Krankheit ist unheilbar – und das, obwohl es aus wissenschaftlicher Sicht ein Luxus ist, eine genetische Ursache für eine Erkrankung so klar festmachen zu können.

Meistens ist das nämlich deutlich schwieriger. Nehmen wir die Körpergröße als scheinbar banale Eigenschaft. Wir wissen, dass große Eltern tendenziell große Kinder bekommen, kleine Eltern tendenziell kleine Kinder. Die Erblichkeit der Körpergröße ist uns intuitiv bewusst, weswegen es überrascht, dass ihre Genetik noch lange nicht verstanden ist. Man hat zwar inzwischen über 700 Genvarianten entdeckt, die mit der Körpergröße zu tun haben.[15] Manche dieser Genvarianten beeinflussen zum Beispiel Knorpel- oder Knochenwachstum, doch die Funktion der meisten Genvarianten ist noch nicht verstanden. Deswegen kann man mit einem Blick auf ein entschlüsseltes Genom auch nicht daraus ablesen, wie groß oder klein der Träger dieses Genoms wohl sein mag. Deshalb würde ich an dieser Stelle gerne eine Faustregel aussprechen für alles, was mit Genetik zu tun hat: Es ist kompliziert. Selbst Fachleute würden das bestätigen. Und allein das ist eine wichtige Information, um eine weitere nützliche Faustregel abzuleiten: Oft erkennt man unwissenschaftliche Aussagen über Genetik allein daran, dass sie erstaunlich einfach und straight-forward sind. Wenn man darauf stößt, etwa in Sarrazins »Deutschland schafft sich ab«, ist gesunde Skepsis gefragt. Allerdings gibt es eigentlich keinen Grund, scharf einzuatmen, wenn Thilo Sarrazin eröffnet, dass Intelligenz erblich ist. Die angemessene Reaktion auf diese Information wäre, mit den Schultern zu zucken, denn tatsächlich sind alle komplexeren Persönlichkeitsmerkmale erblich.

Woher man das weiß? Unter anderem von Zwillingen. Zwillinge sind ganz fantastische Forschungsobjekte, wenn es um die große »*Nature vs. Nurture*«-Debatte geht, also um Gene vs. Umwelt. Nehmen wir eineiige Zwillinge, die quasi die gleiche DNA, sprich das gleiche Genom, haben. (Nur »quasi«, da es noch die Epigenetik gibt – siehe unten –, aber das dürfen wir hier vernachlässigen.) Das ist für systematische wissenschaftliche Untersuchungen natürlich ein Träumchen. Denn wenn es keine genetischen Unterschiede gibt, können alle beobachtbaren Unterschiede automatisch auf die Umwelt zurückgeführt werden. Die unterschiedlichen Gemüter der berühmten eineiigen Romanzwillinge Hanni und Nanni – Hanni ist aktiv und wild, Nanni ruhig und vernünftig – sind also allein umweltbedingt.

Und wie sieht es mit der Intelligenz aus? Würde man Hanni und Nanni einen IQ-Test machen lassen, wäre es nicht erstaunlich, wenn sie unterschiedlich gut abschneiden würden – denn genau das beobachtet man, wenn man die IQs eineiiger Zwillinge in wissenschaftlichen Studien vergleicht. **Die Tatsache, dass eineiige Zwillinge trotz gleicher DNA unterschiedlich in IQ-Tests abschneiden, belegt, dass Intelligenz durch die Umwelt beeinflusst wird.**

Nicht nur Zwillinge belegen das übrigens. Auch der sogenannte **Flynn-Effekt,** der beschreibt, wie sich der Durchschnitts-IQ in unterschiedlichen Ländern innerhalb nur einer Generation um 5 bis hin zu 25 (!) IQ-Punkte verbessert hat[16], weist auf Umwelteinflüsse hin, da die menschliche Evolution gar nicht so schnell sein kann.

Nun beobachtet man aber gleichzeitig, dass Zwillinge bei IQ-Tests ähnlicher abschneiden als normale Geschwister. Der Grund scheint auf der Hand zu liegen: Na, weil sie sich genetisch ähnlicher sind! Ja, das *könnte* der Grund sein – muss aber nicht. Es könnte auch daran liegen, dass Zwillinge eine ähnlichere Umwelt erleben als Geschwister unterschiedlichen Alters: Das fängt schon damit an, dass sie gemeinsam im selben Uterus heranwachsen und dort weitestgehend den gleichen biologischen Umwelteinflüssen, etwa gleichen Hormonkonzentrationen, ausgesetzt sind. Da sie gleich alt sind, genießen sie außerdem dieselbe Erziehung (während Eltern mit Erstgeborenen und Nesthäkchen doch oft sehr unterschiedlich umgehen), gehen in der Regel auf derselben Schule in dieselbe Klasse, wo sie von denselben Lehrern nach demselben Lehrplan unterrichtet werden, verbringen generell mehr Zeit miteinander als andere Geschwister und erleben so auch öfter dieselben Dinge. Allein das könnte also bereits erklären, warum Zwillinge auch in IQ-Tests ähnlicher abschneiden als normale Geschwister.

Das Argument gilt aber nicht, wenn man eineiige Zwillinge mit zweieiigen Zwillingen vergleicht. Zwar sind sich zweieiige Zwillinge genetisch nur so ähnlich wie normale Geschwister (sie teilen sich 50 Prozent ihrer Erbanlagen), doch sie erleben eine ähnlich ähnliche Umwelt wie eineiige Zwillinge, was sie gut vergleichbar macht. Sämtliche Studien zeigen: **Eineiige Zwillinge schneiden bei IQ-Tests ähnlicher ab als zweieiige Zwillinge** – und zwar, so darf man nun schlussfolgern, weil sie sich genetisch ähnlicher sind. **Intelligenz ist also auch genetisch bedingt.**

Dass sich eineiige Zwillinge unterscheiden (Umwelt!), aber ähnlicher sind als zweieiige Zwillinge (Gene!), beobachtet man übrigens nicht nur bei der Intelligenz, sondern bei allen möglichen komplexen Eigenschaften, zum Beispiel Gewissenhaftigkeit, Extraversion oder Empathievermögen. Daher stellten die Psychologen Robert Plomin und Ian Deary 2014 **drei »Gesetze« für die Genetik komplexer Persönlichkeitseigenschaften** (einschließlich der Intelligenz) auf[17]:

1. Alle Persönlichkeitsmerkmale sind genetisch bedingt.
2. Kein Persönlichkeitsmerkmal ist ausschließlich genetisch bedingt.
3. Der genetische Einfluss ist auf eine Vielzahl von Genen zurückzuführen, von denen jedes einzelne jeweils nur einen winzig kleinen Einfluss hat.

Zu Punkt 3 dieser drei »Gesetze« kommen wir später noch im Detail zurück. Zunächst wenden wir uns der zweiten Fangfrage dieses Kapitels zu:

> Zu welchem Anteil ist Intelligenz genetisch bedingt?
> Intelligenz ist ...
> O nur genetisch bedingt
> O eher genetisch bedingt
> O zu ähnlichen Anteilen genetisch und umweltbedingt
> O eher umweltbedingt
> O nur umweltbedingt

So, die erste und die letzte Antwort können wir an dieser Stelle schon einmal streichen. Aber muss dann nicht eine der mittleren Antworten richtig sein? Warum ist auch diese Frage eine Fangfrage?? Leute, krempelt die Ärmel hoch, es ist so weit – Erblichkeit incoming.

DIE ANZAHL UNSERER FINGER IST KAUM ERBLICH: WAS ERBLICHKEIT BEDEUTET – UND VOR ALLEM, WAS NICHT

Wenn Worte Gefühle hätten, dann wäre die Erblichkeit sicher sehr frustriert, wenn nicht sogar verbittert, da sie kaum jemand richtig versteht. Und mein Gott, wie viele unnötige Streitereien daraus entspringen! Aber, no offense, liebe Erblichkeit, du bist einfach ein missverständliches Wort. Man würde schließlich alltagssprachlich davon ausgehen, dass Intelligenz zu 50 Prozent genetisch bedingt ist, wenn Intelligenz »zu 50 Prozent erblich« ist. Nur ist das gar nicht das, was erblich bedeutet. Die Definition lautet stattdessen:

Die Erblichkeit ist der Anteil des genetischen Einflusses auf

die Unterschiedlichkeiten in der Ausprägung einer bestimmten Eigenschaft.

Uff. Ja, das ist sperrig, aber keine Sorge, wir werden das nun Stück für Stück aufräumen.

Also: Wie kommen denn die Ausprägungen einer bestimmten Eigenschaft zustande? Wissen wir ja schon: durch den Einfluss von Genen und Umwelt. Als vereinfachte Formel gesprochen:

Phänotyp = Genotyp + Umwelt

Phänotyp: Erscheinungsbild eines Merkmals, zum Beispiel die Geweihgröße bei Hirschen oder die Intelligenz bei Menschen

Genotyp: Gesamtheit aller genetischen Informationen oder – einfacher gesagt – die Gesamtheit aller Gene

Umwelt: Umweltfaktoren wie Ernährung, Bildung, Erfahrungen usw.

Bei der Erblichkeit dreht sich aber alles um die *Unterschiede*, genauer gesagt um die **Varianz**. Die Varianz ist ein Maß für die Streuung um den Mittelwert, die Varianz der Intelligenz können wir in Box 6.1 quasi bildlich in der Form beziehungsweise Breite der Gaußverteilung sehen. Entsprechend zu dieser Phänotypvarianz haben wir es auch mit einer Genotypvarianz zu tun – Menschen besitzen unterschiedliche Allele in ihrer DNA (siehe Box 6.2, Seite 225) – und mit einer Umweltvarianz – Menschen ernähren sich unterschiedlich, werden unterschiedlich erzogen, unterschiedlich ausgebildet, sammeln unterschiedliche Erfahrungen ... und sehr viel Unterschiedliches mehr. So ergibt sich:

$$\text{Varianz}_{\text{gesamt}} = \text{Varianz}_{\text{genetisch bedingt}} + \text{Varianz}_{\text{umweltbedingt}}$$

Mit dem Begriff der Varianz können wir die Definition nun verkürzen: **Die Erblichkeit ist der genetische Anteil der Varianz.**

$$\text{Erblichkeit} = \frac{\text{Varianz}_{\text{genetisch bedingt}}}{\text{Varianz}_{\text{gesamt}}}$$

Sowohl das Wort »Anteil« als auch die Formel, die als Bruch daherkommt, zeigen uns: Die ERBLICHKEIT IST KEINE ABSOLUTE GRÖSSE, SONDERN EINE RELATIVE. Entschuldigt, dass ich so schreie, aber das Unwissen darüber produziert drei häufige Missverständnisse, ohne die es den meisten Streit um die Erblichkeit von Intelligenz gar nicht erst geben würde.

Missverständnis Nr. 1: Wenn Intelligenz zu
50 Prozent erblich ist, bedeutet dies, dass
Intelligenz zu 50 Prozent genetisch bedingt ist.
Nein. Es bedeutet lediglich, dass die *Varianz* der Intelligenzunterschiede zu 50 Prozent genetisch bedingt ist. Anders formuliert: Die *Unterschiedlichkeiten in der Ausprägung* der Intelligenz sind zu 50 Prozent genetisch bedingt.

Schauen wir zur Veranschaulichung mal auf unsere Hände. Die meisten Menschen sehen da zehn Finger. Diese Fingeranzahl ist in unserem Genom niedergeschrieben, die Anzahl unserer Finger ist zweifellos genetisch. *Unterschiede* in der Fingerzahl hingegen sind nur selten genetisch bedingt, denn meistens sind es Umwelteinflüsse in Form von scharfen Objekten, die zu einer abweichenden Fingerzahl führen. Damit ist der genetische Anteil an der Fingerzahlvarianz nahezu 0. Anders gesagt: **Die Anzahl unserer Finger ist kaum erblich. Obwohl sie sehr wohl genetisch bedingt ist.**

Jetzt dürfte uns auch dämmern, wieso unsere Anfangsfrage mit all ihren Antwortmöglichkeiten eine Fangfrage ist:

Zu welchem Anteil ist Intelligenz genetisch bedingt?
Intelligenz ist ...
○ nur genetisch bedingt
○ eher genetisch bedingt
○ zu ähnlichen Anteilen genetisch und umweltbedingt
○ eher umweltbedingt
○ nur umweltbedingt

Die korrekte Antwort lautet: Wir wissen es nicht! Wir können aus wissenschaftlichen Untersuchungen lediglich Informationen zur Erblichkeit gewinnen, die sich nur um die Varianz, also um Unterschiede dreht.

Die Frage müsste also richtigerweise lauten: **Zu welchem Anteil sind Intelligenz*unterschiede* genetisch bedingt?** (Zu etwa 50 Prozent übrigens. Aber dazu kommen wir gleich noch.)

Missverständnis Nr. 2: Die Erblichkeit ist nur abhängig von den Genen, nicht von der Umwelt.
Nein! Sie ist per definitionem der genetische *Anteil* der Varianz und damit automatisch auch von den Umwelteinflüssen abhängig. Yep, bitte nicht überlesen, ich wiederhole: Die Erblichkeit ist direkt von der Umwelt abhängig!

Das wird deutlich, wenn man die Erblichkeitsformel folgendermaßen aufstellt:

$$\text{Erblichkeit} = \frac{\text{Varianz}_{\text{genetisch bedingt}}}{\text{Varianz}_{\text{genetisch bedingt}} + \text{Varianz}_{\text{umweltbedingt}}}$$

Daraus folgt:

1. Je größer die genetische Varianz, desto größer die Erblichkeit
2. Je größer die Umweltvarianz, desto kleiner die Erblichkeit

Stellt euch eine Welt vor, in der alle Menschen genetische Klone von euch sind. (Tolle Prämisse für einen Horrorfilm!) In dieser Welt wären sämtliche IQ-Unterschiede ausschließlich auf Umwelteinflüsse zurückzuführen. Die genetische Varianz wäre gleich null und die Erblichkeit der Intelligenz damit auch. Was – noch mal – *nicht* heißt, dass Intelligenz *an sich* zu 0 Prozent genetisch wäre, sondern eben nur die *Varianz*. (Sorry, wenn ihr das schon längst geschnallt habt, aber mein Gott, wenn ihr wüsstet, wie oft das falsch verstanden wird …)

Das andere hypothetische Extrem wäre eine Welt ohne Umweltvarianz, was noch schwieriger vorzustellen ist als eine Welt voller Klone: Alle Menschen würden unter den exakt gleichen Einflüssen stehen, die gleiche Bildung erfahren, die gleiche Erziehung, die gleiche Zuwendung von Familie und Freunden, die gleiche Ernährung zu sich nehmen … man könnte ein ganzes Buch damit füllen, würde man versuchen, sämtliche Umwelteinflüsse, die irgendwie relevant sein könnten, aufzulisten. In einer Welt ohne Umweltvarianz wäre die Erblichkeit von Intelligenz (sowie von allen anderen Eigenschaften) 100 Prozent.

Die Erblichkeit ist – auch wenn sie als Wort vielleicht so klingen mag – keinesfalls eine feste Größe, die in unserem Genom niedergeschrieben ist, sondern hängt immer davon ab, was für eine Gruppe von Menschen wir in was für einer Umwelt betrachten. Nehmen wir mal New York, ein Ort mit riesiger Umweltvarianz: Auf der Wall Street eilen Banker in dampfgebügelten Anzügen und mit To-go-Kaffee zwischen Glastowern hin und her, ein paar Blocks weiter frieren Obdachlose in der Kälte. In der Bronx gehen Kinder auf Brennpunktschulen, ein paar Kilometer südlich zahlt man für Privatschulen Zehntausende Dollar Schulgebühren jährlich.

Vergleichen wir das mit einem klischeehaft idyllischen Vorstadtleben mit deutlich kleinerer Umweltvarianz: Man lebt in hübschen Einfamilienhäusern, der Rasen ist perfekt auf die gleiche Höhe getrimmt, die Kinder gehen in dieselbe kleine Vorstadtschule, sonntags in die Kirche.

Und jetzt machen wir mal ein Gedankenexperiment und stellen uns vor, alle New Yorker wären Klone der Vorstadtbewohner. Dann hätten wir es also mit zwei Gruppen von Menschen zu tun, die genetisch genau gleich sind. Dann würden wir beobachten: In der Großstadt, wo die Umweltvarianz viel größer ist als auf dem Dorf, würden wir nicht nur insgesamt größere Intelligenzunterschiede sehen, sondern kämen auch auf eine geringere Erblichkeit! Wo Umwelteinflüsse stark variieren, steigt der Anteil von $V_{umweltbedingt}$, der Anteil von $V_{genetisch}$ sinkt im Verhältnis – und damit auch die Erblichkeit. Also, ein letztes Mal*: Erblichkeit. Ist. Relativ.

*Das war gelogen. Es wird nicht das letzte Mal sein.

Missverständnis Nr. 3: Die Erblichkeit sagt aus, wie Intelligenzunterschiede zwischen verschiedenen Gruppen zustande kommen.

Nein! Die Erblichkeit sagt uns lediglich, wie Unterschiede *innerhalb einer Gruppe* zustande kommen.

Nehmen wir noch einmal das Beispiel Großstadt versus Vorstadt, nur dieses Mal ohne Klone. Stattdessen mit zwei unterschiedlichen Gruppen von Menschen: City-Bewohnern und Vorstadtbewohnern. Nehmen wir willkürlich an, der Durchschnitts-IQ der City-Bewohner sei zehn Punkte höher als der Durchschnitts-IQ der Vorstadtbewohner. Frage: Welcher Anteil dieser zehn IQ-Punkte Unterschied lässt sich durch unterschiedliche Gene erklären?

Die einzig richtige Antwort lautet: Keine Ahnung.

Es geht hier nämlich um den sehr wesentlichen Unterschied zwischen **Effektgröße** und **Varianz** – beides kann man im Alltag mit »Unterschiede« beschreiben, aber wir wissen ja inzwischen, dass damit zwei unterschiedliche Größen gemeint sind:

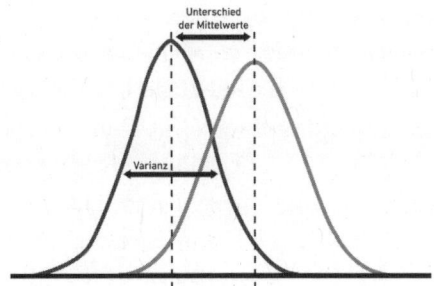

Wenn wir uns Unterschiede *zwischen* zwei Gruppen anschauen, sprechen wir von Effektgrößen. Schauen wir uns Unterschiede *innerhalb* einer Gruppe an, also wie stark die Werte um den Mittelwert streuen, sprechen wir von der Varianz.

In Kapitel 2 haben wir gelernt, dass die Varianz bei der Effektgröße eine Rolle spielt, denn sie bestimmt, wie stark sich zwei Kurven überlappen (siehe Box 2.2, Seite 84). Mit dem Unterschied der beiden Mittelwerte hat die Varianz allerdings nichts zu tun.

Da die Erblichkeit nun als genetischer Anteil der Varianz definiert ist, verrät sie uns, zu welchem Anteil diese Streuung durch unterschiedliche Gene *innerhalb* der Gruppe zu erklären ist. Doch über den durchschnittlichen Unterschied *zwischen* den Gruppen kann uns die Erblichkeit nichts sagen.

Stattdessen gibt es in unserem Großstadt-Vorstadt-Beispiel zwei Erblichkeiten, für jede Verteilung eine – die Großstadt-

Erblichkeit gibt den genetischen Anteil der Großstadt-Varianz an, die Vorstadt-Erblichkeit den genetischen Anteil der Vorstadt-Varianz. Wie im letzten Abschnitt besprochen, wird die Großstadt-Erblichkeit wegen der hohen Umweltvarianz wahrscheinlich kleiner sein als die Vorstadt-Erblichkeit. Aber warum die City-Bewohner im Schnitt schlauer sind, können wir mit keiner der beiden Erblichkeiten erklären.

Wir haben es hier mit einem gesellschaftlich besonders relevanten Missverständnis zu tun. Denn vergleicht man den Durchschnitts-IQ bestimmter Menschengruppen oder bestimmter Nationen, kann man durchaus Unterschiede finden. In den USA schneiden etwa Schwarze im Durchschnitt schlechter in IQ-Tests ab als Weiße. Immer wieder möchte jemand mithilfe der Erblichkeit von Intelligenz diesen Durchschnittsunterschied genetisch erklären.[18] Doch diese Argumentation fällt dem eben beschriebenen Denkfehler zum Opfer, der sogar einen Namen hat: **Individualistischer Fehlschluss**. Damit bezeichnet man den Fehler, von Zusammenhängen innerhalb einer Gruppe auf Zusammenhänge zwischen verschiedenen Gruppen zu schließen.

Stellen wir uns eine Pflanze vor, deren Höhe sowohl genetisch als auch durch die Fruchtbarkeit des Bodens bestimmt wird. Nun nehmen wir zwei Hände voll Samen und werfen sie auf zwei verschiedene Äcker, einen mit super Boden, einen mit schlechtem Boden. Sowohl auf dem guten Boden als auch auf dem schlechten werden die Pflanzen unterschiedlich hoch wachsen, da die unterschiedlichen Samen unterschiedliche Genome tragen. Die Varianz ist auf beiden Äckern also ausschließlich genetisch bedingt. Doch dass die Pflanzen auf dem schlechten Boden durchschnittlich kleiner sind als die Pflanzen auf dem guten Boden, ist in diesem Beispiel ausschließlich umweltbedingt.

Vergleichen wir das mit schwarzen und weißen Amerikanern, sieht man auch hier »unterschiedlich fruchtbare Böden«. Afroamerikaner haben im Schnitt einen schwächeren sozioökonomischen Status, womit mehrere relevante Umweltfaktoren korrelieren: Wohlstand, Bildung, allgemeine Gesundheit – all das korreliert wiederum mit IQ-Testergebnissen. Solange wir also beim Vergleich zweier Menschengruppen nicht nur genetische Unterschiede zwischen den Gruppen feststellen (etwa dunkle vs. helle Haut), sondern auch durchschnittliche Umweltunterschiede (z.B. unterschiedliche Bildungschancen), stehen die beiden Gruppen bildlich gesprochen auf zwei verschiedenen Äckern, und die Erblichkeit lässt sich nicht mehr auf die Unterschiede zwischen den Äckern anwenden.

Nicht falsch verstehen: Das heißt nicht, dass Unterschiede zwischen Gruppen nicht auch genetisch bedingt sein können. Es ist sogar nur plausibel, dass Unterschiede zwischen Gruppen – ähnlich wie Varianz innerhalb einer Gruppe – sowohl umweltbedingt als auch genetisch bedingt sind. Wir wissen nur nicht, wie groß die beiden Anteile jeweils sind.

Ziehen wir auch hier ein kurzes Zwischenfazit:

1. **Die Erblichkeit ist der genetische Anteil der IQ-Varianz.**
   Entgegen des weitverbreiteten Missverständnisses gibt sie nicht an, zu welchem Anteil eine Eigenschaft wie die Intelligenz genetisch ist, sondern eben nur, zu welchem Anteil die IQ-Varianz innerhalb einer Bevölkerungsgruppe genetisch ist, sprich, zu welchem Anteil Unterschiede im IQ innerhalb einer Gruppe durch unterschiedliche Gene zu erklären sind.
2. **Die Erblichkeit ist eine relative Größe.**
   Je größer die Umweltvarianz, desto kleiner die Erblichkeit; je kleiner die Umweltvarianz, desto größer die Erblichkeit. (Beispiel New York vs. Vorstadtidylle)

3. **Die Erblichkeit erklärt nur Unterschiede innerhalb einer Gruppe von Menschen, nicht zwischen Gruppen von Menschen.**
Sie bezieht sich auf die Varianz, also die Streuung um den Mittelwert innerhalb einer Gruppe, und nicht auf die Effektgröße, beziehungsweise den Unterschied zweier Mittelwerte von zwei Gruppen. (Beispiel der zwei Äcker, Individualistischer Fehlschluss)

Wenn also Thilo Sarrazin in »Deutschland schafft sich ab« verkündet, dass Intelligenz zu 70 Prozent erblich ist, und daraus schließt, dass Unterschiede zwischen Menschen verschiedener Kulturen zu 70 Prozent genetisch bedingt seien, dann ist das kein Fall von »Uiuiui, die unbequeme Wahrheit, die niemand hören will«, sondern schlicht und einfach eine Fehlinterpretation von Wissenschaft.

Abgesehen davon sind 70 Prozent bei der Erblichkeit von Intelligenz ein bisschen arg hoch gegriffen. Schauen wir uns das einmal genauer an:

WOHER WEISS MAN, WIE GROSS DIE ERBLICHKEIT IST?

Die Erblichkeit von Intelligenz wurde immer und immer wieder in verschiedenen wissenschaftlichen Studien untersucht. Dabei wurden in der Vergangenheit – je nach Studie – ganz unterschiedliche Werte ermittelt, im Bereich von 40 bis 70 Prozent, die meisten modernen Studien allerdings landen bei einer Erblichkeit von etwa 50 Prozent. Zum Vergleich: Die Erblichkeit der Körpergröße liegt bei etwa 80 Prozent.[19]

Doch nicht nur Wörter wie »Erblichkeit«, sondern auch Zahlen können missverständlich sein. Ein Satz wie »Intelligenz ist zu 52 Prozent erblich« klingt so überzeugend, weil da offenbar irgendjemand etwas genau berechnet hat. Mit Mathe und so. SCIENCE! Dabei sagen Zahlen eigentlich wenig aus, solange man nicht versteht, *wie* sie berechnet wurden. Ihr wisst schon – Methoden, Methoden, Methoden.

Eine klassische Methode ist die bereits erwähnte Zwillingsstudie, in der eineiige mit zweieiigen Zwillingen verglichen werden. Wir erinnern uns an das Grundprinzip: Eineiige Zwillinge sind sich im IQ ähnlicher, da sie sich genetisch ähnlicher sind als zweieiige Zwillinge oder normale Geschwister.

Diese qualitative Erkenntnis kann man auch beziffern, und zwar mithilfe der Korrelationskoeffizienten für die IQ-Korrelation zwischen eineiigen und zweieiigen Zwillingen. Realistische Korrelationskoeffizienten wären zum Beispiel 0,86 für eineiige Zwillinge, und 0,6 für zweieiige Zwillinge. Daraus ergibt sich eine Differenz von 0,26 oder 26 Prozent. Mit dieser Differenz schätzt man nun die allgemeine Erblichkeit der Intelligenz nach der sogenannten **Falconer Formel**:

$$\text{Erblichkeit} = 2 \times (r_{\text{Eineiige Zwillinge}} - r_{\text{Zweieiige Zwillinge}})$$
$$= 2 \times (86\% - 60\%)$$
$$= 2 \times 26\% = 52\%$$

Der Gedanke dahinter: Wenn zweieiige Zwillinge nur die Hälfte ihrer Erbanlagen teilen, führt das zu 26 Prozent »mehr Unterschied« im IQ. Und da die Auswirkung von 50 Prozent des Verwandtschaftsgrads der Hälfte des genetischen Anteils entspricht, ergibt das Doppelte von 26 Prozent den gesamten genetischen Anteil. Also 52 Prozent. Da man unter dieser Überlegung von einer Studie mit Zwillingen auf die Allgemeinheit schließt, ist es eben nur eine *Schätzung* und keine Auswertung einer repräsentativen Bevölkerungsstichprobe.

Wie jede Methode hat auch die Zwillingsmethode bestimmte Schwächen.[20] Das Studiendesign fußt zum Beispiel auf der Annahme, dass die Umweltvarianz für ein- und zweieiige Zwillinge gleich groß ist (oder wie wir es oben formuliert haben: »zweieiige Zwillinge erleben eine ähnlich ähnliche Umwelt wie eineiige«) – und genau das wird von Kritikern gerne infrage gestellt. Ihre Begründungen sind plausibel: Eineiige Zwillinge seien sich nicht nur genetisch ähnlicher als zweieiige, sondern hätten auch eine ähnlichere Umwelt, zum Beispiel weil Eltern, Freunde und Lehrer sie ähnlicher behandeln als zweieiige Zwillinge. Dadurch werde die Erblichkeit in Zwillingsstudien systematisch überschätzt.

In anderen Studien, wie etwa Adoptionsstudien, in denen beispielsweise Adoptivgeschwister mit leiblichen Geschwistern verglichen werden, wird die Erblichkeit wiederum systematisch unterschätzt. Ein weiteres Beispiel dafür, dass Forschung nach einem Puzzleprinzip funktioniert, jede Studie liefert nur ein Puzzleteil für das Gesamtbild. Und in diesem Bild fehlt bisher noch ein ganz wesentlicher Part.

DIE GROSSE MATSCHEPAMPE AUS GENEN UND UMWELT

Bisher haben wir Gene und Umwelt als unabhängig voneinander behandelt. Doch das wird der Wirklichkeit nicht gerecht. Die immer noch vereinfachte Formel muss deshalb um mindestens einen Faktor erweitert werden:

Phänotyp =
Genotyp + Umwelt + Genom Umwelt Matschepampe

Die Einflüsse unserer Gene und unserer Umwelt sind nicht nur mathematisch voneinander abhängig, sondern zu großen Teilen tatsächlich völlig unentwirrbar miteinander verwurschtelt.[21]

Schauen wir uns einen großen Teil dieser Matschepampe namens **Genom-Umwelt-Korrelationen** am Beispiel Musikalität[22] an.

Die aktive Genom-Umwelt-Korrelation
Ein genetisch bedingt musikalischer Mensch wird mehr Musik hören, öfter in Konzerte gehen, eher ein Musikinstrument erlernen, etc. als ein weniger musikalischer Mensch. Durch diese Umwelteinflüsse wird die genetisch bedingte Musikalität weiter gefördert und verstärkt. → **Unsere Gene suchen sich eine passende Umwelt.**

Die reaktive Genom-Umwelt-Korrelation
Ein genetisch bedingt musikalisches Kind fällt dem Musiklehrer in der Schule auf, er lädt es ein ins Schulorchester, was seine Musikalität weiter fördert. Oder die Eltern investieren in Musikunterricht und kaufen Musikinstrumente. →**Unsere Umwelt reagiert auf unsere Gene.**

Die passive Genom-Umwelt-Korrelation
Kinder musikalischer Eltern müssen noch nicht einmal Musikalitäts-Gene erben, um musikalischer zu werden als der Durchschnitt. Denn sie wachsen in einem Haus auf, wo viel Musik gehört wird, wo selbst musiziert wird, wo sie Zugriff auf Musikinstrumente haben. Sie »erben« also auch Umweltfaktoren, die die Musikalität steigern. → **Wir geben nicht nur unsere Gene, sondern auch unsere Umwelt an unsere Kinder weiter.**

All diese Effekte sind nicht nur plausibel, sondern spiegeln sich auch in den Ergebnissen von Erblichkeitsstudien wider. Zum Beispiel nimmt die Erblichkeit der Intelligenz mit dem Alter zu!

Das muss man sich mal auf der Hirnhaut zergehen lassen: **Je älter wir werden, desto größer wird der Einfluss unserer Gene auf Intelligenzunterschiede.**[23] Erst jenseits der achtzig sinkt die Erblichkeit wieder.[24] Auf den ersten Blick ist das seltsam, denn wirken nicht zunehmend mehr Umwelteinflüsse auf uns, je älter wir werden? Ja, schon, nur führen Genom-Umwelt-Korrelationen zu einem Effekt namens *genetic amplification*, »Genverstärkung« sozusagen.[25] Während wir im Laufe unseres Lebens unsere Umwelt so auswählen, anpassen und gestalten, wie sie zu unseren genetischen Anlagen passt, gewinnen genetische Unterschiede, die im Kindesalter vielleicht noch relativ klein waren, zunehmend an Gewicht. (Man kann es nicht oft genug wiederholen: Erblichkeit ist relativ!)

Gene und Umwelt lassen sich vielleicht auf dem Papier trennen oder für eine theoretische Schätzung der Erblichkeit nach der Falconer-Formel, doch in der Realität sind sie eng und oft untrennbar miteinander verwoben. Fairerweise muss man erwähnen, dass es andere Modelle und Formeln gibt, um die Genom-Umwelt-Korrelation in der Erblichkeit mit zu berücksichtigen, doch es wird niemanden wundern, dass es sich hierbei ebenfalls nur um Schätzungen handelt, die die Wirklichkeit nur sehr bedingt wiedergeben. Zumal es ein noch viel direkteres Zusammenspiel von Umwelt und Genen gibt:

EPIGENETIK: DIE WISSENSCHAFT HINTER WEIBLICHEN UND MÄNNLICHEN SCHILDKRÖTEN

Unsere DNA mag das Symbolmolekül für Leben sein, doch sie allein wäre ziemlich leblos. Leben basiert auf drei Grundbausteinen: auf DNA, RNA und Proteinen. **Proteine** sind die Arbeitermoleküle unseres Körpers und führen unterschiedlichste Aufgaben aus. Sie wirken als Katalysatoren für chemische Reaktionen und sorgen dafür, dass die richtigen Moleküle schnell zueinanderfinden. Sie bilden Rezeptoren, die als Andockstelle für Botenstoffe dienen. Oder sie liefern als Strukturproteine die Basis für Zellmembranen, Binde- und Stützgewebe.

Proteine sind letztendlich für sämtliche biologischen Funktionen verantwortlich – und die Baupläne für die Proteine trägt die DNA, verschlüsselt im ACTG-Code (siehe Box 6.2, Seite 225). Benötigt eine Zelle ein bestimmtes Protein, wird das entsprechende Gen aktiviert. Hier kommt die RNA (Ribonukleinsäure, *engl.* RiboNucleic Acid) ins Spiel, die den Bauplan aus dem DNA-Code entziffert und das Protein herstellt. Über diesen (hier sehr vereinfacht dargestellten) Weg von der DNA über die RNA zum Protein, den man auch **Genexpression** nennt, wird aus einem Genotyp also ein Phänotyp. Ein kodierter Bauplan in der DNA bringt somit gar nichts, solange der Bauplan nicht abgelesen und umgesetzt wird, solange das Gen nicht **exprimiert** wird.

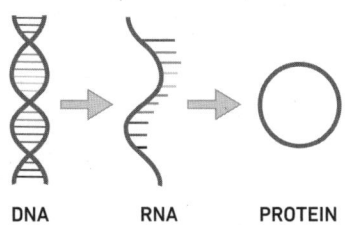

Und genau hier beginnt bereits die große Matschepampe aus Genen und Umwelt. Denn die Genexpression kann durch Umwelteinflüsse gehindert oder gefördert werden – **Epigenetik** (die Vorsilbe *epi* kommt aus dem Altgriechischen und bedeutet »dazu« oder »außerdem«). Ob eine Eigenschaft tatsächlich zutage tritt, hängt nicht nur von der Reihenfolge der Nukleotide in der DNA ab, die wir von unseren Eltern erben, sondern auch von äußeren Einflüssen, die zu kleinen chemischen Veränderungen an der DNA oder um die DNA herum führen können.

Ein klassisches Beispiel dafür ist eine **Methylierung**, bei der eine Methylgruppe (eine winzige chemische Gruppe) an bestimmten Stellen der DNA hinzugefügt werden kann, beziehungsweise die **Demethylierung**, die das Entfernen einer Methylgruppe beschreibt. Solche chemischen Modifizierungen können nicht nur an der DNA selbst passieren, sondern auch an den sogenannten **Histonen** – das sind Proteine, um die sich die DNA wie um eine Art Spule wickelt.

Besonders beeindruckend zeigt sich Epigenetik bei der Geschlechtsbestimmung von Schildkröten. Während bei uns die Kombination unseres 23. Chromosomenpaars das Geschlecht vorgibt, entscheidet bei Schildkröten die Temperatur während der Entwicklung des Eis über das Geschlecht. Ist die Temperatur innerhalb eines bestimmten, kritischen Zeitfensters kühler, schlüpfen später männliche Schildkröten aus den Eiern, während wärmere Umgebungen Weibchen hervorbringen.

Dahinter steckt folgender epigenetischer Prozess: Das Gen, dessen Exprimierung zu männlichen Schildkröten führt, ist bei höheren Temperaturen deaktiviert. Es liegt nämlich auf einer Schlaufe der DNA, die so fest um das Histon, also um ihre »Spule« gewickelt ist, dass der Gencode nicht abgelesen werden kann. Bei niedrigen Temperaturen kommt es allerdings zu einer Demethylierung an dem Histon, wodurch die DNA-Schlaufe etwas gelockert wird, sodass das Gen nun exprimiert werden kann – voilà, Schildkrötenmännchen![26] Übrigens hat es bis 2018 gedauert, die epigenetischen Prozesse hinter Schildkrötengeschlechtern biochemisch zu entschlüsseln, obwohl dieses Temperaturphänomen bei Schildkröten schon lange bekannt war. Ja, es ist kompliziert.

Auch auf uns Menschen wirken epigenetische Effekte, wenn auch nicht mit ganz so spektakulär ersichtlichen Ergebnissen wie bei den Schildkröten. Äußere Einflüsse wie Umweltverschmutzung oder Stress und auch Verhaltensweisen wie Sport oder Ernährung können sich auf unsere Genexpression und damit auf unsere Phänotypen auswirken.[27] Das Ganze fängt schon im Mutterleib an. Eineiige Zwillingsbabys zeigen bereits kurz nach der Geburt unterschiedliche Epigenome, also unterschiedliche Methylierungen an DNA und Histonproteinen.[28] Und verrückterweise hat man bei Pflanzen, Fadenwürmern und Fruchtfliegen sogar beobachtet, wie epigenetische Veränderungen an die nachkommende Generation weitervererbt werden.[29] Das ist total abgefahren, denn damit werden quasi Umwelteinflüsse vererbt! Ob eine solche epigenetische Vererbung bei uns Menschen auch passiert, lässt sich nicht ganz einfach nachweisen, aber allein der Gedanke ist bemerkenswert.[30]

Dass sich epigenetische Effekte auch auf die Intelligenz auswirken können, ist nicht auszuschließen, und erste Hinweise aus der Forschung gibt es da schon.[31] Allerdings ist das alles bisher nur Grundlagenforschung, und wir sind weit, weit davon entfernt, auch nur zu erahnen, welche Ernährung besonders gut oder welche Schadstoffe besonders schädlich für unsere kognitiven Fähigkeiten sein könnten. Für uns Laien hat diese Grundlagenforschung im Alltag noch wenig Relevanz, liefert uns aber einen Grund mehr einzusehen: Gene und Umwelt zu trennen ist was für Anfänger.

Übrigens wird damit auch klar, dass unsere Definition von Erblichkeit ebenfalls stark vereinfacht ist. Wir verstehen unter Erblichkeit den genetischen Anteil der Varianz (siehe oben), doch nun wissen wir, dass man den genetischen Anteil vom Umweltanteil kaum sauber trennen kann. Die Erblichkeit ist also ein Konzept, ein Modell, das die Komplexität der Realität nur bedingt beschreibt. Auch das sollte man im Kopf haben, bevor man an dem Begriff der Erblichkeit gesellschaftliche Debatten hochzieht.

ZEIG MIR DEINE GENE, UND ICH SAGE DIR, WIE SCHLAU DU BIST?

Spoiler: Nein!

Kommen wir zuletzt noch einmal auf die drei Regeln für komplexe Persönlichkeitseigenschaften zurück:

1. Alle Persönlichkeitsmerkmale sind genetisch bedingt.
2. Kein Persönlichkeitsmerkmal ist ausschließlich genetisch bedingt.
3. Der genetische Einfluss ist auf eine Vielzahl von Genen zurückzuführen, von denen jedes einzelne jeweils nur einen winzig kleinen Einfluss hat.

Die ersten beiden Punkte sollten uns inzwischen noch viel mehr einleuchten. Schauen wir uns jetzt noch an, woher die Regel Nr. 3 stammt.

Im April 2003 wurde das erste vollständig entschlüsselte menschliche Genom vorgestellt[32], rund 3 Milliarden Basenpaare, Buchstabe für Buchstabe – gerade mal fünfzig Jahre, nachdem die Doppelhelixstruktur der DNA entdeckt wurde.

3 000 000 000 Buchstaben. Das sind ca. 5800 mal mehr Zeichen als dieses Buch enthält. Welche Informationen stecken in dem gewaltigen Buch, das unser Genom ist? Francis Collins, damals Leiter des *National Human Genome Research Institute*, beschrieb das Genom als »drei Bücher in einem«[33]: Ein Geschichtsbuch, das uns einen Blick in die Historie unserer Spezies gibt, ein umfassendes Handbuch mit Bauanleitungen für jede Körperzelle und jeden ihrer Bestandteile und ein transformatives Lehrbuch der Medizin, das uns verrät, wie wir Krankheiten behandeln, heilen und vermeiden können. Schön gesagt, manchmal kann Wissenschaft verdammt poetisch sein.

Es lag was in der Luft – ein neues Zeitalter der Genetik! Was Gregor Mendel damals mit seinen Erbsen gemacht hat, war ja schön und wichtig, aber dank der Entschlüsselung würde man bald Risiken für bestimmte Krankheiten mithilfe einer Speichelprobe ablesen können! Personalisierte Medikamente würden verschrieben werden, je nachdem, was am besten zum individuellen Genom des Patienten passt. Und natürlich müsste man auch höllisch aufpassen. Schließlich würde man anhand des Genoms eines Babys allerhand voraussagen können: Wie groß es wahrscheinlich wird, wie dick, wie intelligent, wie gesund. Dass dieses Wissen mal nicht in die falschen Hände gerät!

Doch die großen Erwartungen und Befürchtungen der modernen Genetik ließen zunächst auf sich warten. Dass wir unsere DNA Nukleotid für Nukleotid ablesen können, ist zwar der Knaller, keine Frage, aber das ist eigentlich noch der einfache Part. Es ist verdammt schwierig herauszufinden, welche Teile unseres Genoms für welche Eigenschaften zuständig sind. Die meisten Eigenschaften sind ja **polygen**, also von mehreren Genen gleichzeitig abhängig. Und die meisten Gene sind **polyphän**, also für mehrere Eigenschaften gleichzeitig verantwortlich. Da haben wir's wieder – es ist kompliziert.

Aber Menschen sind ja Füchse und wissen sich meistens doch irgendwie zu helfen. Zum Beispiel hilft es, dass 99,9 Prozent unseres Genoms bei allen Menschen gleich sind. Dieser Teil braucht uns also nicht zu interessieren, wenn wir nach genetischen Erklärungen für unsere Unterschiedlichkeiten suchen. Die restlichen 0,1 Prozent sind Genvarianten, von denen eine Art von Variante besonders häufig ist: **An bestimmten Stellen im Genom ist ein einziges Nukleotid, sprich ein einziger Buchstabe, vertauscht.** Tritt diese Variante bei weniger als 1 Prozent der Bevölkerung auf, spricht man von einer seltenen Mutation. Kommt sie öfter vor, spricht man von einem SNP – *Single Nucleotide Polymorphism* –, hölzern übersetzt »Vielgestaltigkeit eines einzelnen Nukleotids«, dafür wird SNP flott ausgesprochen: Snip!

Genetiker lieben SNPs, da diese einzelnen ausgetauschten Buchstaben **90 Prozent der genetischen Unterschiede**[34] zwischen Menschen ausmachen. Deswegen benutzt man SNPs für eine Art »Genomsequenzierung light«, bei der nicht das gesamte Genom, sondern nur Zehn- bis Hunderttausende SNPs abgelesen werden, die über das ganze Genom verteilt sind und »stellvertretend« einen Menschen genetisch charakterisieren sollen. Solche **Genotypisierungen** – so nennt man diese »Genomsequenzierung light« – sind natürlich weniger exakt als vollständige Genomsequenzierungen, doch dafür viel einfacher und schneller. Damit war es nun deutlich leichter und günstiger, große Gruppen von Menschen genetisch zu vergleichen.

Um beispielsweise herauszufinden, welche genetischen Varianten zur Erblichkeit von Intelligenz beitragen, braucht man eine Gruppe von Menschen, deren Genotypisierungen und deren IQ-Testergebnisse. Man erwartet nämlich, dass Menschen mit höherem IQ häufiger bestimmte Genvarianten oder bestimmte Kombinationen von Genvarianten tragen als Menschen mit niedrigerem IQ. Sagen wir, auf Chromosom Nr. 7

gibt es einen SNP, also eine bestimmte Stelle der DNA, wo manche Menschen ein A tragen, andere ein G. Findet man keinen Zusammenhang zwischen der Häufigkeit einer Variante und dem IQ, hängt dieser SNP nicht mit der Intelligenz zusammen. Ist aber einer der beiden Buchstaben bei Menschen umso häufiger, je höher ihr IQ ist, dann korreliert dieser SNP mit der Intelligenz. Diese Methode, bei der man SNPs mit bestimmten Eigenschaften assoziiert, nennt man **GWA-Studie,** genomweite Assoziationsstudie.

»Genomweit« klingt sehr umfassend, soll aber eigentlich ausdrücken, dass hier nicht das gesamte Genom betrachtet wird, sondern nur SNPs, die »genomweit«, sprich entlang des gesamten Genoms verteilt sind und dieses gebührend »vertreten« sollen. Oft versucht man, mit solchen genomweiten Assoziationsstudien einen Zusammenhang zwischen bestimmten Genvarianten und dem Risiko für eine bestimmte Krankheit zu finden. Doch grundsätzlich kann man nach Assoziationen mit allen möglichen erblichen Eigenschaften suchen – auch mit der Intelligenz. Dabei stellte sich heraus, wie verdammt polygen die allermeisten Eigenschaften sind.

Ein SNP, also eine Genvariante, erklärt im Schnitt gerade einmal 0,005 Prozent der Intelligenzunterschiede zwischen Menschen.[35] Wenn man die winzigen Anteile summiert, kann man auch so die Erblichkeit der Intelligenz bestimmen. Man nennt das dann **SNP-basierte Erblichkeit.** Das Tolle an dieser Methode ist, dass man dafür keine Zwillinge oder Verwandte braucht. Stattdessen kann man sich beliebige, nicht verwandte Menschen anschauen und deren Genvarianten mit ihren IQ-Testergebnissen korrelieren. Aber weil jede einzelne Genvariante einen so lächerlich winzigen Beitrag leistet, gehen diese Beiträge nur zu leicht im statistischen Rauschen unter. Da man derzeit mithilfe von Genvarianten nur etwa 25 Prozent der Varianz erklären kann, und nicht 50 Prozent wie durch Zwillingsstudien – man spricht hier von der *missing heritability*, der fehlenden Erblichkeit –, geht man davon aus, dass superviele Genvarianten, die superwinzige Beiträge zur Erblichkeit von Intelligenz leisten, von den Forschenden noch nicht entdeckt wurden.

Eine mögliche Erklärung dafür ist, dass die Genvarianten, die bisher entdeckt wurden, zwar winzig klein sind, aber bereits die mit Abstand größten sind, groß genug, um aus dem statistischen Rauschen hervorzustechen. Unter dem Rauschen ist möglicherweise ganz viel Kleinvieh versteckt, das auch Mist macht. Die passende Metapher ist ein 10-Euro-Schein, den man in den Trevi-Brunnen in Rom wirft. Die Touristenattraktion kommt auf tägliche Einnahmen von rund 4000 Euro (!) in Form von Münzen, die Menschen ins Brunnenwasser werfen. Zwar leistet ein Schein natürlich einen deutlich größeren Beitrag als jede Münze, doch sind 10 Euro nur 0,25 Prozent von 4000 Euro. Es kann also sein, dass man bei den Genvarianten, die mit Intelligenz assoziiert sind, bisher nur die großen Scheine gefunden hat und das Kleingeld erst noch zusammensammeln muss.

Durch solche und weitere Erkenntnisse ergibt sich also Plomins und Dearys drittes »Gesetz«:

3. Der genetische Einfluss ist auf eine Vielzahl von Genen zurückzuführen, von denen jedes einzelne jeweils nur einen winzig kleinen Einfluss hat.

Deswegen wird es einen nicht weiter wundern, dass wir zwar technisch dazu in der Lage sind, unser Genom Buchstabe für Buchstabe zu entschlüsseln, aber ziemlich hilflose Analphabeten sind, wenn es darum geht, diesen Code zu lesen. Selbst wenn wir irgendwann technisch dazu in der Lage sein werden, alle winzig kleinen Genvariäntchen zu identifizieren, wird das die Interpretation ja nicht gerade einfacher machen. Wir sind also noch weit, weeeiiit davon entfernt, die Intelligenz eines Menschen anhand seiner Genvarianten abzuschätzen. Im Vergleich dazu erscheinen einem IQ-Tests dann doch plötzlich viel aussagekräftiger.

GUTE UND SCHLECHTE GRÜNDE FÜR IQ-TESTS

Kommen wir auf den Anfang des Kapitels zurück. Sollte man Angst haben vor einem IQ-Test? Na ja, wenn man generelle Prüfungsangst hat, dann wohl schon. Ansonsten fällt mir an dieser Stelle gar nicht mehr so viel ein. Denn selbst wenn man ein unterdurchschnittliches Ergebnis haben sollte, gibt es mindestens zwei gute Gründe, nicht darüber zu verzweifeln:

1. **Die Intelligenz ist nicht unveränderlich.**
   Intelligenzunterschiede sind zwar zu rund 50 Prozent genetisch bedingt, aber das heißt ja auch, dass sie zu rund 50 Prozent umweltbedingt sind. Und zumindest einen Teil dieser Umwelt hat man auch selbst in der Hand. Schulen sind das beste Intelligenztraining, sagt der Psychologe Stuart Ritchie, der in einer Meta-Analyse zeigen konnte, dass jedes weitere Jahr Bildung den IQ um etwa 1 bis 5 Punkte erhöht.[36]
2. **Intelligenz ist nur eine Eigenschaft von vielen.**
   Seien es emotionale und zwischenmenschliche Fähigkeiten, Kreativität oder ein »hungriger Geist«, wie Sophie von Stumm sagte – nur weil viele Eigenschaften nicht so leicht messbar sind wie die Intelligenz, sind sie nicht weniger relevant.

Ein schlechter IQ-Test sollte also nicht überschätzt werden, weswegen Angst vor einem schlechten Ergebnis kein guter Grund gegen einen IQ-Test ist. Es gibt aber gute Gründe für IQ-Tests – nicht, um sich mit anderen zu vergleichen, sondern mit sich selbst! Ab einem gewissen Alter könnten regelmäßige IQ-Tests nützlich sein, um den Verlauf der eigenen kognitiven Fitness zu verfolgen. Kognitive Tests werden bei altersbedingten Erkrankungen wie Demenz oder Alzheimer oft als Diagnosetool hinzugezogen, aber in der Regel erst, wenn es schon Anzeichen oder Symptome gibt. Regelmäßige IQ-Tests könnten als eine Art Vorsorgeuntersuchung dienen.[37]

Überhaupt sollte regelmäßiges Testen zu verlässlicheren oder zumindest zu differenzierteren Ergebnissen führen. In einer deutschen Studie, in der 110 Schülerinnen und Schüler der dritten und vierten Klasse dreimal täglich Aufgaben auf einem Smartphone lösen sollten, zeigte sich, dass die Leistung des Arbeitsgedächtnisses bei den Kindern stark fluktuieren konnte, sowohl von Tag zu Tag als auch innerhalb eines Tages.[38] Den Wissenschaftsjournalisten und Psychologen Scott Barry Kaufman brachten solche und ähnliche Studien auf eine Idee für eine interessante Art der Selbstoptimierung[39]: Was, wenn ich beispielsweise feststelle, dass ich abends viel leistungsfähiger bin als morgens? Nachdem die Coronapandemie als Nebeneffekt das Homeoffice etabliert hat, könnten IQ-Tests oder andere Kognitionstests im nächsten Schritt als Guide für einen personalisierten, effizienten Arbeitstag dienen.

Einige Fachleute sprechen sich für IQ-Tests als ein möglicherweise starkes Tool für Chancengleichheit aus. Dass das eigene Kind eigentlich hochbegabt ist, es aber nur niemand merkt, könnte man doch einfach mal testen – und so vielleicht auch Kinder entdecken, die wegen sozialer Benachteiligung, fehlender Sprachkenntnisse (ja, es gibt auch IQ-Tests, die ohne Sprache funktionieren) oder Mangel an Motivation von Lehrern und Betreuern nicht als intelligent erkannt werden. Ein IQ-Test könnte als zusätzliche Entscheidungsgrundlage fairer sein als Noten oder Bewertungen durch Lehrerinnen und Lehrer. Trotzdem bin ich mir unsicher, ob eine solche Anwendung eine gute Idee ist. Denn IQ-Tests würden zwangsläufig bedeuten, dass die Hälfte der getesteten Kinder unterdurchschnittlich ist. Wie würden wir als Gesellschaft über diese Hälfte urteilen? Würden wir umso mehr Aufmerksamkeit und Ressourcen in diese Kinder investieren, um sie zu fördern? Oder wäre ein IQ < 100 ein besonders hartnäckiges Stigma, das ein Kind bis ins Erwachsenenalter viel stärker verfolgen könnte als schlechte Noten?

Eigentlich sollte man IQ-Testergebnisse ähnlich behandeln wie eine Sprintzeit im Sport. Sportliche Leistungen sind übrigens auch normalverteilt, genau wie der IQ, und Sportlichkeit ist, genau wie die Intelligenz, sowohl genetisch als auch umweltbedingt. Die meisten Profisportler haben wahrscheinlich eine stärkere Veranlagung als der Durchschnitt, aber trainieren ganz sicher auch deutlich härter als der Durchschnitt.

Stellt euch vor, man würde mit Sportlichkeit so umgehen wie mit Intelligenz. Stellt euch vor, man hätte Angst, seine Sprintzeit zu erfahren, aus Sorge, man könne an einer schlechten Zeit nichts ändern. Absurd, oder? Wer eine schlechte Sprintzeit hinlegt, kann entweder daran arbeiten oder sich damit trösten, dass man dafür in anderen Dingen gut ist. Wer eine gute Sprintzeit hat, kann extra gefördert werden und sich vielleicht zum Profiathleten hocharbeiten. Schon klar, dass es komplizierter ist, den IQ zu verbessern als eine Sprintzeit – doch die grundsätzlichen Parallelen gehen auf. Aber solange wir als Gesellschaft mit Intelligenz nicht so entspannt umgehen können wie mit Sprintzeiten, ist es problematisch, IQ-Tests als Bewertung kognitiver Leistung zu etablieren, um Menschen miteinander zu vergleichen. Eigentlich schade. Aber wer weiß, vielleicht hilft ja dieses Buchkapitel, wenn auch nur ein bisschen.

KAPITEL 7

WARUM DENKEN FRAUEN UND MÄNNER UNTERSCHIEDLICH?
ACHTUNG, DIESES KAPITEL VERÄNDERT DEIN GEHIRN

> FANGFRAGE
> Welche der beiden Aussagen trifft eher zu?
>
> O Zwischen Frauen und Männern gibt es nur wenige neurologische Unterschiede, weswegen sie – von Natur aus – ähnlich denken und sich ähnlich verhalten.
> O Zwischen Frauen und Männern gibt es nennenswerte neurologische Unterschiede, weswegen unterschiedliche Verhaltensweisen oder Persönlichkeitseigenschaften auch biologisch erklärbar sind.

Wahrscheinlich haben manche bereits über den Titel dieses Kapitels die Stirn gerunzelt. Denken Frauen und Männer tatsächlich unterschiedlich? Na ja, es lässt sich zumindest schwer von der Hand weisen, dass sich Frauen und Männer im Durchschnitt unterschiedlich verhalten, dass Frauen etwa im Schnitt häufiger weinen[1] oder dass sich Männer im Schnitt häufiger prügeln[2]. Frauen und Männer treffen auch unterschiedliche Entscheidungen – das haben wir in Kapitel 3 gesehen: Männer priorisieren eher die Arbeit, Frauen eher die Familie, was ein Hauptgrund für den Gender Pay Gap ist.

Einigen wir uns zunächst darauf, dass wir im Durchschnitt klare – »klar« im Sinne von zweifellos statistisch signifikante –

Unterschiede sehen. Der Streit dreht sich nun darum, ob diese Unterschiede eher kulturell oder eher biologisch geprägt sind. Sich darüber zu streiten, ist übrigens total legitim – und spannend! Man muss nur aufpassen, dass man nicht aus Versehen gedankliche Abkürzungen einschlägt. Diejenigen, die eher davon überzeugt sind, dass »typisch männliche« und »typisch weibliche« Verhaltensweisen ein Produkt unserer gesellschaftlichen Normen und damit eher kulturell bedingt sind, neigen dazu, die Unterschiede kleiner zu machen, als sie tatsächlich sind. Diejenigen, die eher davon überzeugt sind, dass biologische Unterschiede zugrunde liegen, neigen dazu, Unterschiede zu überzeichnen. Deswegen sollten wir versuchen, zu jedem Zeitpunkt zwei Dinge klar zu trennen:

1. Welche Unterschiede gibt es?
2. Wie kommen diese Unterschiede zustande?

Ich will mich in diesem Kapitel mehr auf Punkt 2 konzentrieren, weil er das größere Streitthema ist, aber ein paar interessante Dinge will ich zu Punkt 1 vorher noch loswerden.

ÄHNLICHER ODER VERSCHIEDENER ALS GEDACHT?

Wenn man vergleicht, wie viel Geld Frauen und Männer jeweils für Kosmetik ausgeben, ist der Unterschied recht groß. Wenn man sich anschaut, wie viele Frauen und Männer jeweils Informatik studieren, ist der Unterschied sogar riesig. Aber wenn man versucht, Frauen und Männern »in den Kopf zu schauen«, wenn man also Persönlichkeitseigenschaften oder kognitive Fähigkeiten vergleicht, muss man oft etwas genauer hinsehen, um Unterschiede zu entdecken.

Wenn man Menschen einen **Big-Five-Persönlichkeitstest** durchführen lässt, der die Ausprägung fünf unterschiedlicher Persönlichkeitseigenschaften bewertet – Offenheit, Gewissenhaftigkeit, Extraversion, Umgänglichkeit und Neurotizismus –, erzielen Frauen und Männer in den fünf Hauptkategorien im Durchschnitt keine nennenswert unterschiedlichen Scores. Doch schaut man sich beispielsweise die Kategorien »Extraversion« und »Umgänglichkeit« etwas genauer an, gibt es ungleiche Verteilungen in den Unterkategorien: Männer sind im Schnitt dominanter und durchsetzungsfähiger, Frauen sozialer und umgänglicher.[3]

Auch im Durchschnitts-IQ zeigen Männer und Frauen keinen nennenswerten Unterschied[4], wobei Männer ihre eigene Intelligenz stärker überschätzen als Frauen[5]. Männer sind im Durchschnitt etwas besser im räumlichen Denken[6], während Frauen über bessere verbale Fähigkeiten verfügen[7]. Auch Motivationen und Interessen sind unterschiedlich verteilt, Männer interessieren sich eher für Dinge, Frauen eher für Menschen.[8] Ja, klingt wie das platteste Klischee, wurde aber in mehreren Studien festgestellt. Die meisten Studienergebnisse decken sich tatsächlich mit unserem gesellschaftlichen Rollenbild.

Die **Effektgrößen** sind aber wahrscheinlich kleiner, als uns unsere Intuition sagt. Wir erinnern uns an Kapitel 2 und 6: Die Effektgröße setzt den Unterschied zwischen zwei Durchschnittswerten (hier Frauendurchschnitt und Männerdurchschnitt) ins Verhältnis zur Streuung um diese Werte (siehe Box 2.2, Kapitel 2, Seite 84). Nehmen wir als Referenz wieder den durchschnittlichen Größenunterschied zwischen Männern und Frauen. Frauen sind im Durchschnitt 1,62 m groß, Männer 1,75 m. So sehen die Verteilungen der Körpergrößen aus (in Zentimetern):

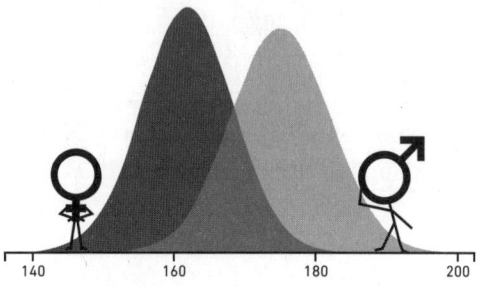

Die beiden Kurven überlappen zwar zu 34 Prozent, nicht alle Frauen sind also kleiner als alle Männer, aber wir haben es hier mit einer starken Effektgröße von d = 1,91 zu tun.

Die Effektgrößen beim Verhalten, bei Persönlichkeitseigenschaften oder Fähigkeiten sind deutlich kleiner. Nehmen wir das räumliche Denken als Beispiel.

Um Männer und Frauen zu vergleichen, lässt man sie meist einen Test durchführen, bei dem man das Bild eines dreidimensionalen Objekts im Geiste rotieren lassen muss:

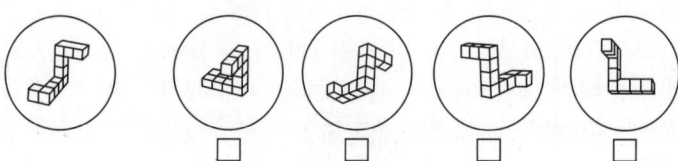

Abbildung 7.1: Mithilfe eines »Mental Rotation Tests« wird die Fähigkeit zum räumlichen Denken überprüft.

Männer schneiden hier mit einer Effektgröße von d = 0,47 besser ab, was dann ungefähr so aussieht:

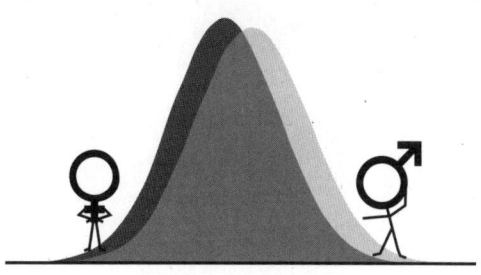

Die beiden Kurven überlappen zu etwa 80 Prozent. Dabei ist das bereits eine vergleichsweise starke Effektgröße, denn wenn es um mentale Fähigkeiten, Kommunikation, soziales Verhalten und Persönlichkeitseigenschaften geht, finden viele Studien noch deutlich kleinere Effektgrößen. 2015 erschien dazu eine interessante Übersichtsstudie[9], die 106 Meta-Analysen mit insgesamt 20 000 Studien und über 12 Millionen Probanden analysierte. 85 Prozent dieser Studien hatten nur kleine (d < 0,2) bis sehr kleine Effektgrößen (d < 0,1). Die durchschnittliche Effektgröße über alle 20 000 Studien war d = 0,21, was in etwa so aussieht:

Was sagt uns das? In aller Regel sind Unterschiede *innerhalb* einer Gruppe von Frauen und *innerhalb* einer Gruppe von Männern deutlich größer als die durchschnittlichen Unterschiede *zwischen* Frauen und Männern.

Allerdings gilt in diesem Forschungsbereich der gleiche methodische Disclaimer wie in Kapitel 2. Von den gewaltvollen Videospielen haben wir gelernt, dass man immer auf der Hut sein muss, wenn sich Forschung darum dreht, Unterschiede zwischen zwei Gruppen zu entdecken. Seien es Unterschiede zwischen Spielern gewaltvoller und friedlicher Videospiele, zwischen sechs Wochen mit Brokkoli und sechs Wochen ohne, oder eben Unterschiede zwischen Frauen und Männern. Um die Bedeutsamkeit eines Unterschieds zu beurteilen, muss man die Antworten auf folgende Fragen kennen: Wie groß sind die Effektgrößen? Sind die Unterschiede **statistisch signifikant**, und wenn ja, ist die statistische Signifikanz echt? Oder gab es Möglichkeiten, den **p-Wert** zu hacken? War die Studie **präregistriert?**

Dass diese Fragen entscheidend sind, würden jede Wissenschaftlerin und jeder Wissenschaftler unterschreiben. Allerdings gibt es, wenn es um die Unterschiede zwischen Frauen und Männern geht, Uneinigkeit über einen möglichen **Publication Bias** (Kapitel 2). Wir erinnern uns: Publication Bias beschreibt die einseitige Verzerrung der Studienlage, wenn nur »positive« Ergebnisse veröffentlicht werden, während Studien, bei denen »nichts« rauskam, in der Schublade verschwinden. Die Frage ist nun – was sind »positive Ergebnisse«? In der Regel ist es ein positives Ergebnis, wenn man einen statistisch signifikanten Unterschied feststellt. Doch wenn es um den Unterschied zwischen Frauen und Männern geht, haben manche Fachleute den Eindruck[10], dass es eher ungern gesehen wird, wenn man einen Unterschied findet. Die Angst, dass wissenschaftlich belegte Unterschiede als Rechtfertigung für Diskriminierung herangezogen werden könnten, könnte zu einem **Reverse Bias** führen, indem Studien, die keine nennenswerten Unterschiede finden, bevorzugt werden. Wahrscheinlich kommen in der Realität beide Verzerrungen vor, je nachdem, mit wem man es zu tun hat.

Mit all dem will ich vor allem zwei Dinge deutlich machen:

1. Wir befinden uns hier mal wieder in einem Forschungsbereich, der methodisch anfällig sein kann. Deswegen ist es umso wichtiger, dass man die methodische Qualität einer Studie in Erfahrung bringt, bevor man ihren Ergebnissen zu viel Bedeutung zuspricht.
2. Ob Publication Bias oder Reverse Bias – unsere Bewertung von »negativ« oder »positiv«, von »berichtenswert« oder »langweilig«, ist nicht objektiv, sondern ideologisch und kulturell geprägt. Wissenschaft liefert also keine objektive »Wahrheit«, sondern existiert immer in einem gesellschaftlichen, menschlichen Kontext.

DIESER ABSCHNITT VERÄNDERT DEIN GEHIRN – DENK MAL DRÜBER NACH

Wie erklären sich unterschiedliches Verhalten oder unterschiedliche Fähigkeiten bei Frauen und Männern? Es gibt bei diesem Thema viele klare Meinungen – aber wenn wir mal ehrlich sind, ist hier doch nichts wirklich klar, oder? Vielmehr gibt es hier Fragen über Fragen über Fragen: Wenn Männer im Durchschnitt besser im räumlichen Denken sind – ist das biologisch oder könnte es vielleicht antrainiert sein? Fängt es vielleicht schon damit an, dass Eltern Söhne eher mit Bauklötzen spielen lassen und Töchtern eher Puppen kaufen? Auch Videospiele, die von Jungen häufiger gespielt werden als von Mädchen, könnten räumliches Denken fördern. Und sind die Spielzeug- und Hobbypräferenzen wirklich nur gesellschaftliche Norm, oder würden Jungs vielleicht auch ohne diese Normen im Durchschnitt lieber Dinge bauen und zocken? Nur warum spielen Jungs häufiger Videospiele? Und warum interessieren sich Mädchen und Frauen eher für Menschen als Jungen und Männer? Könnte das ein Grund dafür sein, warum Frauen häufiger soziale Berufe wählen, Männer dafür häufiger Berufe im MINT-Bereich (MINT = Mathematik, Informatik, Naturwissenschaften, Technik)? Haben Jungs und Mädchen unterschiedliche Interessen, weil wir sie so erziehen und weil Filme, Werbung und neuerdings auch unsere Social-Media-Algorithmen diese Geschlechterrollen in unseren Köpfen festfahren? Oder sind Filme und Werbung auch ein Spiegel unserer natürlichen Bedürfnisse und Interessen? Wir beobachten bei Tieren schließlich auch unterschiedliche Verhaltensweisen zwischen Männchen und Weibchen, warum sollte das bei uns Menschen grundlegend anders sein? Ich höre hier mal auf, denn ich könnte ein ganzes Buch mit solchen Fragen füllen, weswegen ich es seltsam finde, dass Menschen hier so klare Meinungen als Antworten haben.

Wir haben schon in Kapitel 3 über die methodischen Schwierigkeiten gesprochen, Fragen wie diese eindeutig wissenschaftlich beantworten zu können. Wenn wir ein kontrolliertes Laborexperiment durchführen könnten, in dem sämtliche kulturellen und gesellschaftlichen Einflüsse ausgelöscht beziehungsweise für alle Probanden gleichgeschaltet werden könnten, dann könnte man unterschiedliche Verhaltensweisen allein auf die Biologie zurückführen. Da das offensichtlich nicht möglich ist, muss man sich also etwas anderes ausdenken … ausdenken … denken … Gehirn! Das ist es! Das Gehirn ist der Ort unserer Gedanken und unseres Verhaltens. Wenn wir Unterschiede zwischen weiblichen und männlichen Gehirnen feststellen würden, dann wären doch zumindest diese Unterschiede auf jeden Fall biologisch, richtig??

Falsch! In den folgenden Abschnitten werden wir verstehen, warum beide Antwortmöglichkeiten der Fangfrage dieses Kapitels von einer falschen Vorstellung unseres Gehirns ausgehen:

Ach, es ist so herrlich meta, über das Gehirn nachzudenken, weil das Gehirn dann ja quasi über sich selbst nachdenkt. Das ist beinahe schon spirituell. Also denken wir mal mit unserem Gehirn an das Gehirn, wie es da oben im Schädel sitzt. Da sitzt es gar nicht so fest und unbeweglich, wie man meinen würde. Jetzt, in diesem Moment, bewegt sich dein Gehirn in deinem Schädel die ganze Zeit ein wenig hin und her[11], ja, es pulsiert[12] sogar ein bisschen bei jedem Herzschlag. Und auch sonst ist da oben ganz schön viel los.

Das Gehirn besteht aus verschiedenen Arten von Zellen, die wichtigsten sind die **Nervenzellen** oder **Neurone**. Von denen haben wir laut aktuellen Schätzungen etwa 86 Milliarden.[13] All unsere Gedanken, Ideen, Gefühle und Erinnerungen werden erzeugt, wenn Neurone in einem bestimmten Muster elektrische Impulse abgeben – »feuern« sagt man dazu so schön. In vereinfachter Sicht kann man sich das so ähnlich vorstellen wie die Schaltstellen in einem Computer: Neurone sind einzelne Bits, die sich an- oder abschalten können. Unsere »Festplatte« hätte so gesehen etwa 86 Milliarden Bits, also etwas unter 10 Gigabyte. Nur ist unsere Festplatte gar nicht so »fest«, denn diese Bits können sich verändern. Schauen wir uns die Bits, also unsere Neurone mal etwas genauer an:

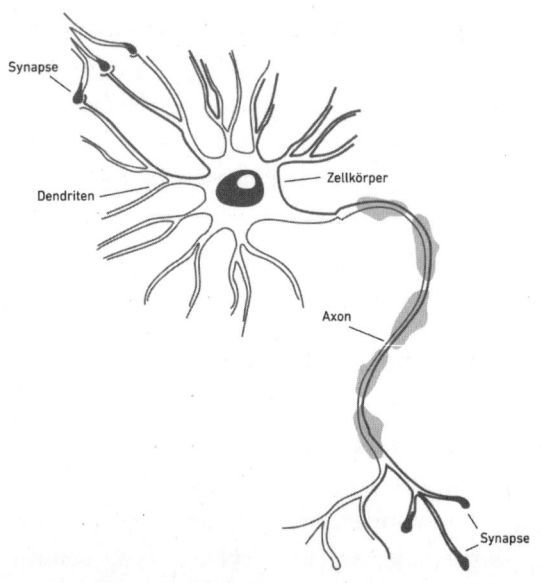

Abbildung 7.2: Schematischer Aufbau eines Neurons.

Jaja, liebe Neurowissenschaftler, diese Darstellung ist wie so oft stark vereinfacht, zeigt aber die wichtigsten Elemente eines Neurons. (In Wirklichkeit gibt es ganz verschiedene Arten von Neuronen, die auch ganz unterschiedlich aussehen.) Die Dendriten sind die »Antennen« der Zelle, sie nehmen Signale von anderen Neuronen entgegen. Wenn die Zelle selbst ein Signal in Form eines elektrischen Impulses abgibt – wenn sie feuert! –, wandert der elektrische Impuls vom Zellkörper über das Axon zur Synapse. Das **Axon** ist eine Art »Arm«, der hin zu anderen Nervenzellen ausgestreckt wird, die **Synapse** ist der Vernetzungspunkt zwischen zwei Nervenzellen. Genauer gesagt ist es ein **synaptischer Spalt,** zwei Neurone berühren sich nicht, sondern haben eine winzige Lücke zwischen sich, über die hinweg sie mithilfe von chemischen Botenstoffen, den **Neurotransmittern,** kommunizieren. Während die »sprechende«

Nervenzelle feuert und dabei Botenstoffe ausspuckt, nimmt die »zuhörende« Nervenzelle diese Neurotransmitter in Empfang, und zwar mithilfe von spezifischen Rezeptoren, an die die Botenstoffe andocken können.

Die Kommunikation zwischen den Nervenzellen ist nicht nur hochkomplex, sondern auch dynamisch. Neurone können stärker oder schwächer feuern, also mehr oder weniger Botenstoffe ausschütten, während ein Bit in einem klassischen Computer nur an oder aus sein kann. Auf der Empfängerseite kann ein Neuron auch mehr oder weniger Botenstoffe aufnehmen, sowie mehr oder weniger sensitiv auf ein Signal reagieren. Bildlich gesprochen können Neurone also mehr oder weniger laut miteinander kommunizieren – je stärker die Kommunikation, desto stärker die Verdrahtung oder Vernetzung zwischen den Nervenzellen. *»What fires together, wires together«* – was zusammen feuert, verdrahtet sich auch, lautet das Motto. Und diese Verdrahtungen wandeln sich ständig. Nicht nur die Stärken der Vernetzungen sind dynamisch, es können sogar ganz neue Verbindungen zwischen Neuronen wachsen. Wie muss man sich das vorstellen? Nicht so wie in der Abbildung oben. Denn dort sieht man nur eine Verbindung zu einer Handvoll anderer Nervenzellen. Tatsächlich hat eine Gehirnzelle aber nicht nur ein paar, sondern im Schnitt 7000 Verbindungen[14] zu anderen Zellen! Diese Verbindungen können bei Bedarf aufgebaut werden oder bei Vernachlässigung auch absterben. Genau das passiert verrückterweise bei jeder Art von Lernen und Vergessen! Egal ob wir neue Fertigkeiten trainieren, Vokabeln pauken, uns in einer neuen Umgebung zurechtfinden oder über neuronale Prozesse in unserem Gehirn lesen und nachvollziehen. (Meta!) All das sind Lernprozesse, die das Gehirn nachhaltig verändern, und zwar sowohl in seiner Aktivität (dem »Feuerverhalten«) als auch in seiner Struktur, indem sich etwa neue Verbindungen zwischen Neuronen bilden.

Ich sage manchmal: »Aua, ich habe gerade ein paar Hirnzellen verloren«, wenn ich etwas besonders Dummes gelesen oder gesehen habe. Aber das ist natürlich neurologischer Unsinn – denn in Wirklichkeit habe ich nicht nur keine Hirnzellen verloren, sondern vielleicht sogar noch neue Vernetzungen gebildet! Doch nicht nur das. Vor Kurzem fand man heraus, dass auch im erwachsenen Gehirn nicht nur neue Verbindungen, sondern sogar komplett neue Hirnzellen entstehen können[15]! Auch das kann eine Reaktion auf Umgebungsreize oder Erfahrungen sein, vor allem wenn sie intensiv sind, wie Stress oder Isolation.

Dass sich das Gehirn durch äußere Erfahrungen physiologisch verändert, nennt man **Neuroplastizität.** (Wohlgemerkt gibt es noch viel mehr neuroplastische Mechanismen[16] als die hier beschriebenen.) Anhand von modernen bildgebenden Verfahren wie beispielsweise der Magnetresonanztomografie (MRT) oder Positronen-Emissions-Tomografie (PET) kann man Neuroplastizität nachvollziehen, indem man beispielsweise Veränderungen in der grauen und weißen Hirnsubstanz beobachtet. Die **graue Hirnsubstanz** besteht vor allem aus den Zellkörpern der Neurone. Die **weiße Hirnsubstanz** kann man sich als eine Art Transport- oder Vernetzungssubstanz vorstellen, da sie hauptsächlich aus den Axonen, also den Verbindungen zwischen den Nervenzellen, besteht. Und diese Hirnsubstanz wird durch Erfahrungen und Lernprozesse verändert!

Wenn man zum ersten Mal von Neuroplastizität hört, wirkt es wahrscheinlich magisch bis suspekt: Ich kann die Struktur meines Gehirns verändern – allein durch Denken? Und das bleibt dann so!? Da kriegt der Spruch »Denk mal drüber nach« ganz neues Gewicht. Aber eigentlich ist es naheliegend: Wenn wir Radfahren lernen oder eine neue Sprache, muss dieses neue Wissen ja irgendwo gespeichert werden. Es ist vergleichbar mit der Veränderung unseres Körpers durch Sport: Sind wir sportlich aktiv, bauen wir Muskeln auf und können eine Trainingsaufgabe in Zukunft leichter bewältigen. Vernachlässigen wir das Training und verlegen uns aufs Couchpotatoing, baut sich die Muskulatur wieder ab, die Aufgabe fällt uns wieder schwerer. Ganz ähnlich ist es auch beim Gehirn. Deswegen regen sich Neurowissenschaftler gerne auf, wenn etwa in den Medien von einer neuen Studie berichtet wird, laut der irgendetwas »DAS GEHIRN VERÄNDERT!« Ja, no shit. *Alles* verändert das Gehirn. Dieses Buch verändert dein Gehirn!

Natürlich sind Struktur und Funktion unseres Gehirns stark biologisch bedingt: sowohl genetisch als auch durch äußere, biologische Faktoren wie den Einfluss unterschiedlicher Hormone. Bereits im Mutterleib unterliegen Babygehirne unterschiedlich hohen Testosteronkonzentrationen[17], Jungen im Schnitt deutlich höheren als Mädchen. Doch vor allem kommen im Laufe der Zeit unzählige äußere Faktoren hinzu, die nicht biologisch sind – aber biologisch *werden!* Mit jedem Tag, den Jungen und Mädchen auf der Welt sind und dabei unterschiedliche Erfahrungen machen und unterschiedliche Dinge lernen, werden ihre Gehirne durch diese Erfahrungen und Lernprozesse unterschiedlich geformt. Wenn wir Jungen beibringen, dass sie nicht weinen dürfen, dass sie keine Schwäche zeigen dürfen, wenn wir ihnen Bauklötze und Videospiele zum Spielen geben, schlägt sich das mit der Zeit in ihren neuronalen Vernetzungen, in ihrer grauen und weißen Hirnsubstanz nieder. Wenn wir auf Mädchen Druck ausüben, schön zu sein, und sie damit unter Stress setzen, wenn wir ihnen Puppen und Malstifte zum Spielen geben, wirkt sich auch das mit der Zeit auf ihr Gehirn aus.

Es ist beim Gehirn also noch viel komplizierter als die große Matschepampe aus Genen und Umwelt aus Kapitel 6: **Unser Verhalten entspringt unserem Gehirn – und gleichzeitig verändert dieses Verhalten das Gehirn.**[18] Ja, das muss man sich mal in der Synapse zergehen lassen.

AUF DER SUCHE NACH UNTERSCHIEDEN:
VERSCHIEDEN VERNETZT

Da früher die Rollenbilder von Mann und Frau deutlich starrer waren als heute, schien es umso naheliegender, dass Männer und Frauen auch unterschiedliche Gehirne haben mussten. Der erste Unterschied, den man feststellte, war recht eindeutig: Männer haben im Durchschnitt größere Gehirne als Frauen. Das ist jetzt erst mal nicht überraschend, da Männer im Durchschnitt größere Körper haben als Frauen. Doch damals sahen viele darin den naheliegenden Beweis für eine intellektuelle Überlegenheit des Mannes – ohne dabei die Konsequenz zu besitzen, die intellektuelle Überlegenheit des Wals gegenüber dem Menschen anzuerkennen (ein Pottwal-Gehirn wiegt immerhin bis zu neun Kilo[19]).

Heute betrachtet man eher die relative Größe einzelner Hirnregionen oder die relative Menge und Verteilung von grauer und weißer Hirnsubstanz. Denn hier hat man inzwischen tatsächlich mehrere durchschnittliche Unterschiede zwischen Frauen und Männern entdeckt: Männer haben im Durchschnitt ein größeres Hirnvolumen[20], Frauen haben im Durchschnitt einen größeren Hippocampus[21] und an einigen Stellen einen dickeren Cortex[22] (die äußere Schicht des Gehirns). Auch bei der sogenannten **Konnektivität** *(Connectivity)* sieht man im Durchschnitt kleine Unterschiede (siehe Abbildung 7.3). Unter Konnektivität versteht man die Vernetzung zwischen unterschiedlichen Hirnregionen. So beobachtet man bei Frauen im Schnitt eine etwas stärkere Vernetzung zwischen der rechten und linken Hirnhälfte, bei Männern ist dafür die Vernetzung innerhalb der beiden Hirnhälften im Schnitt etwas stärker ausgeprägt. Man darf nur dabei nicht vergessen, dass solche Visualisierungen von Konnektivität oft so ausgewertet und dargestellt werden, dass die Unterschiede besonders leicht erkennbar sind. Als Betrachter neigt

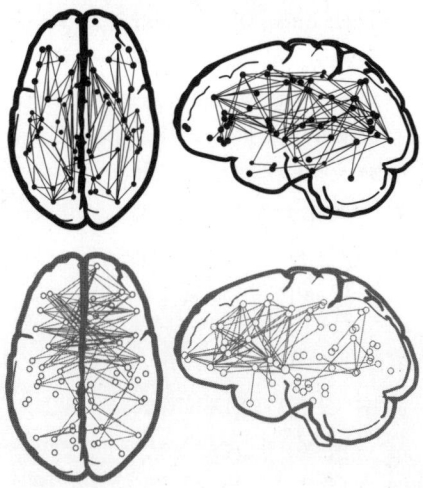

Abbildung 7.3: Konnektivität bei Männern (oben, schwarz) und Frauen (unten, rot).[23]

man daher dazu, diese Unterschiede zu überschätzen, weil wir nicht sehen, wie stark die Varianz ist und wie stark sich Männer und Frauen überlappen. Um diese Unterschiede besser einordnen zu können, hier ein paar Effektgrößen mit dem Unterschied in der Körpergröße als Referenz:

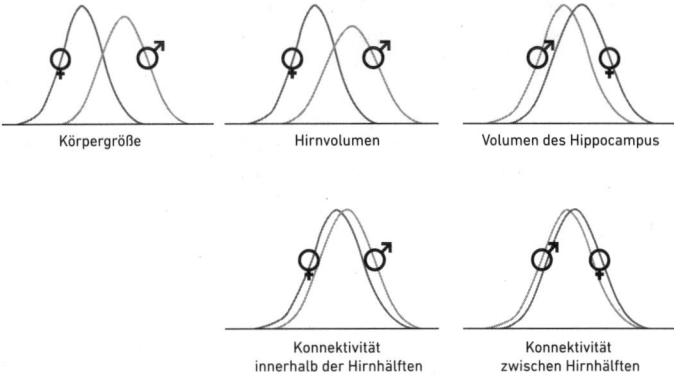

Abbildung 7.4: Unterschiedliche Effektgrößen zwischen Männern und Frauen im Vergleich.[24]

Ist ja spannend ... nein, seien wir ehrlich, die spannende Frage lautet doch: Was bedeutet das nun alles? Wie erklären diese strukturellen Unterschiede nun unterschiedliches Verhalten oder unterschiedliche Eigenschaften? Uff, so schnell lässt sich das nicht beantworten, am besten fange ich einen neuen Abschnitt an. Aber schon mal vorweg fürs Erwartungs-Management: Es ist mal wieder kompliziert.

WAS UNTERSCHIEDE IM GEHIRN BEDEUTEN:
ZEIG MIR DEIN GEHIRN, UND ICH SAG DIR NICHT, WAS DU DENKST

Bestimmt kennt ihr solche Darstellungen des menschlichen Gehirns:

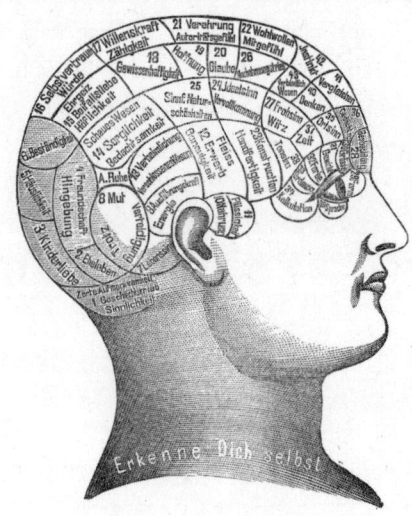

So stellte man sich Anfang des 19. Jahrhunderts das Gehirn vor. Diese vereinfachte Verortung bestimmter Charaktereigenschaften und Fähigkeiten in bestimmten Regionen des Gehirns heißt **Phrenologie**. Die Phrenologie ist – obwohl sie durchaus einen Grundstein für die moderne Neurowissenschaft legte – nicht gerade unproblematisch. Als Vater der Phrenologie gilt der deutsche Arzt Franz Joseph Gall (1758–1829). Er war der Erste, der unterschiedliche Hirnregionen mit bestimmten Eigenschaften verknüpfte, von Mut über Witz bis zu Farbensinn. Das ist spannend, wenn man bedenkt, dass es damals noch keine technischen Verfahren wie MRT oder PET gab, um Gehirne zu untersuchen. Wie hat Gall das angestellt? Mit einer bis heute bewährten Methode: Fantasie!

Zumindest hätte er sich das alles auch einfach nur ausdenken können, aber zu Galls Verteidigung muss man sagen, dass er wohl sehr fleißig und sorgfältig seine Studien betrieb. Das Problem war nur, dass diese Studien nicht besonders wissenschaftlich waren. Für manches konnte er nichts, zum Beispiel dafür, dass man damals eben keine Möglichkeit hatte, das Gehirn lebender Menschen zu untersuchen. Aber die von Toten, genauer gesagt deren Schädel und Gehirne, studierte er sehr sorgfältig, er wog sie, vermaß sie und versuchte, einen Zusammenhang zu den Eigenschaften der Verstorbenen herzustellen. Bei Lebenden untersuchte Gall einfach von außen die Schädelformen möglichst vieler Menschen, um diese dann mit deren Charakter zu verbinden. Er legte »eine Sammlung von menschlichen und tierischen Schädeln an, sammelte Büsten von berühmten oder berüchtigten Persönlichkeiten, las Tausende von Biografien, untersuchte unzählige Totenmasken, durchstreifte forschend und tastend den Narrenturm in Wien, Asyle für Irre und Verbrecher, obduzierte und ließ Gehirne in Wachs nachbilden.«[25] So kam er beispielsweise zu der Überzeugung, dass witzige Menschen leicht ausgeprägtere Stirnhöcker haben als weniger witzige Menschen. Das erklärte er sich damit, dass die Hirnregion, die für Witz zuständig ist, größer sei, weshalb sich der Schädel entsprechend ausbeulen müsse. Und so verortete er

Witz dann im vorderen Bereich des Gehirns. Entsprechend gab es auch »Musikhöcker«, »Mutbeulen« oder sonstige charakteristische Ausformungen des Schädels.

Wer so vorgeht, fällt leicht dem sogenannten **Confirmation Bias** zum Opfer. Wenn man einmal von einer Idee überzeugt ist, neigt man unbewusst dazu, nur Hinweise, die zu dieser Idee passen, wahrzunehmen, während man anderes verwirft, ignoriert oder schlicht und einfach nicht bemerkt. Bin ich erst mal davon überzeugt, dass witzige Menschen eine leicht hervorstehende Stirn haben, fällt mir das im Alltag viel eher auf. Und wenn ich doch mal eine superlustige Frau treffe, die keine auffällige Stirn hat, tue ich das als Zufall ab oder rede mir ein, dass die Stirn vielleicht doch ein klitzekleines bisschen raussteht oder dass die Frau ja eigentlich gar nicht sooo lustig ist. (Confirmation Bias spielt übrigens auch bei Verschwörungsglauben eine wesentliche Rolle.)

Da Gall das alles dennoch als Wissenschaft verkaufte, bekam auch die schon ältere Idee der sogenannten **Physiognomik** neue Aufmerksamkeit. Unter Physiognomik (nicht zu verwechseln mit der Physiogno*mie*) versteht man die Vorstellung, dass man die Persönlichkeit eines Menschen an der Form des Gesichts oder des Kopfes ablesen kann. Durch die scheinbar wissenschaftliche Phrenologie hatten Physiognomik-Fans plötzlich die Möglichkeit, ihren Ideen einen naturwissenschaftlich wirkenden Anstrich zu verleihen. Und spätestens hier wird es nicht nur wissenschaftlich, sondern auch ethisch problematisch.

Im 19. Jahrhundert wurde beispielsweise auf Phrenologie verwiesen, um treue und untreue Ehemänner anhand der Kopfform zu unterscheiden:

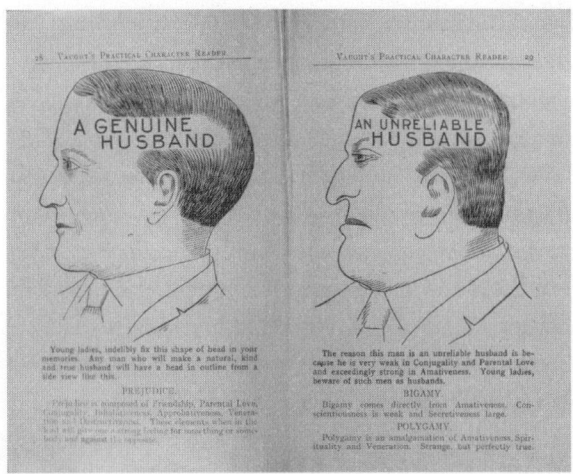

Abbildung 7.5: Links der treue, rechts der untreue Ehemann.

Das mag ja noch amüsant erscheinen. Aber es geht noch deutlich düsterer. Phrenologie war in der Geschichte immer wieder ein willkommenes »wissenschaftliches« Argument, um Rassismus und Menschenverachtung zu rechtfertigen, zum Beispiel gegen Schwarze während der Sklaverei oder gegen Juden im Nationalsozialismus. Man wollte im Namen der Wissenschaft Charaktereigenschaften wie Faulheit, Dummheit oder Boshaftigkeit an Kopf- oder Gesichtsform ablesen. Sogar die Idee von »geborenen Verbrechern«, die sogenannte Biokriminologie, wurde aus der Phrenologie geboren. Eieiei. Das passte mal wieder wunderbar zu Nazi-Deutschland, um mit der vermeintlichen Bestrafung »geborener Verbrecher« die eigenen Verbrechen schönzureden. Menschenverachtung und Diskriminierung sind ja schon schlimm genug, aber wenn das auch noch fälschlicherweise im Namen der Wissenschaft getan wird, krieg ich echt Ausschlag. Wenigstens können wir heutzutage dank moderner Labortechniken sehr gut belegen, dass Phrenologie und Physiognomik den Pseudowissenschaften zuzuordnen sind:

Es stimmt zwar, dass verschiedene Eigenschaften und Fähigkeiten in bestimmten Hirnregionen verortet sind. Beispielsweise liegt das wichtigste Zentrum der Sprachproduktion im sogenannten Broca-Areal auf der linken Seite des Frontallappens. Wird diese Region beschädigt, zum Beispiel durch einen Schlaganfall, verliert man die Fähigkeit zu sprechen, auch wenn man Sprache meistens noch verstehen kann. Allerdings sind die meisten Hirnregionen sehr versierte Multitasker und erfüllen mehrere Funktionen auf einmal. Nehmen wir die Amygdala als Beispiel, sie ist – unter anderem! – zuständig für emotionales Lernen und Gedächtnis[26], Verarbeitung von Belohnung und Strafe[27] oder, passend zum Thema, auch für die Einschätzung, ob wir ein Gesicht vertrauenswürdig finden oder nicht[28].

Und natürlich ist alles *noch* komplexer: Viele Eigenschaften beruhen auf dem Zusammenspiel mehrerer Hirnregionen. Während Gall den »Kunstsinn« einer Hirnregion zuschrieb, wissen wir heute, dass beim kreativen Arbeiten mehrere Netzwerke aus verschiedenen Hirnarealen aktiv sind. Wenn man nach neuronalen Unterschieden zwischen Künstlern und Nicht-Künstlern schaut, findet man diese vor allem in der Konnektivität, also in den Verbindungen zwischen den Regionen.[29]

Die Phrenologie ist nicht nur viel zu stark vereinfacht, was Funktion und Vernetzung von Hirnregionen betrifft. Ihr größtes Manko ist die fantasievolle Idee, dass es einen Zusammenhang zwischen Gehirn und Schädelform gibt. Was das Gehirn betrifft, kann zwar das Volumen bestimmter Gehirnregionen tatsächlich mit stärker ausgeprägten Eigenschaften einhergehen. Zum Beispiel fand man bei Londoner Taxifahrern, die einen riesigen Stadtplan auswendig kennen, einen größeren hinteren Hippocampus als bei Londoner Busfahrern, die nur ihre Routen kennen müssen.[30] Doch wohlgemerkt kann man das ohne einen Kernspintomografen nicht sehen. Na ja, gut, man könnte natürlich den Schädel des Taxifahrers aufschneiden und sein Hirn vermessen, aber das wäre dann doch etwas übergriffig. Ich will damit nur sagen, dass man von außen, an der Schädelform, keinen Taxifahrer erkennen wird.

Aber nur, um wirklich gaaanz sicherzugehen, wurde 2018 eine Studie[31] durchgeführt, die ganz explizit die Postulierungen der Phrenologie mit modernen Labormethoden überprüfte. Sind Menschen mit ausgeprägten »Musikhöckern« vielleicht wirklich eher Berufsmusiker? In Daten Tausender MRTs konnten keine derartigen Zusammenhänge entdeckt werden. Nicht verwunderlich, denn das zweite Ergebnis dieser Untersuchung war: Zwischen Gehirnform und Schädelform besteht praktisch kein Zusammenhang. Case closed.

Nachdem wir uns – in typischer Wissenschaftlermanier – nun recht ausführlich damit beschäftigt haben, wovon man Eigenschaften *nicht* ablesen kann, wollt ihr bestimmt viel lieber wissen, was man mit Magnetresonanztomografie und Co. denn ablesen *kann*. Nun, das kommt ganz darauf an. Kommen wir noch einmal zur Amygdala zurück, der Hirnregion, die unter anderem mit Emotionen verknüpft ist. Bei Angst oder Wut feuern dort die Neurone besonders stark, weswegen eine besonders aktive Amygdala mit Impulsivität in Verbindung gebracht werden kann. Im Gegensatz dazu sind die Hirnregionen im vorderen Bereich des Gehirns, etwa im präfrontalen Kortex, eher für Impulskontrolle und vernünftige Problemlösungen zuständig.

Nachdem schon lange die Hypothese im Raum stand, dass bei besonders impulsiven Menschen die Amygdala weniger von den präfrontalen Hirnregionen kontrolliert wird, konnte man dank MRT die Vernetzungen zwischen den beiden Regionen untersuchen. Und tatsächlich fand man bei impulsiveren Menschen eine schwächere Konnektivität als bei weniger impulsiven Personen. In diesem Beispiel fügen sich alle Beobachtungen in dieselbe Hypothese konsistent ein.[32] Die Puzzleteile passen zusammen. Doch unsere Emotionen, unsere Gedanken und Charaktereigenschaften sind so komplex, dass man in vielen, wenn nicht sogar den meisten Fällen nicht so ohne Weiteres das, was man im Hirnscanner sieht, mit dem, was man von außen beobachtet, verknüpfen kann.

Warum das so schwierig ist? Na ja, die Komplexitäten, die ich bisher ohnehin nur sehr vereinfacht beschrieben habe, sind noch vielfältiger. Nicht nur sind Hirnregionen für mehrere Eigenschaften und Verhaltensweisen gleichzeitig zuständig, sondern es gilt gleichzeitig auch noch ein gewisses »Viele-Wege-führen-nach-Rom-Prinzip«: Selbst unterschiedliche neuronale Verknüpfungen und Strukturen bei unterschiedlichen Menschen können am Ende das gleiche Verhalten produzieren! Ein schönes Beispiel dafür liefern Präriewühlmäuse. (Sehr süße Nagetiere, schaut kurz nach, wie sie aussehen, dann macht der folgende Abschnitt noch mehr Spaß.) Präriewühlmäuse sind herzerwärmend. Sie gehören zu den wenigen Säugetieren, die monogam leben, also ein Leben lang mit derselben Wühlmaus kuscheln. Aww. Und nicht nur das: Die Männchen und Weibchen legen gegenüber ihrem zahlreichen Nachwuchs sehr ähnliche Verhaltensweisen an den Tag und kommen ihren elterlichen Pflichten gleich stark nach (abgesehen vom Stillen natürlich). Schaut man den Nagern aber ins Gehirn[33], sieht man deutliche Unterschiede zwischen den Weibchen und Männchen in Hirnstrukturen, die mit elterlichem Verhalten assoziiert sind. Zum Beispiel ist bei Männchen die *Stria Terminalis,* ein Faserbündel, das den Hypothalamus mit der Amygdala verbindet, viel dichter ist als bei den Weibchen, beziehungsweise dichter mit bestimmten Zellen versehen, die mit der Ausschüttung des Hormons Arginin-Vasopressin, kurz AVP verknüpft sind. AVP ist neben Oxytocin ein Hormon, das eine wichtige

Rolle bei sozialen Bindungen[34] – auch zwischen Eltern und Kindern[35] – spielt. Da Männchen und Weibchen aber so ähnlich mit ihrem Nachwuchs umgehen, geht man davon aus, dass die dichteren Hirnstrukturen bei den Männchen das kompensieren, was die Weibchen durch hormonelle Veränderungen während der Schwangerschaft erleben. Anders gesagt: Die unterschiedlichen Hirnstrukturen führen bei Präriewühlmäusen nicht zu unterschiedlichem Verhalten, sondern ganz im Gegenteil – sie gleichen das Verhalten an!

So faszinierend das alles ist – selbst bei Forschung an Tieren, die man im Labor unter kontrollierten Bedingungen untersuchen kann, haben Forschende in den allermeisten Fällen Schwierigkeiten, Verhaltensunterschiede zwischen Männchen und Weibchen den entsprechenden Hirnstrukturen zuzuordnen. Ihr könnt euch vorstellen, dass es bei Menschen – mit all ihren persönlichen Erfahrungen, all dem kulturellem Input und all ihren komplexen Emotionen – wirklich *verdammt* schwierig ist. Neurowissenschaftler sind weit davon entfernt, auf die Bilder eines Hirnscans zu schauen und Verhaltensmuster daraus ablesen zu können. Nein, solange man nicht bereits andere Puzzleteile hat, die schon ein konsistentes Bild ergeben, wie beim Beispiel mit der Impulskontrolle, geht da nicht viel. Da entsprechende Puzzleteile bei Persönlichkeitsunterschieden zwischen Frauen und Männern fehlen, werden wir schnell zu Interpretationen oder Spekulationen verleitet, die das bestätigen, was wir bereits erwarten. Wenn man beispielsweise Unterschiede im Gehirn zwischen Männern und Frauen untersucht, die mit emotionaler Verarbeitung assoziiert sind, neigen Wissenschaftlerinnen wie Wissenschaftler dazu, Unterschiede so zu interpretieren, dass sie zu unserem Geschlechterstereotyp passen[36], no matter what: Beobachtet man, dass Frauen stärker auf emotionale Reize reagieren, ist ja alles klar, dann ist das der Grund dafür, dass Frauen nun einmal emotionaler sind. Doch als man unerwarteterweise feststellte, dass Männer neuronal stärker auf Angst- und Ekelreize reagierten als Frauen, interpretierte man das als höhere Sensitivität für aggressive Reize. Weil Männer doch nun einmal aggressiver sind.

Hm. Wenn man in Hirnscans Bestätigung für die Verhaltensweisen sucht, die man von außen beobachtet, ist das ohne weitere Methoden (ohne weitere Puzzleteile), die die Hypothese unabhängig bestätigen, eine große Confirmation-Bias-Falle. Es ist überspitzt formuliert das Franz-Joseph-Gall-Prinzip, nur mit abgefahrener Technik. Aber immerhin werden diese Interpretationen in den wissenschaftlichen Veröffentlichungen auch immer brav als solche kenntlich gemacht. Kein seriöser Wissenschaftler würde für diese Interpretation seine Hand ins Feuer legen, sondern immer nur von »persönlicher Einschätzung« sprechen. Daran sollten auch wir Laien uns ein Beispiel nehmen. Feste Überzeugungen oder Meinungen zu haben, ist grundsätzlich nicht verkehrt, solange man die Linie zwischen Meinung und Tatsache deutlich genug zieht.

Machen wir eine kurze Zwischenbilanz und halten fest: Wenn man psychologische Befragungen, Verhaltensexperimente im Labor oder Hirnscans auswertet, zeigen sich in einigen Bereichen durchschnittliche Unterschiede zwischen Frauen und Männern. Die Effektgrößen sind nicht unbedingt so groß, wie es uns intuitiv erscheinen mag, doch die Unterschiede sind da. Allerdings gibt es so gut wie keine wissenschaftlich gesicherten Verknüpfungen zwischen den Hirnscans und den psychologischen Fragebogen und Verhaltensexperimenten. Anders gesagt, es ist meist nur mit Vermutungen möglich, die Verhaltensunterschiede zwischen Frauen und Männern neurologisch zu erklären. Und selbst wenn man sie neurologisch erklären kann, ist das allein noch kein Beleg dafür, dass dieser Unterschied rein biologisch ist – wegen der Neuroplastizität des Gehirns.

Über all diese Grenzen dieses Forschungsbereichs besteht in Expertenkreisen recht großer Konsens. Allerdings wird seit einigen Jahren intensiv darüber diskutiert, ob wir beim menschlichen Gehirn von einem **Dimorphismus** sprechen können. Unter Dimorphismus, wörtlich »Zweigestaltigkeit«, versteht man in diesem Fall Geschlechtsunterschiede, die über die primären und sekundären Geschlechtsmerkmale hinausgehen. Dass Pfauenmännchen ihr großes Federrad haben, Pfauenweibchen nicht, ist ein klassisches Beispiel für Dimorphismus. So krass ist es beim menschlichen Gehirn offensichtlich nicht, wir haben oben ja die Effektgrößen und Überlappungen gesehen, aber zumindest scheint es doch eine Art Spektrum zu geben, beziehungsweise mehrere Spektren. Auf dem Verhaltensspektrum zwischen den Endpunkten »sehr dominant und durchsetzungsfähig« und »sehr sozial und harmoniebedürftig«, sehen wir Männer eher am dominanten Ende, Frauen dafür eher am sozialen Ende. Ganz viele beziehungsweise die meisten Männer und Frauen sind zwar eher im mittleren Feld zu finden, aber es gibt dennoch so etwas wie ein »männliches« und ein »weibliches« Ende. Dasselbe gilt für das Spektrum der relativen Hippocampusgröße. Natürlich gibt es auch Männer mit großem Hippocampus und Frauen mit kleinem, aber fährt man das Spektrum von klein zu groß ab, kommen graduell immer mehr Frauen hinzu.

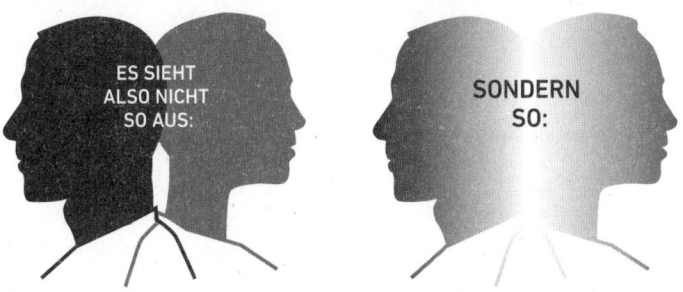

Ob man das nun als (weichen) Dimorphismus bezeichnet oder der Meinung ist, dass man hier eben nicht von einer Zweigestaltigkeit, sondern einem Spektrum sprechen muss, ist wohl Ansichts- oder Definitionssache. Doch in letzter Zeit wird das Konzept eines Spektrums ganz infrage gestellt.

SPEKTRUM ODER MOSAIK? ÜBER GEHIRNE UND AFFENGESICHTER

2015 veröffentlichte die Psychologin **Daphna Joel** zusammen mit ihren Kolleginnen und Kollegen von der Tel Aviv University eine der am meisten diskutierten Studien[37] in diesem Forschungsbereich: Das Team sammelte dafür Hirnscans aus unterschiedlichen Datenbanken zusammen, um sich die Unterschiede zwischen den männlichen und weiblichen Gehirnen anzuschauen. Wie die aussehen, wissen wir bereits, nämlich zum Beispiel so:

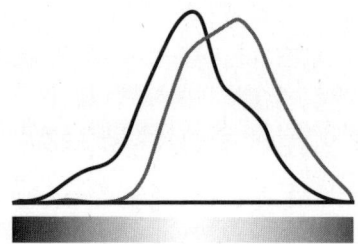

Die schwarze Kurve zeigt die Männer, die graue die Frauen. Ein individuelles Gehirn kann nun auf einem Spektrum von schwarz (typisch männlich) bis grau (typisch weiblich) eingeordnet werden. Je intensiver das Schwarz, desto höher ist die Wahrscheinlichkeit, hier ein männliches Gehirn zu finden; je intensiver das Grau, desto höher ist die Wahrscheinlichkeit, ein weibliches Gehirn zu finden. Ein solches Spektrum erstellten die Forschenden nun jeweils für die zehn Hirnregionen mit den stärksten Effektgrößen, also für die zehn Hirnregionen, in denen man die deutlichsten Unterschiede zwischen Männern und Frauen feststellt. Anhand dieser zehn Hirnregionen analysierten sie nun MRT-Scans von insgesamt 14 000 Menschen. Jede Person wurde in jeder der zehn Hirnregionen entlang des jeweiligen Spektrums eingeordnet. So sah das Ergebnis aus:

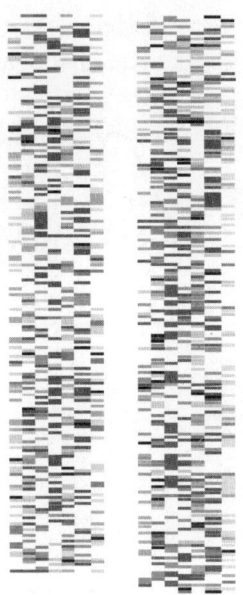

Die linke Säule stellt die Charakterisierungen der weiblichen Gehirne dar, die rechte Säule die der männlichen Gehirne. Jede Zeile steht für ein individuelles Gehirn, jede Reihe steht für eines der zehn Gehirnmerkmale. Mit Blick auf die beiden Säulen sieht man durchaus, dass auf der weiblichen Seite mehr Grau zu finden ist, auf der männlichen Seite mehr Schwarz – doch es gibt definitiv auch viel Weiß.

Was die Forschenden nun aber besonders interessierte, war diese Frage: Sind menschliche Gehirne über all die zehn Merkmale hinweg »*internally consistent*«, also in sich konsistent? Anders gefragt: Gibt es nicht nur ein Spektrum, wenn man einzelne Merkmale betrachtet, sondern auch, wenn man das ganze Gehirn anschaut? Gibt es so etwas wie ein konsistent »weibliches« und ein konsistent »männliches« Gehirn?

Um das zu beurteilten, teilten Joel und ihre Kollegen jedes Spektrum in drei Zonen auf: Eine »typisch männliche Zone«, eine »Mischzone« und eine »typisch weibliche Zone«:

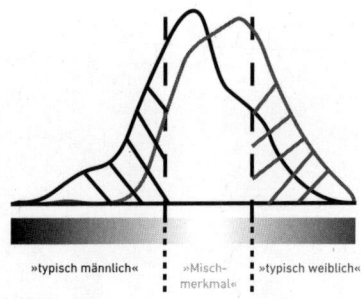

Anhand dieser drei Zonen definierten Joel und ihr Team drei »Hirnkategorien«:

1. **Ein konsistent männliches oder konsistent weibliches Gehirn**
   Ein konsistent männliches Hirn besitzt – entsprechend obiger Definition der drei Zonen – neben Mischmerkmalen nur typisch männliche Merkmale. Ein typisch weibliches Gehirn setzt sich entsprechend neben Mischmerkmalen nur aus typisch weiblichen Merkmalen zusammen.

2. Misch-Gehirn

Ein »Misch-Gehirn« wurde definiert als ein Gehirn, das bei allen zehn Merkmalen immer in der mittleren Zone – also als Mischmerkmale – eingeordnet wurde.

3. Mosaik-Gehirn

Ein »Mosaik-Gehirn« besitzt neben typisch männlichen Merkmalen und Mischmerkmalen auch noch mindestens ein typisch weibliches Merkmal; oder andersherum: neben typisch weiblichen Merkmalen und Mischmerkmalen gibt es mindestens ein typisch männliches Merkmal.

Entsprechend dieser Definition fielen gerade einmal 0 bis 8 Prozent (je nach Datensatz) der Probanden in die erste Kategorie und hatten ein »konsistent weibliches« oder »konsistent männliches« Gehirn. Ein wesentlicher Teil, nämlich 23 bis 53 Prozent (je nach Datensatz), hatte »Mosaik-Gehirne«, der Rest fiel in die »Misch-Gehirn«-Kategorie.

Interessanterweise zeigten sich dieselben Mosaik- und Mischmuster nicht nur bei Hirnstrukturen. Joel untersuchte nach derselben Methode auch Daten zu Persönlichkeitseigenschaften, Einstellungen, Interessen und Verhaltensweisen von insgesamt 5500 Männern und Frauen. Auch hier kam heraus, dass »Gender-Konsistenz« extrem selten war, und dass ein wesentlicher Teil der Menschen »Mosaik-Interessen« hatte oder »Mosaik-Persönlichkeitseigenschaften«.

Das Forscherteam zog daraus ein starkes Fazit: Es gäbe keinen Dimorphismus, ja noch nicht einmal ein Spektrum, wenn es um Geschlechterunterschiede gehe, sondern jeder Mensch habe da sein individuelles Mosaik. »Konsistent männlich« oder »konsistent weiblich« seien die wenigsten.

Doch eine Gruppe amerikanischer Forscher rund um **Marco Del Giudice** hatten ein methodisches Hühnchen mit ihren Tel Aviver Kollegen zu rupfen[38]. Sie argumentierten, dass nur deswegen kaum jemand »konsistent« sei, weil die Kriterien dafür viel zu streng seien. Um das zu demonstrieren, wendeten sie dieselben Methoden an, um die Gesichtsmerkmale dreier verschiedener Affenarten zu charakterisieren.

Javaneraffe   Haubenkapuzineraffe   Äthiopische Grünmeerkatze

Man muss offensichtlich kein Affenexperte sein, um einen Stapel Fotos von unterschiedlichen Javaneraffen, Haubenkapuzineraffen und äthiopischen Grünmeerkatzen anhand eines kurzen Blicks ihrer jeweiligen Art zuzuordnen. Die Unterschiede sind also viel deutlicher als zwischen Männer- und Frauengehirnen. Und trotzdem – und das ist nun wirklich bemerkenswert – erfüllten nur die wenigstens Affenfotos die Anforderungen der Kategorie 1 und waren »konsistent«. Nur 5 Prozent der Javeneraffen waren in ihren Gesichtsmerkmalen »konsistent javaneraffig«; gerade einmal 1 Prozent der Haubenkapuzineraffen waren »konsistent haubenkapuzineraffig«, und knappe 4 Prozent der äthiopischen Grünmeerkatzen hatten ein »konsistent äthiopisch grünmeerkatziges« Gesicht.

Damit konnten Del Giudice und seine Kollegen sehr elegant demonstrieren, dass die Kategorie 1 von oben viel zu streng definiert war, da es selbst unter den Affen nur die wenigsten da hineinschafften. Allerdings mussten sie auch zugestehen: Ein Mosaikmuster wie bei menschlichen Gehirnen war bei *keinem* der Affen zu entdecken. Der wichtigste Punkt von Daphna Joel und ihrem Team – nämlich, dass das menschliche Gehirn nicht nur innerhalb eines Spektrums existiert, sondern auch ein Mosaik aus »weiblichen« und »männlichen« Merkmalen vereinen kann – bleibt also auch nach der Kritik valide.

WARUM EIGENTLICH?

Ob man es Dimorphismus, Spektrum oder Mosaik nennt – Frauen und Männer haben im Durchschnitt nicht nur unterschiedliche Gehirnstrukturen.[39] Die bisher unheilbare Gelenkkrankheit Arthrose tritt bei Frauen deutlich häufiger auf als bei Männern. Frauen leiden auch öfter an Alzheimer, Depression und Angststörungen. Männer wiederum sind häufiger betroffen von Autismus, Schizophrenie und Legasthenie. Medikamente werden von Frauen und Männern unterschiedlich verstoffwechselt. 2013 musste die amerikanische FDA nach der Zulassung des Schlafmittels *Ambien* die Dosierung für Frauen anpassen. Die zugelassene Dosis ist nun für Frauen gerade einmal halb so groß wie die für Männer, weil sie das Mittel viel langsamer abbauen und somit leichter überdosieren.[40] Möglicherweise fängt das Problem bereits im Labor bei Tierversuchen an.[41] Die werden nämlich öfter mit männlichen Versuchstieren durchgeführt als mit weiblichen, das gilt insbesondere für neurologische Tests. Das liegt unter anderem daran, dass weibliche Labormäuse stärker fluktuierenden Hormoneinflüssen unterliegen, was es schwieriger macht, mit ihnen zu arbeiten beziehungsweise sie systematisch zu untersuchen.

Es ist also wichtig, dass wir biologische Unterschiede zwischen Frauen und Männern erkennen, untersuchen und benennen können[42], ohne eine ideologische Diskussion daraus zu machen. Frauen und Männer sollten *gleichberechtigt* sein, aber dafür müssen sie nicht *gleich* sein. Sie sind es nämlich nicht. Wie diese Unterschiede zustande kommen, ist eine weitgehend offene wissenschaftliche Frage. Wie wir diese Unterschiede bewerten, ist aber eine gesellschaftliche Frage, die unabhängig von der Forschung zu diskutieren ist und auch keinen Einfluss darauf haben sollte, wie »relevant« diese Forschung ist.

That being said – Wissenschaft muss sich natürlich nicht durch ihren »Nutzen« oder »Wert« rechtfertigen. Der Großteil der Wissenschaft, von dem man als Laie meist gar nicht viel mitbekommt, ist Grundlagenforschung, deren einziges Ziel es ist, Dinge zu *verstehen* (siehe auch Kapitel 8). Es geht ums »Warum?« und nicht ums »Wofür?« – ein kleiner, aber wichtiger Unterschied.

Da für Laien das Konzept von Grundlagenforschung, die keine konkrete Frage verfolgt, nicht unbedingt das ist, was sie sich unter Wissenschaft vorstellen, neigt man schnell dazu, aus Grundlagenforschung Bedeutung für den Alltag zu ziehen, obwohl diese Bedeutung gar nicht gegeben ist. Wir neigen beispielsweise dazu, biologische Erkenntnisse über unser Wesen als deterministisch zu betrachten. Was meine ich damit? Na ja, zum Beispiel berufen sich viele gerne auf die Biologie, wenn es um so individuelle Entscheidungen geht wie die Frage, wer nimmt Elternzeit? Er oder sie? Dann sind wir Menschen plötzlich in erster Linie Säugetiere, man beruft sich auf Evolutionstheorien von Jägern und Sammlern, und kommt zu dem Schluss, dass die Natur es ja so vorgesehen hat, dass das Kind zur Mutter gehört.

Versteht mich nicht falsch – dass bei unseren Vorfahren, ähnlich wie bei den meisten Säugetieren, die Mütter für den Nachwuchs zuständig waren, ist naheliegend. Wohlgemerkt zeigen uns Präriewühlmäuse, dass es nicht bei allen Säugetieren so sein muss. Außerdem weiß man inzwischen, dass bei menschlichen Vätern, auch bei denen, die ein Kind adoptieren, hormonelle und neuronale Veränderungen durch die Vaterschaft ausgelöst werden.[43] So misst man nicht nur bei frischen Müttern, sondern auch bei frischen Vätern besonders viel Oxytocin, obwohl man lange dachte, dass Oxytocin vor allem beim Stillen ausgeschüttet wird.[44] Auch dass bei Männern der Testosteronspiegel durch eine Vaterschaft sinkt[45], ist ein Hinweis darauf, dass man auch ohne Schwangerschaft und Stillen eine »biologische Bindung« zum Kind aufbauen kann. Aber das nur nebenbei, denn eigentlich ist es doch für unseren modernen Alltag ziemlich egal, was unsere Vorfahren gemacht haben und was vermeintlich »natürlich« ist. Dass wir ohne Geburtsvorbereitungskurs gar nicht wüssten, wie man ein Baby hält, ohne es direkt kaputt zu machen, zeigt schließlich sehr schön, dass wir uns schon weit von unseren »natürlichen Instinkten« entfernt haben.

Dass »natürlich« automatisch »gut« ist, ist übrigens eine weitverbreitete Denkfalle namens **Natural Fallacy,** der **Naturalistische Fehlschluss.** (Als Chemikerin habe ich viel mit dem Naturalistischen Fehlschluss zu kämpfen, wenn Menschen alles »Chemische« als »giftig und künstlich« und alles »Natürliche« als »mild und gesund« wahrnehmen. Dass die Natur die beste Chemikerin ever ist, verstehen leider die wenigsten …) Die

Geburt, zweifellos einer der natürlichsten Prozesse schlechthin, wäre auf »natürliche Weise« für etwa 15 Prozent der Mütter und Babys, deren Gesundheit durch einen Kaiserschnitt sichergestellt wird, gefährlich. Und ja, es ist zweifellos interessant, zu verstehen, wie wir Menschen uns im Laufe der Evolution entwickelt haben. Doch was damals zu Zeiten der Jäger und Sammler am besten war, muss nicht automatisch heute immer noch das Beste sein. Evolution – auch das wird oft missverstanden – beschreibt eine möglichst gute *Anpassung an die Umwelt*. Das »fit« in »survival of the fittest« bedeutet nicht etwa »stark«, sondern »passend«. Da unser modernes Leben so dramatisch anders ist als das Leben der Jäger und Sammler, verfehlen »back-to-the-roots-Argumente« oft das Ziel.

Wir Menschen haben uns doch in so vielen anderen Bereichen unseres Lebens von der Natur emanzipiert. Wir wollen unter Wasser atmen? Dann bauen wir eben Sauerstoffflaschen. Wir wollen nicht an Infektionskrankheiten sterben? Dann entwickeln wir halt Impfstoffe. Wir wollen unsere Babys stillen, obwohl wir keine Milch produzieren? Dann entwickeln wir eben Pulvermilch. Anything goes! Das ist doch das Motto des Homo Sapiens. Dank Forschung und Wissenschaft. Forschung erlaubt uns, uns immer mehr von der Natur zu emanzipieren. Anstatt diese Emanzipation als etwas automatisch Unnatürliches und Schlechtes zu betrachten, sollten wir lieber mehr darüber diskutieren, wie wir uns möglichst verantwortungsvoll emanzipieren.

Und übrigens – nur, wenn wir nicht nur unterschiedliche Gehirne, sondern auch unterschiedliche Erfahrungen haben, machen Diskussionen doch erst wirklich Spaß, oder nicht?

KAPITEL 8

SIND TIERVERSUCHE ETHISCH VERTRETBAR?

DER ZUG BLEIBT NICHT STEHEN

> FANGFRAGE
> Tierversuche zur Erforschung neuer Medikamente sind
>
> O unverzichtbar für den medizinischen Fortschritt, da alle Risiken neuer Medikamente durch umfangreiche Tests an Tieren ausgeschlossen werden müssen.
> O nicht erforderlich und grausam und sollten gestoppt werden, da es bessere Forschungsmethoden gibt.

Bestimmt habt ihr schon einmal von dem **Trolley-Problem** gehört, einem der bekanntesten Gedankenexperimente zu **moralischen Dilemmas:** Ein Zug (Trolley) steuert auf fünf Menschen zu, die auf die Gleise gefesselt und damit dem Tod geweiht sind. Doch du kannst sie noch retten! Du hast nämlich die Kontrolle über einen Schalter, der eine Weiche für den Todeszug stellen kann. Legst du den Schalter um, rettest du die fünf Menschen – musst damit den Zug aber auf eine Route führen, wo ein Mensch auf die Gleise gefesselt ist. Du würdest durch das Umlegen des Schalters also aktiv den Tod dieses Menschen verursachen. Was tust du? Legst du den Schalter um, ja oder nein?

Hm. Eigentlich müsste das die Fangfrage sein, nicht? Ein moralisches Dilemma heißt nicht umsonst Dilemma, denn eigentlich gibt es nur falsche Antworten. Aber beim klassischen Trolley-Problem entscheiden sich dennoch die meisten Menschen dafür, die Weiche zu stellen und am Ende so fünf von sechs Menschen zu retten.

Es gibt eine fiesere Variante des Trolley-Problems, die sogenannte Fat-Man-Variante: Die Ausgangssituation ist dieselbe – ein Zug rast auf fünf Menschen zu, die sterben werden, solange du nicht eingreifst. Allerdings gibt es dieses Mal keine Weiche. Stattdessen stehst du auf einer Brücke und beobachtest die Katastrophe. Neben dir steht ein großer, schwerer Mensch. Ihr kennt euch nicht, aber wir gehen in diesem Gedankenexperiment davon aus, dass du dir zu 100 Prozent sicher sein kannst, dass der Zug gestoppt wird und die fünf Menschen gerettet werden, wenn du diesen großen, schweren Menschen von der Brücke stößt. Du willst dich selbst von der Brücke stürzen? Nobel, geht aber nicht. Würde zumindest nichts bringen, denn du bist zu leicht. Du musst den anderen runterwerfen oder fünf Menschen sterben. Tust du es oder nicht? Fies, ich weiß. Interessanterweise würden bei der Fat-Man-Variante die meisten Menschen niemanden von der Brücke schmeißen, obwohl es am Ende dasselbe bewirkt wie das Umlegen eines Schalters.

Gedankenexperimente wie das Trolley-Problem sind zwar realitätsfern, aber für unsere Realität trotzdem relevant. Sie zeigen zum Beispiel, dass es kontextabhängig ist, ob wir eine Tötung verantwortbar finden oder nicht. Dass nicht nur das Endergebnis zählt, sondern auch der Weg dahin. Doch der in meinen Augen wichtigste Aspekt ist, dass wir dazu gezwungen werden, zwischen zwei schlimmen Szenarien zu wählen. Es gibt beim Trolley-Problem nun einmal nicht die Option, alle sechs Menschen zu retten. Es steht keine gute Lösung zur Auswahl, man kann nur entscheiden, was weniger schlimm ist.

Im echten Leben neigen wir gerne dazu, uns bei schwierigen Entscheidungen einfach in ein Wunschdenken zu verkrümeln. Während der Coronakrise konnte man es weltweit beobachten:

Anstatt sich mit schwierigen Abwägungen auseinanderzusetzen und darüber zu grübeln, wie man eine Balance zwischen dem wütenden Virus und Schutzmaßnahmen findet, die gesellschaftlich und wirtschaftlich belastend sind, redeten sich manche einfach ein, dass die Krankheit gar nicht so schlimm sei, oder gar, dass es das Virus gar nicht gebe. Das ist so, als ob man sich einreden würde, dass der Zug einfach stehen bleibt – fertig!

Auch bei Tierversuchen neigen manche dazu, sich vor einer schwierigen Entscheidung zu drücken, indem sie Zuflucht bei Falschinformationen suchen. Was ich genau damit meine, wird klarer, sobald wir ein paar Fakten geklärt haben. Erst dann können wir eine wahrhaftige Diskussion über Tierversuche führen, die viel schwieriger ist, als es vielen lieb ist, egal, ob man eher dafür oder eher dagegen ist.

EMOTIONAL: BILDER VON STELLA

Ein implantiertes podestartiges Gebilde ragt Rhesusaffe Stella aus dem Kopf. Offensichtlich schwer krank versucht sie, von der Kamera wegzuhumpeln. Zwei ihrer Gliedmaßen sind gelähmt. Immer wieder übergibt sie sich. Wenn ich das Video sehe, muss ich mich beherrschen, nicht zu weinen. Aufgenommen wurde es von einem Tierrechtsaktivisten.[1] Er hatte sich 2013 im Labor des Tübinger Max-Planck-Instituts als Tierpfleger anstellen lassen und mit versteckter Kamera Szenen gefilmt, in denen Versuchstiere offensichtlich litten.[2]

Der Fall von Stella löste deutschlandweit Entsetzen aus und war kurz darauf Teil eines Gerichtsverfahrens gegen drei Mitarbeiter des Instituts wegen Tiermisshandlung. Bei der Klage ging es übrigens nicht um den Versuch an sich, der in dieser Form genehmigt worden war, die Implantation des Podests war Teil des Versuchsplans – die Symptome, die Stella im Video zeigt, allerdings nicht. Die waren Folge einer Entzündung des Gehirns, einer Komplikation, die bei Gehirn-OPs möglich ist. Auch dieses Risiko war bei der Genehmigung des Versuchs in Kauf genommen worden und war nicht Gegenstand der Klage. Die Frage war stattdessen, ob Stella sofort hätte eingeschläfert werden müssen, um ihr Leid zu ersparen. Es ging also um Tiermisshandlung. Die Versuchsleiter hatten Stella zuerst mit Antibiotika behandelt und gehofft. In ihren Augen wäre es unethisch gewesen, eine Behandlung nicht zu versuchen.

2018 wurde das Verfahren eingestellt, zwar gegen Zahlung einer Geldauflage, doch es galt die Unschuldsvermutung. Mehrere Gutachter konnten keinen Verstoß gegen das Tierschutzgesetz und entsprechende Tiermisshandlung belegen. Angesichts der großen öffentlichen Aufmerksamkeit und des entsprechenden Drucks auf die Ermittler darf man davon ausgehen, dass dieses Urteil sehr sorgfältig begründet und geprüft wurde. Aber auch bei mir blieben die Bilder im Kopf.

Bilder können täuschen, sagte der Wissenschaftsjournalist Volkhard Wildermuth über den Fall im Deutschlandfunk.[3] Zu einem anderen verstörenden Bild aus den verdeckt gemachten Aufnahmen – man sieht, wie einem Affen nach einer Operation eine rote Flüssigkeit aus der frisch genähten Wunde läuft – erklärte Wildermuth: »Ja, einem Affen lief Wundflüssigkeit über das Gesicht. Er war am Tag zuvor operiert worden, Menschen legt man dann einen Verband an, das geht bei Affen nicht, den würden die abreißen, und deshalb ist die Wundflüssigkeit zu sehen. Das belegt aber kein Fehlverhalten der Forscher. Das ist bei veterinärmedizinischen Eingriffen Standard.« Ja, klingt einleuchtend. Nur dass es eben kein veterinärmedizinischer Eingriff war, um ein krankes Tier zu retten. Und das ist eben der Unterschied, der mir bei Tierversuchen zwar immer bewusst ist, aber erst durch Bilder wirklich spürbar gemacht wird.

IRRATIONAL: VON HUNDEN, LÄMMERN UND SCHWEINEN

Mona schaut mit ihren blauen Augen in die Kamera und erzählt mit sanfter Stimme, dass ihr das Töten von Mäusen im Labor schwerer falle als das Erlegen eines Tieres bei der Jagd. Sie ist neben Livia und Florian eine von drei jungen Wissenschaftlern, die sich dazu bereit erklärt haben, mit mir darüber zu sprechen, wie es sich anfühlt, Tierversuche zu machen. Wie es sich anfühlt, Tiere zu töten. Die Vorbereitungen für dieses Video hatten Monate gedauert. Es gehört viel Mut dazu, sich öffentlich zu Tierversuchen zu bekennen und dabei auch noch sein Gesicht zu zeigen. Beim Blick in die Kommentare unter dem Video, die größtenteils erstaunlich positiv und konstruktiv ausfallen, finde ich immer mal wieder auch unmöglich böse Worte an Mona, manchmal sogar an ihre Familie. Dass Mona nicht nur Mäuse auf dem Gewissen hat, sondern auch noch einen Jagdschein, ist für manche zu viel des Guten. Als kaltblütige Killerin erscheint sie einigen wohl, die ironischerweise durch ihre unmenschlichen Beschimpfungen selbst eine abschreckende Kälte an den Tag legen.

Ich jedenfalls lauschte sehr gespannt, als Mona erklärte, warum sich das Erlegen eines Tieres für sie weniger schlimm anfühlt: weil das Tier bis zu seinem Tod ein artgerechtes Leben in freier Wildbahn leben konnte. Besonders beeindruckend finde ich, dass Mona kein Lamm isst, weil sie es selbst nicht übers Herz bringen würde, ein Lamm zu töten. Sie isst nur Tiere, die sie auch selbst töten würde. Als jemand, der mit schlechtem Gewissen Fleisch isst und ganz sicher keines dieser Tiere selbst töten könnte, bewundere ich diese Konsequenz.

Laut einer aktuellen Forsa-Umfrage des Bundeslandwirtschaftsministeriums ernähren sich in Deutschland 5 Prozent der Menschen vegetarisch, 1 Prozent vegan.[4] Für 94 Prozent der Bevölkerung müssen also Tiere für ihre Ernährung sterben. Dabei muss man keine Tiere essen, um zu überleben, ja, inzwischen noch nicht einmal, um gesund zu leben. Nein, wenn die meisten (94 Prozent) ehrlich mit sich selbst sind – und ich gehöre da leider auch dazu –, muss man eigentlich zugeben, dass man es in Kauf nimmt, dass Tiere sterben … ja, hauptsächlich nur, weil man sie lecker findet. Im Vergleich: Dass Tiere sterben, damit wir Krankheiten besser verstehen, sodass Medikamente oder Therapien entwickelt werden können, dass also Tiere sterben, damit Menschen leben können, ist zwar nicht weniger grausam, aber zumindest einfacher zu rechtfertigen – oder nicht? Doch die Zustimmung zu Tierversuchen liegt weit unter 94 Prozent.

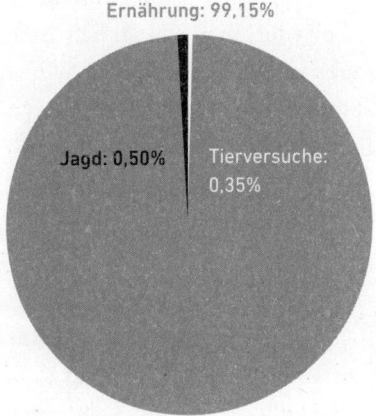

Abbildung 8.1: Tierversuche und andere wissenschaftliche Zwecke machen 0,35 Prozent des Tierverbrauchs aus.

Nein, unser Verhältnis zu Tieren ist oft nicht rational. In Deutschland finden wir es befremdlich bis barbarisch, wenn in manchen asiatischen Regionen Hundefleisch gegessen wird, finden es aber ganz normal, jährlich Hunderte Millionen Hühner, Schweine und Kühe zu verspeisen. Manchmal versuchen wir, uns das schönzureden, indem wir Hunde für besonders intelligent erklären – was es ethisch betrachtet nicht wirklich besser macht, ganz abgesehen davon, dass Kühe, Schweine und Hühner auch intelligente Wesen sind.

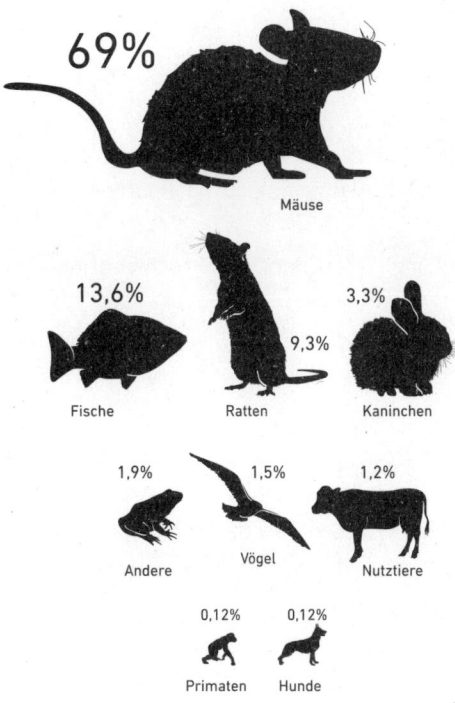

Abbildung 8.2: Anteil unterschiedlicher Versuchstiere bei Tierversuchen.

Die allermeisten Tierversuche werden mit Mäusen gemacht, auf Platz 2 folgen Fische, danach Ratten. Wir werden wahrscheinlich mit Erleichterung feststellen, dass Versuche mit Primaten und Hunden jeweils nur 0,12 Prozent der Tierversuche ausmachen. Tierversuche mit Menschenaffen (Schimpansen, Gorillas, Orang-Utans, Gibbons) sind nur in besonderen Ausnahmefällen erlaubt und wurden in Deutschland seit 1991 nicht mehr durchgeführt (Stichwort »Leidensfähigkeit«, Box 8, Seite 290).

Aber wäre es nicht so viel besser, wenn gar keine Tiere für die Wissenschaft leiden müssten?

MÜSSEN TIERVERSUCHE WIRKLICH SEIN?
IN MICE. JUST SAYING.

> »Fettreiche Ernährung schadet dem Gehirn und fördert Depressionen!«
> »Wissenschaftlern gelingt möglicher Durchbruch bei Tinnitus-Therapie!«
> »Blumenkohl, Kohl und Brokkoli enthalten Substanz gegen Prostatakrebs!«

Täglich liest man von bahnbrechenden medizinischen Studien – oft handelt es sich dabei um erste Ergebnisse aus Tierstudien, typischerweise an Mäusen. Ob die vielversprechenden Ergebnisse aber auch für den Menschen gelten, ist damit noch lange nicht gezeigt. Wenn etwas in einer Maus funktioniert, sind wir also noch weit entfernt von einer potenziellen neuen Behandlung. In Schlagzeilen werden die Mäuse aber natürlich gerne weggelassen, entweder um die Meldung bewusst sensationeller wirken zu lassen oder weil den Verfassern der Artikel tatsächlich nicht bewusst ist, dass Ergebnisse aus Mausstudien nur bedingt auf Menschen übertragbar sind. Aus Frust darüber gründete der Wissenschaftler James Heathers im April 2019 den Twitter-Account @justsaysinmice, auf dem er nichts anderes tat, als Meldungen über medizinische »Durchbrüche« mit dem Kommentar »IN MICE« – IN MÄUSEN – zu retweeten:

Ich würde sagen, @justsaysinmice hat inzwischen so etwas wie eine Art Kultstatus in der Nerd-Community. Ich gehöre zu über 70 000 Followern, die es nervt, wenn wissenschaftliche Ergebnisse verkürzt und missverständlich dargestellt werden.

Auf der anderen Seite gibt es, vor allem von Tierversuchsgegnern, die Kritik, dass **Translationale Forschung** ohnehin kaum funktioniere, also dass Tierversuche sich so gut wie gar nicht auf den Menschen übertragen ließen – und dass man sie deshalb bleiben lassen sollte. Dass es den Account @justsaysinmice gibt, zeigt eigentlich schon, dass da ein paar Körnchen Wahrheit drinstecken. In Kapitel 4 (Box 4.3, Seite 135) haben wir erfahren, dass nur die wenigsten Wirkstoffkandidaten, die in präklinischen Studien unter anderem an Tieren untersucht werden, am Ende auch zugelassen werden. Und selbst bei zugelassenen Medikamenten sind Nebenwirkungen bei Versuchstieren und Menschen nicht immer vergleichbar.[5] Als Argument für das Versagen von Tierversuchen wird oft der Contergan-Skandal (Kapitel 4, Box 4.1, Seite 127) herangezogen, bei dem das Schlafmittel zuvor zwar an Tieren getestet wurde, doch offensichtlich ohne die verheerende teratogene Wirkung fest-

BOX 8: BELASTUNGEN BEI TIERVERSUCHEN

Als Tierversuch gilt jeder Eingriff, der »dem eines Kanüleneinstichs gemäß guter tierärztlicher Praxis gleichkommt oder darüber hinausgeht«.[6] Laut Tierschutzgesetz dürfen Tiere »nur in dem Umfang belastet werden, der für die Verwendung zu wissenschaftlichen Zwecken unerlässlich ist«. (Siehe 3R-Prinzip unten.)

Man unterscheidet zwischen vier Belastungskategorien:

Schweregrad 1: Geringe Belastung
Eingriffe, die keine wesentlichen oder nur geringe, kurzfristige Belastungen (kurzzeitig milde Schmerzen, Leiden oder Ängste) verursachen.
Beispiele: Injektionen, Blutentnahmen, Entfernen der Schwanzspitze bei Mäusen (zur genetischen Bestimmung)

Schweregrad 2: Mittlere Belastung
Eingriffe, die nach menschlichem Ermessen unangenehm oder schmerzhaft sind oder lang anhaltende geringe Schmerzen verursachen. (Erkenntnisse über das Schmerzempfinden der Tiere werden so weit wie möglich berücksichtigt, wobei es schwierig ist, Leid und Belastung objektiv zu beurteilen.)
Beispiele: Legen eines Dauerkatheters, chronische Toxizitätsstudien, die nicht zum Tod führen, chirurgische Eingriffe unter Vollnarkose, die trotz angemessener Schmerzmittel mit Schmerzen nach der Operation verbunden sind

Schweregrad 3: Schwere Belastung
Eingriffe, bei denen eine schwere Beeinträchtigung, starke Schmerzen, schwere Leiden oder Ängste zu erwarten sind. Oder wenn mittelstarke Schmerzen, Leiden oder Ängste über einen längeren Zeitraum zu erwarten sind.
Beispiele: Implantation eines Kunstherzes, tödlich verlaufende Krebskrankheiten, Toxizitätsstudien, die zum Tode führen, vollständige Isolation von geselligen Tieren (z. B. Schafe und Affen) für einen längeren Zeitraum

Keine Wiederherstellung der Lebensfunktion

Ja, so heißt das offiziell, auch wenn es so klingt, als hätte ich mir das ausgedacht, um das Wort Tötung zu vermeiden. Der Wortlaut soll deutlich machen, dass es sich um Tierversuche unter Narkose handelt, aus denen das Tier anschließend nicht mehr aufwacht.
Beispiele: Lungenuntersuchungen, durch die eine maschinelle Beatmung notwendig wird, Beobachtung neuronaler Aktivitäten unter Narkose

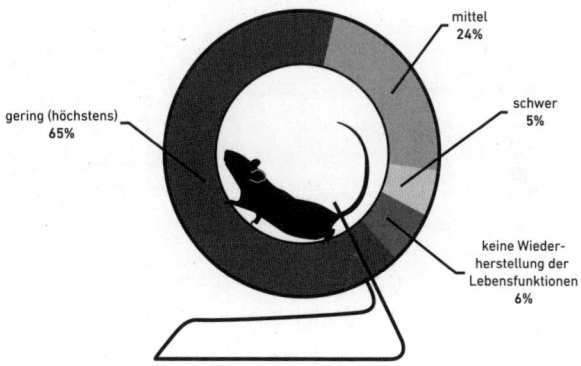

Abbildung 8.3: Verteilung der Schweregrade bei durchgeführten Tierversuchen.

Tötung zur Organentnahme

Rein rechtlich gesehen ist dies kein Tierversuch, weil an keinem lebendigen Tier ein Versuch vorgenommen wird. Trotzdem sterben hier Tiere für die Forschung, die natürlich zu Recht in die Statistik aufgenommen werden.
Beispiele: Töten eines Tieres, um nach dem Tod das Gehirn zu mikroskopieren oder Zellen der Leber für In-vitro-Versuche weiterzuverwenden.

Fast alle Versuchstiere werden letztlich getötet.

Selbst bei Versuchen mit geringer Belastung ist eine Tötung (Einschläferung) im Regelfall gesetzlich vorgeschrieben, um zu vermeiden, dass Tiere an Folgen des Versuchs, die man nicht erkennt oder wahrnimmt, leiden könnten. Doch nicht alle Tiere sterben für einen wissenschaftlichen Zweck. Auch »Überschusstiere« werden eingeschläfert.

Beispiele: Bei der Zucht von genveränderten Tieren kann man die Zucht oft nur so gestalten, dass nur einer von mehreren Nachkommen den richtigen Genotyp hat. Wenn man die Geschwister nicht sinnvoll als Kontrollgruppe einsetzen kann, sind sie überzählig. Zuchtpaare, die zu alt zum Züchten geworden sind, zählen ebenfalls zu diesem Überschuss. Auch weil die Größe eines Wurfs schwankt, kann für einen Tierversuch zumeist nicht die exakte Anzahl der benötigten Tiere gezüchtet werden; auch so bleiben Tiere übrig, die getötet werden müssen.

Das 3R-Prinzip: Replace, Reduce, Refine
Unter dem 3R-Prinzip versteht man den Konsens darüber, dass Tierversuche, wann immer möglich, durch alternative Verfahren ersetzt werden müssen *(Replace)*, dass nur so viele Tierversuche wie nötig und so wenige wie möglich durchgeführt werden *(Reduce)* und dass die Methoden fortlaufend verbessert werden müssen *(Refine)*, um das Leid der Versuchstiere zu minimieren und die Qualität der Ergebnisse zu maximieren. Das 3R-Prinzip ist implizit auch im deutschen Tierschutzgesetz verankert.
Dabei spielt die **Leidensfähigkeit** der Tiere eine wichtige Rolle. Deswegen werden etwa Tierversuche mit Menschenaffen so gut wie gar nicht durchgeführt (in Deutschland zuletzt 1991), Versuche mit Fliegen, Würmern oder Insekten hingegen gelten nicht als »Tierversuche«, weswegen diese Tiere keinen entsprechenden Schutzmaßnahmen unterliegen.

---

zustellen. Interessanterweise wird die Contergan-Katastrophe nicht nur von Tierversuchsgegnern, sondern auch von Befürwortern gerne erwähnt. Die amerikanische »Contergan-Heldin« und FDA-Mitarbeiterin Frances Oldham (Box 4.1, Seite 127) hatte nämlich nach Daten mit trächtigen Tieren verlangt. Da diese fehlten, hatte sie die Zulassung für den amerikanischen Markt nicht erlaubt. Mit der Reform des Arzneimittelgesetzes von 1976 (siehe Seite 130) wurden Versuche an trächtigen Tieren verpflichtend, bevor ein Medikament für Schwangere zugelassen werden darf. Außerdem führte die Aufarbeitung des Contergan-Skandals zu einer weiteren Vorschrift für Medikamente: Sie müssen an unterschiedlichen Tierarten getestet werden. Denn im Nachgang fand man heraus, dass Contergan auf Mäuse und Ratten gar keine teratogene Wirkung hat. Hätte man nur an ihnen getestet, hätte man die Gefahr ebenfalls übersehen. Bei Kaninchen hätte man die Wirkung festgestellt – und die Katastrophe so verhindern können.

Doch wenn man die Frage »Sind Tierversuche wirklich notwendig?« so beantworten möchte, dass die Antwort der Frage und den Tieren gerecht wird, verlangt es eine vielschichtige Betrachtung. Zunächst sollte man festhalten, dass es schlicht und einfach nicht stimmt, dass Tierversuche keine Erkenntnis für den Menschen bringen. Die Historie der medizinischen Durchbrüche spricht da für sich. Seitdem 1901 der erste Nobelpreis für Medizin vergeben wurde, gab es nur eine Handvoll nobelpreiswürdiger Durchbrüche, die ohne Tierversuche auskamen (siehe Zeitstrahl Seite 313). Und seit 1984 gab es keinen einzigen Medizinnobelpreis, dessen Forschung nicht wenigstens zum Teil auf Studien an Tieren beruhte. Das liegt nicht etwa daran, dass immer mehr Tierversuche gemacht werden. Obwohl der Bund in den letzten Jahren zunehmend mehr Geld für Gesundheitsforschung lockermacht, hat sich die Anzahl der Versuchstiere kaum geändert.

Der Grund ist vielmehr die überwältigende Komplexität, mit der man es in der medizinischen Forschung zu tun hat – ich erinnere nur an das vergleichsweise übersichtliche Stoffwechselposter auf Seite 150. Diese Komplexität kann in den allermeisten Fällen nur **in vivo,** also in einem lebenden Organismus, im Tierversuch, untersucht werden.

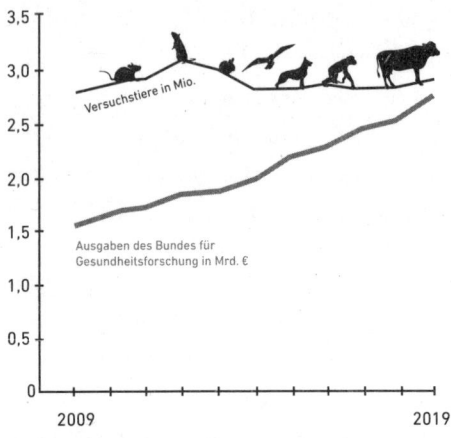

Abbildung 8.4: Zahl der Versuchstiere im Zehnjahreszeitraum.[7]

Aber gibt es denn inzwischen nicht ausreichend **Alternativen zu Tierversuchen?** War da nicht etwas in den Niederlanden? Vielleicht habt ihr auch schon davon gelesen: Die Niederlande gelten als Vorbild für die EU, da das Land angeblich einen Masterplan hat, um bis 2025 aus sämtlichen Tierversuchen auszusteigen. Das klingt tatsächlich fantastisch – und ist leider zu schön, um wahr zu sein. Der Mythos um den angeblichen Ausstiegsplan aus allen Tierversuchen bezieht sich auf eine Empfehlung des niederländischen *Nationalkomitees zum Schutz von Versuchstieren in der Wissenschaft* (NCad), die im Dezember 2016 veröffentlicht wurde.[8] Darin hielt es das Komitee allerdings lediglich für möglich, dass Tierversuche im Bereich der »regulatorischen Sicherheitsprüfungen« bis 2025 eingestellt werden könnten. Darunter versteht man Qualitätskontrollen, toxikologische Untersuchungen und Unbedenklichkeitsprüfungen für Chemikalien, Lebensmittelinhaltsstoffe, Pestizide und so weiter. Der Grund für den Optimismus in diesem Anwendungsbereich lässt sich methodisch erklären, denn diese Arten von Tests haben einen wesentlichen Vorteil: Da man ganz konkret benennen kann, welche Eigenschaft getestet werden soll und welche Anforderungen die Testmethode erfüllen muss, kann eine Methode sehr zielgerichtet entwickelt werden. Beispiel: Um zu testen, ob eine Substanz schädlich für Schleimhäute ist, gibt es den sogenannten **Draize-Augenreizungstest**, bei dem die zu prüfenden Chemikalien Kaninchen ins Auge geträufelt werden. Viele dieser Kaninchen können inzwischen durch befruchtete Hühnereier ersetzt werden, in denen Adergeflechte empfindlich auf schleimhautreizende Substanzen reagieren – keine tierfreie Methode, aber eine schmerzfreie.[9]

Am Fraunhofer-Institut ISC in Würzburg arbeiten Wissenschaftler an einer ganz tierfreien Methode, nämlich einem Labormodell einer künstlichen menschlichen Augenhornhaut.[10] Ihr Ziel ist es, den Draize-Augenreizungstest komplett zu ersetzen. Denn wenn eine Chemikalie beim Hühnerei-Test keine schädigende Wirkung zeigt, muss diese Substanz nach aktuellen Regularien dennoch am Kaninchenauge getestet werden, um sicherzugehen. Interessanterweise ist die größte Herausforderung bei einem künstlichen »Labor-Auge« nicht, die Augenhornhaut nachzubauen, sondern die Wirkung von potenziell schädlichen Substanzen darauf verlässlich zu erkennen. Derzeit tüfteln die Würzburger in Zusammenarbeit mit dem Bundesinstitut für Risikobewertung und weiteren Kollaborationspartnern an einer nicht-invasiven Messmethode, um eine etwaige Schädigung des Auges festzustellen, ohne durch die Messung selbst weitere Schäden oder Störungen zu verursachen.[11] Nur wenn dieses *In-vitro*-Modell wirklich verlässlich ist, wird diese Methode als Alternative zum Tierversuch zugelassen werden.

Wenn es um die Sicherheitsprüfung von Verbraucherprodukten geht, ist es nicht nur eine wissenschaftlich-technische, sondern auch eine regulatorische Frage, wie viele Tiere für unsere Sicherheit leiden oder sterben müssen. Inzwischen ist es etwa EU-weit verboten, kosmetische Produkte an Tieren zu testen. Das betrifft nicht nur Shampoo, Deo oder Make-up, sondern auch Zahnpasta oder Waschmittel. Als das Verbot 2003 eingeführt wurde, gab es kaum tierfreie Testmethoden – doch die Verbotsnot schien erfinderisch zu machen. Viele Testmethoden an menschlichen Zellen, die heute in unterschiedlichen Industriebranchen viele Tierversuche ersetzen können, wurden in der Kosmetikindustrie entwickelt. Nicht für alle Testmethoden gibt es passende Ersatzmethoden mit menschlichen Zellen, doch wenn, dann sind diese oft sogar verlässlicher als die entsprechenden Tierversuche.

So gesehen kann man politische Zielsetzungen wie in den Niederlanden nur begrüßen – allerdings wäre es naiv, sich vorzustellen, dass allein Verbote und Förderungen der Schlüssel zu Innovationen seien. Für Tierversuche in der translationalen Medizin und der Grundlagenforschung sehen auch die Niederländer keine Möglichkeit, aus Tierversuchen auszusteigen, da die geeigneten Ersatzmethoden hier deutlich schwieriger zu entwickeln sind. Aber warum eigentlich? Wenn man an einem »Labor-Auge« irgendwann testen kann, ob eine Substanz schleimhautreizend ist, warum kann man daran nicht auch alle möglichen Augenkrankheiten untersuchen?

Na ja, selbst wenn man nun ein superlebensnahes künstliches Auge herstellen könnte, wäre es ja maximal so gut wie ein Auge, das man sich aus der Augenhöhle reißt und auf eine Petrischale legt. Ob die Schleimhäute aufgefressen werden, wenn man da Säure draufkippt, wird man dann immer noch feststellen können, viel mehr aber auch nicht. Sorry für diese unangenehmen Bilder, aber ihr seht – diese Bilder seht ihr sogar, obwohl eure Augen eigentlich nur Buchstaben sehen, so wundersam ist unser Körper. Und so komplex. Unsere Organe sind von unterschiedlichem Gewebe umgeben, werden durch den Blutkreislauf miteinander verbunden und mit unterschiedlichen Substanzen versorgt. Mit jedem Atemzug, den ihr nehmt, während ihr diese Zeilen lest, wird an euren Lungenbläschen Sauerstoff gegen CO_2 getauscht. Jeder Bissen, der in Magen und Darm landet, wird in Kaskaden von chemischen Reaktionen verstoffwechselt. Die chemischen Abbauprodukte werden ebenfalls durch den Körper transportiert und stellen da unterschiedliche Dinge an. Und wenn wir an unser Gehirn denken und daran, dass es auf äußere Einflüsse und Erfahrungen physiologisch reagiert – und dass auch dieses Buch euer Gehirn verändert! (siehe Kapitel 7) –, dürfte uns dämmern, dass ein einzelnes künstliches Organ im Labor, und sei es noch so ausgeklügelt, die Realität nur sehr beschränkt darstellt.

Aber Forscher sind ja bekanntlich Füchse. Das Zusammenspiel unterschiedlicher Organe wird beispielsweise in sogenannten **Organoiden** nachgebastelt, die man sich als eine Art Zellklümpchen vorstellen kann, in denen auf wenigen Millimetern unterschiedliche Zellarten, zum Beispiel Herz-, Nieren- und Leberzellen, im richtigen Verhältnis gezüchtet und zusammengebracht werden.[12]

Eines der derzeit heißesten Forschungsthemen sind **Multi-Organchips**, auch *human on a chip* genannt.[13] Auf Siliziumnitrid-Plättchen, genauer gesagt auf Membranen, die problemlos in eine Hosentasche passen, werden Zelltypen aller Art kultiviert und können sogar miteinander durch eine blutähnliche Flüssigkeit verbunden werden. Dadurch entstehen ganz neue Möglichkeiten, etwa um die Schädlichkeit von Substanzen zu untersuchen. Nehmen wir beispielsweise Leberzellen. Da die Leber eines unserer »Detox-Organe« ist (weswegen sämtliche »Detox-Kuren«, von denen man so im Netz liest, übrigens ziemlicher Quark sind; alles, was man zum »Detoxen« braucht, sind Leber und Nieren), ist sie geübt darin, mit toxischen Substanzen umzugehen. (Solange man es nicht übertreibt, wie beispielsweise mit Alkohol, da wird die Leber irgendwann auch in Mitleidenschaft gezogen.) Doch nur, weil Leberzellen gut mit bestimmten Substanzen umgehen können, heißt das nicht automatisch, dass der Rest des Körpers damit auch klarkommt. Mithilfe von Organchips könnte man nun Leberzellen mit anderen Körperzellen verbinden und nicht nur die zu untersuchenden Substanzen, sondern auch ihre Abbauprodukte durch feine Kanäle hin- und hertransportieren.[14] Ja, selbst personalisierte Chips, die mit Zellen eines bestimmten Patienten bepflanzt werden, sind denkbar! Die Hoffnungen, die man derzeit in solche Organchips setzt, sind riesig.

Auch im Bereich der Hirnforschung werden beeindruckende Fortschritte erzielt. Es gibt inzwischen eine ganze Bandbreite an nicht-invasiven bildgebenden Methoden, bei denen man Menschen in eine Röhre schiebt oder ihnen eine verkabelte Haube aufsetzt, um ihre Gehirnaktivitäten zu beobachten. Dadurch konnten bereits viele Tierversuche in der neurologischen Forschung ersetzt werden. Allerdings geben die dabei entstehenden Bilder nur verhältnismäßig grobe Einblicke. Man kann Hirnregionen oder Vernetzungen von Regionen beobachten, nicht aber feinere Netzwerke oder gar die Interaktion einzelner Hirnzellen. In Kapitel 7 haben wir gelernt, dass man von der Hirnstruktur oft keine Verhaltensweisen oder Persönlichkeitseigenschaften ableiten kann – ein Grund dafür ist die grobe Auflösung dieser nicht-invasiven Methoden. Man kann zwar Hirnregionen identifizieren, die mit Müdigkeit, Hunger oder Aggression zu tun haben, aber nicht erkennen, wie die verschiedenen Hirnzellen konkret zusammenarbeiten, um diese Funktionen zu erfüllen. Deutlich höhere Auflösungen liefern da invasive Methoden, bei denen beispielsweise Elektroden im Gehirn von Versuchstieren angebracht werden. Das klingt insofern brutaler, als es ist, da man im Hirn wenigstens kein Schmerzempfinden hat. Doch auch hier lassen Forschende ihre eigenen

Hirne auf Hochtouren laufen, um eine Alternative zu finden. Ein aktuelles Mammutprojekt ist das EU-geförderte »Human Brain Project« mit dem Ziel, Teile des Gehirns mit Computermodellen zu simulieren[15] – das derzeit allerdings noch mehr Vision als Realität ist.

An innovativen Ansätzen für Tierversuchsalternativen mangelt es nicht. Doch vor allem durch die verzerrte Medienlinse erscheinen manche Hypes größer, als sie sind. Laut dem Marktforschungsunternehmen Gartner durchlaufen neue Technologien einen »Hype-Zyklus«:

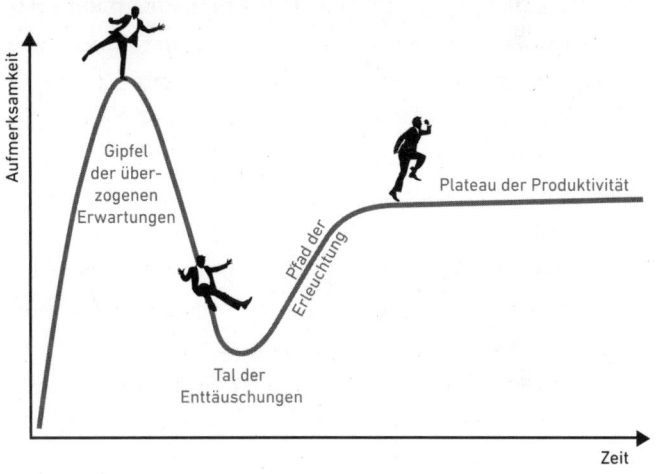

Abbildung 8.5: Der »Hype-Zyklus« nach Gartner Inc.

Nach einem anfänglichen Hype, der sich bis zu einem »Gipfel der überzogenen Erwartungen« hochschaukelt, folgt in der Regel das »Tal der Enttäuschungen«, weil man sich meist doch zu viel von einer neuen Technik verspricht. Ziel ist es, nach einem »Pfad der Erleuchtung«, auf dem sich die Technologie robust weiterentwickelt und zumindest einen Teil der enttäuschten Erwartungen Stück für Stück wieder bedienen kann, möglichst schnell auf dem »Plateau der Produktivität« und damit in der breiten Anwendung anzukommen. Die vielversprechende Technologie der Organchips wird derzeit von Experten noch auf dem Gipfel der überzogenen Erwartungen verortet und ist von einer breiten Anwendung, die Tierversuche nennenswert reduzieren wird, noch einige Jahre entfernt.[16]

Wie viele Jahre denn? Und wie viele Tiere können verschont werden? Darüber sind sich Fachleute nicht wirklich einig, es gibt pessimistischere und optimistischere Stimmen, doch die Diskussionen innerhalb der wissenschaftlichen Community sind lange nicht so aufgeheizt wie die öffentlichen Debatten. Denn eine Tatsache ist leider unumstritten: **Noch sind wir technologisch weit davon entfernt, Tierversuche ganz ersetzen zu können.**

Sonst würden wir das übrigens auch schon längst tun. Denn laut Paragraf 7a des Tierschutzgesetzes dürfen Tierversuche überhaupt nur durchgeführt werden, wenn »der verfolgte Zweck nicht durch andere Methoden oder Verfahren erreicht werden kann«.[17] Davon abgesehen, haben auch Forschende großes Interesse daran, Tierversuche nach Möglichkeit zu ersetzen, allein schon wegen des Aufwands und der Kosten. Versuchstiere brauchen Pflege, Platz und Ressourcen. Im Deutschen Tierschutzgesetz ist vorgeschrieben, dass die Tiere entsprechend ihrer Bedürfnisse zu halten sind: die richtige Nahrung, die richtigen Licht- und Belüftungsverhältnisse, Beschäftigungsspielzeug. Es muss Personal eingestellt werden, das sich um die allgemeine und medizinische Versorgung kümmert. Die Einhaltung all dessen wird von externen Behörden kontrolliert. Und Tierversuche sind auch bürokratische Monster, da sie aufwendigen Antrags- und Begutachtungsverfahren unterliegen.[18]

Der Einsatz von Alternativmethoden wäre in der Regel im

Vergleich nicht nur günstiger – die allermeisten Forschenden wären natürlich froh, wenn sie keine Tierversuche mehr machen müssten. Nur weil Wissenschaftler sachlich arbeiten müssen, sind sie nicht automatisch herzlose Maschinen. Ich kenne viele Wissenschaftlerinnen und Wissenschaftler, die zwar von einer Notwendigkeit von Tierversuchen überzeugt sind, es aber dennoch nicht übers Herz bringen, selbst Tiere zu töten. Das ist nicht viel anders als Menschen, die gerne Fleisch essen und es gut mit ihrem Gewissen vereinbaren können, dafür Tiere zu töten, es aber niemals selbst machen wollten.

Halten wir also fest: Tierversuche sind nur begrenzt auf Menschen übertragbar und ja, das ist frustrierend. Auch wirtschaftlich ist es für einen Pharmakonzern nicht gerade prickelnd, dass die meisten Wirkstoffkandidaten, die in präklinischen Studien mit viel Kosten und Aufwand getestet werden, am Ende nicht auf den Markt kommen. Fortschritte bei alternativen Methoden, die nicht nur Tierleid reduzieren, sondern auch die Verlässlichkeit erhöhen, sind etwas, auf das sowohl Tierversuchsgegner als auch Forschende hoffen dürften. Doch die biochemischen Prozesse in einem lebenden Organismus sind so komplex, dass man ohne In-vivo-Studien derzeit noch recht hilflos dastehen würde. Dass medizinische Forschung so kompliziert ist, erklärt sowohl, warum wir Tierversuche noch nicht vollständig ersetzen können, als auch, warum sie nur bedingt verlässlich sind.

KOSTEN VS. NUTZEN: WARUM EINE ABWÄGUNG SCHWERER IST, ALS ES SCHEINT

Die Liste der Medizin-Nobelpreisträger ist eines der eindrücklichsten Argumente für die Bedeutung von Tierversuchen für die medizinische Forschung. Auch die Coronaimpfstoffe, auf welche die Welt 2020 fiebernd (buchstäblich wie metaphorisch) gewartet hat, hätte man ohne Tierversuche nicht entwickeln können.

Die Wirksamkeit des ersten bei uns zugelassenen mRNA-Impfstoffs *Comirnaty* wurde in Rhesusaffen bestätigt, die man nach der Impfung gezielt mit dem Virus infizierte.[19] Das hat man natürlich nicht auf gut Glück gemacht, sondern erst, nachdem man in Mäusen und Ratten beobachten konnte, dass der Impfstoff eine Immunantwort auslöst und dass keine gravierenden Nebenwirkungen auftreten. Diese Tierversuche konnten wiederum nur deswegen durchgeführt werden, weil das biochemische Grundprinzip eines mRNA-Impfstoffs in der Vergangenheit mithilfe von Tierversuchen aufgeschlüsselt werden konnte – kurzer Ausflug dazu:

In Mäusezellen wie auch in Menschenzellen schwimmt ganz viel mRNA im Zytosol, also in der Zellflüssigkeit, herum. Das »m« in mRNA steht für *messenger,* es handelt sich also um Boten-RNA. Welche Botschaften überbringt sie denn? Es sind Baupläne für Proteine, die in der Sequenz der RNA niedergeschrieben sind. Für jede erdenkliche biologische Funktion in der Zelle gibt es ein bestimmtes Protein. Immer wenn ein bestimmtes Protein hergestellt werden muss, wird der Bauplan dieses Proteins durch entsprechende mRNA-Moleküle zu den Proteinfabriken der Zellen, den Ribosomen, transportiert, wo der Bauplan aus der RNA-Sequenz abgelesen und das Protein hergestellt wird. Bei einem mRNA-Impfstoff wird nun mRNA injiziert, die an sich eigentlich noch kein Impfstoff ist, aber den

Jahr	Person(en)	Thema
1901	Emil von Behring	Funktion der Serumtherapie, insbesondere bei Diphtherie
1902	Ronald Ross	Forschung zu Malaria
1904	Iwan Pawlow	Physiologie der Verdauung
1905	Robert Koch	Übertragung und Behandlung der Tuberkulose
1906	Camillio Golgi, Santiago Ramón y Cajal	Struktur des Nervensystems
1907	Alphonse Laveran	Rolle von Protozoen bei der Entstehung von Krankheiten
1908	Ilja Metschnikow, Paul Ehrlich	Immunität bei infektiösen Erkrankungen
1910	Albrecht Kossel	Chemie der Zelle und Inhalt des Zellkerns
1912	Alexis Carrel	Entwicklung der Gefäßnaht-Technik
1913	Charles Richet	Entdeckung der Überempfindlichkeit gegenüber Antigenen
1919	Jules Bordet	Grundlegende Entdeckungen zur Immunität
1920	August Krogh	Entdeckung des kapillarmotorischen Regulationsmechanismus
1922	Archibald Hill, Otto Meyerhof	Stoffwechsel und Wärmeerzeugung der Muskeln
1923	Frederick Banting, John J. R. Macleod	Entdeckung des Insulins
1924	Willem Einthoven	Elektrokardiogramm
1926	Johannes Fibiger	Entdeckung des Fadenwurms Spiroptera carcinoma (Krebsforschung)
1928	Charles Nicolle	Forschung zu Typhus
1929	Christiaan Eijkman, Frederick G. Hopkins	Bedeutung von Vitaminen
1932	Charles Sherrington, Edgar Adrian	Forschung zur elektrischen Aktivität in Neuronen
1933	Thomas H. Morgan	Rolle der Chromosomen in der Vererbung
1934	George Whipple, George Minot, William Murphy	Entdeckung der Lebertherapie und perniziösen Anämie
1935	Hans Spemann	Zum „Organisator-Effekt" in der Embryonalentwicklung
1936	Henry Dale, Otto Loewi	Entdeckung der Neurotransmitter
1938	Corneille J. F. Heymans	Regulation der Atmung
1939	Gerhard Domagk	Entdeckung der antibakteriellen Wirkung des Prontosil

1943	**Henrik Dam, Edward Doisymil von Behring** Entdeckung des Vitamin K
1944	**Joseph Erlanger, Herbert Gasser** Forschung zu differenzierten Funktionen der einzelnen Nervenfasern
1945	**Alexander Fleming, Ernst Chain, Howard W. Florey** Entdeckung des Penizillin
1946	**Hermann Muller** Entdeckung der mutagenisierenden Wirkung von Röntgenstrahlung
1947	**Gerty Cori, Carl Cori, Bernardo Houssay** Forschung zum Kohlenhydrat-Stoffwechsel
1948	**Paul H. Müller** Entdeckung des Insektizids DDT
1949	**Walter R. Hess, Antonio E. Moniz** Forschung zur funktionalen Organisation des Hirns und zur chirurgischen Behandlung von Psychosen
1950	**Edward Kendall, Tadeus Reichstein, Philip Hench** Struktur und Funktion der Nebennierenhormone
1951	**Max Theiler** Impfstoff gegen Gelbfieber
1952	**Selman Waksman** Entdeckung des Streptomycin
1953	**Hans Krebs, Fritz Lipmann** Der Citratzyklus
1954	**John Enders, Thomas Weller, Frederick Robbins** Entdeckung der Züchtung von Polioviren in Kultur
1955	**Axel Theorell** Wirkweise der Oxydationsenzyme
1956	**André F. Cournand, Werner Forssmann, Dickinson W. Richards** Entwicklung der Herzkatheterisierung
1957	**Daniel Bovet** Entwicklung von Substanzen, die die Wirkung biologischer Amine hemmen
1958	**George Wells Beadle, Edward Lawrie Tatum** Gen-Aktivität
1960	**Frank Burnet, Peter Medawar** Entdeckung der erworbenen immunologischen Toleranz
1961	**Georg von Békésy** Entdeckung der mechanischen Funktion des Innenohrs
1962	**Francis Harry Compton Crick, James Dewey Watson, Maurice Hugh Frederick Wilkins** Molekülaufbau DNA
1963	**John Eccles, Alan Hodgkin, Andrew Huxley** Entstehung des Aktionspotenzials in Neuronen
1964	**Konrad Bloch, Feodor Lynen** Fettsäure-Stoffwechsel und Regulation des Cholesterins
1966	**Peyton Rous, Charles Huggins** Entdeckungen zur Ursache und Behandlung von Tumoren
1967	**Haldan Hartline, George Wald, Ragnar Granit** Physiologie des Sehens
1968	**Robert Holley, Marshall Nirenberg, Gobind Khorana** Interpretation des genetischen Codes und seiner Funktion bei der Proteinsynthese
1969	**Max Delbrück, Alfred D. Hershey, Salvador E. Luria** Nachbildung der Mechanik und der genetischen Struktur eines Viruses

1970 — Bernard Katz, Ulf von Euler, Julius Axelrod
Speicherung, Freisetzung und Inaktivierung von Neurotransmittern an den Synapsen

1971 — Earl Sutherland
Entdeckungen über die Wirkungsmechanismen von Hormonen

1972 — Rodney Porter, Gerald Edelman
Chemische Struktur der Antikörper

1973 — Konrad Lorenz, Nikolaas Tinbergen, Karl von Frisch
Organisation sozialer Verhaltensmuster

1974 — Albert Claude, George Palade, Christian de Duve
Strukturelle und funktionale Organisation der Zellen

1975 — Renato Dulbecco, Howard Temin, David Baltimore
Entdeckungen auf dem Gebiet der Wechselwirkungen zwischen
Tumorviren und dem genetischen Material der Zelle

1976 — Carleton Gajdusek, Baruch Blumberg
Entdeckungen von neuen Mechanismen bei der
Entstehung und Verbreitung von Infektionskrankheiten

1977 — Roger Guillemin, Andrew V. Schally, Rosalyn Yalow
Hypothalamische Hormone

1979 — Godfrey Hounsfield, Allan Cormack
Entwicklung der Computertomografie

1980 — Baruj Benacerraf, Jean Dausset, George D. Snell
Entdeckung genetisch bestimmter zellulärer
Oberflächenstrukturen, von denen immunologische Reaktionen gesteuert werden

1981 — Roger W. Sperry, David H. Hubel, Torsten N. Wiesel
Visuelle Informationsverarbeitung des Gehirns

1982 — Bengt I. Samuelsson, John R. Vane, Sune K. Bergstrom
Entdeckung der Prostaglandine

1984 — Niels K. Jerne, Georges J. F. Köhler, César Milstein
Theorien über den spezifischen Aufbau und die Steuerung des Immunsystems

1985 — Michael S. Brown, Joseph L. Goldstein
Entdeckungen zur Regulierung des Cholesterin-Stoffwechsels

1986 — Rita Levi-Montalcini, Stanley Cohen
Isolierung und Charakterisierung des Nervenwachstumsfaktors
und des Epidermalen Wachstumsfaktors

1987 — Susumu Tonegawa
Entdeckung der genetischen Grundlage für
das Entstehen des Variationsreichtums der Antikörper

1988 — James W. Black, Gertrude B. Elion, George H. Hitchings
Entdeckungen zu wichtigen biochemischen Prinzipien der Arzneimitteltherapie

1989 — John M. Bishop, Harold Varmus
Entdeckung des zellularen Ursprungs der potenziell krebserzeugenden Retroviren

1990 — Joseph E. Murray, Edward D. Thomas
Techniken der Organtransplantation im Menschen

1991 — Erwin Neher, Bert Sakmann
Entwicklung der Patch-Clamp-Technik zur Messung an einzelnen Ionenkanälen

1992 — Edmond H. Fischer, Edwin G. Krebs
Entdeckung der Mechanismen, welche die Stoffwechselvorgänge in Organismen steuern

1993 — Richard J. Roberts, Phillip A. Sharp
Identifizierung des diskontinuierlichen Aufbaus einiger Erbanlagen von Zellorganismen

1994 — Alfred G. Gilman, Martin Rodbell
Entdeckung der Zellkommunikation und im Speziellen Entdeckung der G-Proteine

1995 — Edward B. Lewis, Christiane Nüsslein-Volhard, Eric Wieschaus
Forschung über die genetische Kontrolle der frühen Embryonalentwicklung

1996 — Peter C. Doherty, Rolf M. Zinkernagel
Entdeckung, wie das Immunsystem virusinfizierte Zellen erkennt

1997	Stanley B. Prusiner Entdeckung und Charakterisierung der Prionen
1998	Robert Furchgott, Louis Ignarro, Ferid Murad Erkenntnisse über den sekundären Botenstoff Stickstoffmonoxid und seine Rolle im Kardiovaskularsystem
1999	Günter Blobel Entdeckung der Signalpeptide
2000	Eric Kandel, Paul Greengard, Arvid Carlsson Entdeckungen betreffend der Signalübertragung im Nervensystem
2001	Leland Hartwell, Timothy Hunt, Paul Nurse Entdeckung maßgeblicher Regulatoren für den Ablauf der Zellteilung
2002	John Sulston, Robert Horvitz, Sydney Brenner Forschung auf dem Gebiet der genetischen Regulierung der Organentwicklung und des programmierten Zellsterbens
2003	Peter Mansfield, Paul Lauterbur Entdeckungen im Zusammenhang mit der Magnetresonanztomografie
2004	Richard Axel, Linda Buck Forschung zu Geruchsrezeptoren und der Organisation des olfaktorischen Systems
2005	Barry Marshall, Robin Warren Entdeckung von Helicobacter-Pylori-Bakterien und deren Rolle bei Magengeschwüren und Magenkrebs
2006	Andrew Fire, Craig Mello Entdeckung der RNA-Interferenz
2007	Mario Capecchi, Martin Evans, Oliver Smithies Forschung zur Knockout-Maus
2008	Harald zur Hausen, Françoise Barré-Sinoussi, Luc Montagnier Die Rolle von HPV und HIV bei der Entstehung von Krankheiten
2009	Elizabeth H. Blackburn, Carol W. Greider, Jack W. Szostak Entdeckungen auf dem Gebiet der Telomer- und Telomeraseforschung
2010	Robert Edwards Entwicklung der In-vitro-Fertilisation
2011	Jules Hoffmann, Bruce Beutler, Ralph Steinman Entdeckungen auf dem Gebiet der angeborenen und erworbenen Immunität
2012	John Gurdon, Shinya Yamanaka Entdeckung, dass ausgereifte Zellen in Stammzellen verwandelt werden können
2013	James E. Rothman, Randy W. Schekman, Thomas C. Südhof Entdeckung des Steuerungssystems für den Transport und die Zustellung von zellulärer Fracht
2014	May-Britt und Edvard Moser, John O'Keefe Räumliche Orientierung
2015	William C. Campbell, Satoshi Ōmura, Youyou Tu Antiparasitika (Wirkstoffe gegen Malaria und Wurm-Krankheiten)
2016	Yoshinori Ohsumi Zelluläre Autophagie
2017	Jeffrey Hall, Michael Rosbash, and Michael Young Entschlüsselung der inneren Uhr
2018	Tasuko Honjo and James P Allison Krebstherapie durch Hemmung der negativen Immunregulation
2019	William G. Kaelin Jr, Peter J. Ratcliffe, Gregg L. Semenza Sauerstoff erfassen und anpassen
2020	Harvey J. Alter, Michael Houghton, Charles M. Rice Emmanuelle Charpentier, Jennifer A. Doudna Entdeckung des Hepatitis-C-Virus, Methode zur Bearbeitung des Genoms

Bauplan dafür trägt – den Impfstoff stellen unsere Zellen dann selbst her! Das ist das geniale Grundprinzip. (Übrigens: Dass die DNA durch solche »genbasierten Impfstoffe« verändert werden könnte, ist eine unbegründete Befürchtung. Nicht nur sitzt die DNA im Zellkern, wo die mRNA gar nicht hinkommt, sondern RNA kann sich auch nicht so ohne Weiteres in DNA umwandeln. Und nicht zuletzt bringen auch Viren selbst ihre genetische Information, sei es in Form von DNA oder RNA, in unsere Zellen ein, wenn sie uns befallen. Schlimmer noch, Viren kapern unsere Zellen regelrecht und wandeln sie in Virenfabriken um. Unschön, aber genetische Mutanten werden wir dadurch nicht.)

Dass dieses mRNA-Prinzip grundsätzlich funktioniert, wurde bereits in den Neunzigern an Mäusen demonstriert.[20] Und auch das darf man sich nicht so vorstellen, als würde man sich eine Maus schnappen und einfach mal ein bisschen mRNA reinspritzen und schauen. Wenn man genbasierte Therapien oder Impfstoffe nicht in ein geeignetes Vehikel setzt, das sie unter anderem vor dem Immunsystem abschirmt, kriegt man das Zeug erst gar nicht in die Zelle. Es gibt einen ganzen Forschungsbereich, Drug Delivery, der sich nur um »Verpackung und Transport« von Wirkstoffen dreht. Und ob ein Drug-Delivery-System funktioniert oder nicht, zeigt sich nicht allein in Zellen, sondern erst in Tieren.

Ja, nach einer Pandemie, bei der ein Impfstoff nicht nur Leben rettet, sondern auch Lebensqualität zurückbringt, fällt es relativ leicht, Tierversuche zu rechtfertigen. Die Kosten-Nutzen-Rechnung würde wahrscheinlich für einen Großteil der Menschen aufgehen, würde man sie befragen. Allerdings macht translationale und angewandte Forschung, zu der die Entwicklung von Therapien oder Impfstoffen zählt, gerade einmal 13 Prozent aller Tierversuche aus. Der größte Anteil der Tierversuche, nämlich 47 Prozent, wird in der Grundlagenforschung durchgeführt.

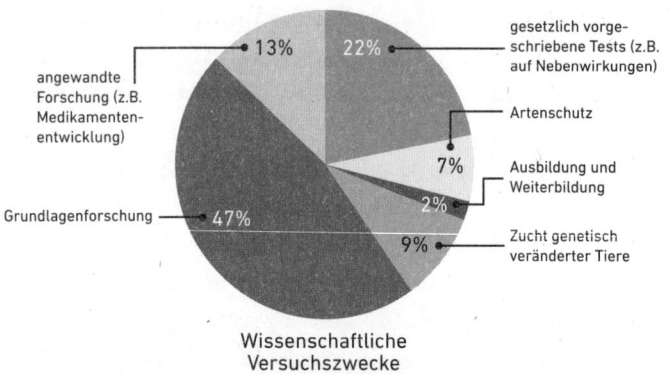

Abbildung 8.6: Einsatz von Tieren zu wissenschaftlichen Versuchszwecken im Jahr 2019.[21]

Tierversuchsgegner werfen Wissenschaftlern deswegen manchmal vor, aus reiner Neugier Tierversuche durchzuführen. Na ja, Grundlagenforschung verfolgt tatsächlich keine bestimmte Anwendung. Ihr einziges Ziel ist es, Dinge besser zu verstehen. Insofern ist der Vorwurf der »Neugier« nicht ganz verkehrt – man muss bloß verstehen, dass diese Neugier das Fundament ist, auf dem anwendungsbezogene Forschung wie Medikamentenentwicklung fußt. Je besser man eine Krankheit versteht, desto gezielter kann man nach Targets und Medikamenten suchen. Die großen medizinischen Durchbrüche, die wahren *Gamechanger*, haben ihren Ursprung meist in der Grundlagenforschung, wo Hinweise auf bis dato unbekannte Krankheitsmechanismen gefunden werden, an denen die gezielte Medikamentenforschung dann ansetzen kann.

Beispiel: 2018 wurde der Nobelpreis für Medizin an James Allison und Tasuku Honjo verliehen für ihre Grundlagenforschung im Bereich der sogenannten **Checkpoint-Inhibitoren**.

Sie lieferte das Fundament für eine neue Art der Krebstherapie, indem sie »Checkpoints« im Immunsystem entdeckten, die helfen, körpereigene Zellen von Eindringlingen zu unterscheiden. Krebszellen sind unter anderem deshalb so schwierig zu bekämpfen, weil es unsere eigenen Zellen sind. Checkpoint-Inhibitoren führen aber nun dazu, dass Krebszellen nicht mehr als körpereigen durchgehen, sondern vom Immunsystem angegriffen werden – was ein Durchbruch für einige bis dahin schwer therapierbare Krebsarten war. Entdeckt wurden die Checkpoints unter anderem durch Tierversuche an Mäusen. Doch zu diesem Zeitpunkt hätten sicher weder Allison noch Honjo gesagt: »Ich suche Krebsmedikamente«, sondern lediglich: »Ich will das Immunsystem besser verstehen.«

Jeder medizinische Durchbruch steht auf den Schultern eines Riesen namens Grundlagenforschung. Man muss das Wort wirklich sehr wörtlich verstehen: **Grundlagenforschung ist die Grundlage jeder Forschung.**

Was Tierversuche in der Grundlagenforschung betrifft, so ist die ethische Abwägung zwischen Nutzen und Kosten viel komplizierter als bei Tierversuchen mit klar definierter medizinischer Fragestellung oder solchen für die Verbrauchersicherheit bestimmter Produkte. Nehmen wir als Beispiel das EU-weite Verbot von Tierversuchen bei Kosmetikartikeln und Waschmitteln. Hier scheint die Abwägung relativ einfach. Wieso sollten Tiere für die Entwicklung einer Feuchtigkeitscreme leiden? Solange man die Anwendung kennt, kann man Kosten (Tierleid) und Nutzen (Entwicklung eines Medikamentes vs. Entwicklung einer Feuchtigkeitscreme) gegeneinander abwägen. Bei der Grundlagenforschung kann man den Nutzen allerdings nur schwer beziffern. Man kann zwar Krankheiten, die viele Menschen betreffen und für die es keine Heilung gibt, als besonders relevant einstufen und zu dem Schluss kommen, dass ausgiebige

Grundlagenforschung besonders wichtig ist, um eine Therapie zu entwickeln. Aber man kann im Vorfeld nicht sagen, wie viele Tiere leiden oder sterben müssten, bis eine Therapie entwickelt ist. Oder ob sich das Leid »gelohnt« hat, weil die Therapie besonders effizient wird, oder ob nur ein Medikament herauskommt, das zwar Symptome lindern kann, aber die Ursache nicht bekämpft. Um es im Bild des Trolley-Problems auszudrücken: Einen Menschen würden die meisten nicht von der Brücke werfen, ein paar Mäuse schon eher. Doch was, wenn man gar nicht weiß, ob die Mäuse die Menschen wirklich retten können? Das ist das Trolley-Problem der Grundlagenforschung.

DAS ECHTE TROLLEY-PROBLEM: EINE FAKTENBASIERTE ETHISCHE DISKUSSION

> Tierversuche zur Erforschung neuer Medikamente sind
> a) unverzichtbar für den medizinischen Fortschritt, da alle Risiken neuer Medikamente durch umfangreiche Tests an Tieren ausgeschlossen werden müssen.
> b) nicht erforderlich und grausam und sollten gestoppt werden, da es bessere Forschungsmethoden gibt.

Das ist nicht nur unsere Fangfrage, sondern die erste Frage einer Umfrage, die der tierversuchskritische Verein »Ärzte gegen Tierversuche« 2017 bei Forsa in Auftrag gegeben hat und die immer wieder in Presseartikeln oder von Tierschutzorganisationen zitiert wird. 41 Prozent stimmten für a), 52 Prozent stimmten für b), der Rest enthielt sich.[22]

Diese Frage steht exemplarisch für das, was mich an der Tierversuchsdebatte tierisch nervt. Mal abgesehen davon, dass kein seriöser Wissenschaftler behauptet, dass durch Tierversuche alle Risiken neuer Medikamente ausgeschlossen werden können (siehe auch Kapitel 4), stimmt es ja schlicht und einfach nicht, dass Tierversuche »nicht erforderlich« sind, da es »bessere Forschungsmethoden« gibt. Wenn dem so wäre, müssten wir nicht mehr lange diskutieren. Dann hätten wir nämlich gar kein Dilemma. Bei der Grundsatzfrage »Tierversuche – ja oder nein?« geht es am Ende des Tages zwar tatsächlich um Meinungen, um Moral, um Ethik und nicht um Fakten – wer allerdings als Entscheidungsgrundlage falsche Tatsachen benutzt, schummelt natürlich.

Gleichzeitig machen es sich manche Wissenschaftler, die sehr wohl die Alternativlosigkeit von *In-vivo*-Versuchen verstehen, manchmal auch zu leicht, indem sie ethisch relativ leicht vertretbare Kosten-Nutzen-Abwägungen bei Medikamenten oder Impfstoffen als Hauptargument einsetzen, ohne transparent zu vermitteln, dass man diese Abwägung bei Grundlagenforschung – die als Grundlage von Forschung unentbehrlich ist – so einfach nicht machen kann.

Für mich sind Tierversuche ein echtes Trolley-Problem. Wie wir Tiere für unsere eigenen Zwecke benutzen, ist schrecklich. Wer keine psychopathische oder sadistische Störung hat, wird das wohl ähnlich sehen. Doch nur weil etwas schlimm ist, heißt es nicht automatisch, dass die Alternative weniger schlimm ist. Der Zug bleibt nicht stehen – man muss sich entscheiden, den Schalter zu drücken oder nicht. Es wird definitiv jemand zu Schaden kommen. Wenn wir den Schalter bei Tierversuchen, wie so oft gefordert, vollständig umlegen, muss uns bewusst sein, in welche Richtung der Zug dann fährt. In Richtung Menschenversuche? Manche fänden es nur fair, wenn Medikamente, die für Menschen entwickelt werden, auch nur an Menschen getestet werden. Diese Idee wird allerdings sehr schnell sehr problematisch. Die erste Hürde wäre unser ethisches Grundverständnis darüber, dass kein Menschenleben einem anderen über- oder untergeordnet werden darf. Genug Freiwillige dürften sich für die vielen Versuche nicht finden, und in den allermeisten Fällen ist die Studie weniger angenehm, als einen Impfstoff gegen eine wütende Pandemie in den Arm gespritzt zu bekommen. Wir müssten also entscheiden, an welchen Menschen man die Versuche – gegen ihren Willen – durchführen wollte. Wen es spätestens hier nicht gruselt, vor dem grusele ich mich ehrlich gesagt. Ich höre tatsächlich immer wieder den Vorschlag, dass man doch einfach Kinderschänder oder Mörder für medizinische Forschung nehmen sollte. Doch selbst wenn man darüber hinwegsehen wollte, dass dies unser ethisches Grundverständnis verletzt, würde das noch lange nicht aufgehen. Denn so viele Kinderschänder und Mörder gäbe es noch nicht einmal.

Allein in Deutschland werden jährlich rund 3 Millionen Versuchstiere gebraucht. Das ist übrigens ein Grund dafür, dass Versuchstiere extra gezüchtet werden. Doch vor allem werden Versuchstiere mit bestimmten genetischen Eigenschaften gezüchtet, sodass man Krankheiten überhaupt erst systematisch untersuchen kann.

Anders gesagt: Würden wir auf Tierversuche verzichten, würde es wohl oder übel darauf hinauslaufen, dass wir quasi ganz auf *In-vivo*-Versuche verzichten. Ein solcher Verzicht würde nicht nur dazu führen, dass Fortschritte in der medizinischen Forschung in vielen Bereichen nicht nur verlangsamt, sondern teilweise ganz gelähmt würden, sondern auch – und das haben die wenigsten auf dem Schirm –, dass die Entwicklung von verlässlich funktionierenden *In-vitro*-Methoden ebenfalls behindert wird. Denn um zu testen, ob beispielsweise eine Epidermisschicht in einer Petrischale ein geeignetes Modell für echte Haut ist oder ob ein computersimuliertes Gehirn tatsächlich genug Ähnlichkeiten mit dem Original hat, muss man zur Validierung und Optimierung der Methode immer wieder mit echter Haut oder echtem Gehirn vergleichen.

Wenn man auf diese Weise konsequent zu Ende denkt, was ein Verzicht auf Tierversuche bedeuten würde, ist es vielleicht nachvollziehbarer, warum Wissenschaftlerinnen und Wissenschaftler in Tierversuchen meist das kleinere Übel sehen.

Es ist jedoch nur legitim, dies anders zu sehen. Man kann durchaus ethisch argumentieren, dass sich der Mensch nicht über andere Lebewesen stellen darf. Wir sind uns in unserer Gesellschaft einig, dass ein Mensch niemals für ein höheres Ziel geopfert werden darf. Auch nicht, um andere Menschen zu retten. Wir wollen den schweren Mann nicht von der Brücke schubsen. Doch warum sollte ich eine schwere Ratte von der Brücke schubsen dürfen, um den Zug aufzuhalten, wenn ich das mit einem Menschen nicht darf?

Es gibt dazu ein anderes passendes moralisches Dilemma: Zwei Boote sinken, in einem sitzt ein Hund, im anderen ein Mensch – doch du kannst nur eines der beiden Boote vor dem Untergang retten. Wen lässt du ertrinken? Laut einer amerikanischen Studie, die 2020 erschien, würden immerhin nur 85 Prozent der Befragten den Menschen retten. 8 Prozent würden sich für den Hund entscheiden, die restlichen 7 Prozent konnten sich gar nicht entscheiden.[23] Und fragte man Kinder, war der **Speziesismus,** also die Tendenz, die eigene Art zu bevorzugen, noch deutlich weniger ausgeprägt: Nur 35 Prozent der Kinder würden den Menschen retten, 28 Prozent den Hund, 37 Prozent konnten sich nicht entscheiden.

Nachdem ich die in meinen Augen relevantesten Punkte dargelegt habe, kann oder will ich zuletzt noch offenlegen: Ich halte Tierversuche für das kleinere Übel und deswegen für ethisch vertretbar. Doch unter der Voraussetzung, dass alle über die wissenschaftlichen Grundlagen ausreichend aufgeklärt wären, vermute ich zwei Dinge: erstens, dass relativ viele Menschen meine Haltung teilen. Und zweitens glaube ich, dass diejenigen, die sie nicht teilen, nicht automatisch denken, dass alle anderen seelenlose Teufel sind. Genauso wie ich diejenigen, die eine andere Überzeugung vertreten, auch verstehen kann. Deswegen finde ich es so schade, dass der öffentliche Diskurs oft durch missverständliche oder schlichtweg falsche Informationen befeuert wird. Etwa die, dass Tierversuche gar nicht mehr nötig wären, was die Fronten unnötig verhärtet. Das bedauere ich nicht etwa, weil ich so harmoniebedürftig wäre, sondern weil wir damit von viel relevanteren Fragen ablenken. Statt uns an der Oberfläche des Problems auf Basis falscher Informationen zu streiten, könnten wir viel tiefer eintauchen und etwa darüber diskutieren, wie wir das 3R-**Prinzip – Replace, Reduce, Refine –** (siehe Box 8, Seite 300) besser umsetzen können, wie wir schnellere Fortschritte in alternativen Methoden machen und wie wir das Leid von Versuchstieren immer weiter reduzieren können. Ja, sogar darüber, ob wir bei Tieren, die nicht für die Wissenschaft, sondern für unsere Ernährung sterben, nicht dieselben Diskussionen in derselben Intensität führen müssten. Wenn nicht sogar in höherer Intensität, wenn man bedenkt, dass über 99 Prozent der Tiere nicht im Labor, sondern unterm Schlachtmesser sterben. Können wir aus den ethischen Richt- und Leitlinien, die für die Forschung an Tieren entworfen wurden, nicht sogar etwas lernen für unseren Umgang mit Tieren allgemein?

Ach, Diskussionen und Meinungsverschiedenheiten könnten so konstruktiv sein, wenn man sich doch bloß auf Tatsachen als kleinsten gemeinsamen Nenner einigen könnte. Wir brauchen viel öfter eine kleinste gemeinsame Wirklichkeit.

KAPITEL 9

DIE KLEINSTE GEMEINSAME WIRKLICHKEIT:

NICHT WENIGER STREITEN, NUR BESSER

> **KEINE FANGFRAGE**
> Lasst uns einfach reden.

»I can't breathe.«

9 Minuten und 29 Sekunden presst der Polizist Derek Chauvin sein Knie auf den Nacken von George Floyd, der vor einem Supermarkt in Minneapolis auf dem Boden liegt.[1] Erst nachdem ein Rettungssanitäter den Polizisten dazu auffordert, steht er auf. Zu spät. Noch im Krankenwagen hört George Floyds Herz auf zu schlagen. Er war 46 Jahre alt und Vater von fünf Kindern. Die letzten Minuten von George Floyds Leben wurden von mehreren Passanten gefilmt. »I can't breathe« ist immer wieder zu hören. In seinen allerletzten Worten ruft er nach seiner Mutter, dann wird er bewusstlos.

Die Aufnahmen schockierten die ganze Welt. Dabei reiht sich George Floyd ein in eine erschreckend lange Liste von Afroamerikanern, die allein in den letzten Jahren durch Polizeigewalt ums Leben kamen: Rayshard Brooks (27), Daniel Prude (41), Breonna Taylor (26), Atatiana Jefferson (28), Aura Rosser (40), Stephon Clark (22), Botham Jean (26), Philando Castille (32), Alton Sterling (37), Michelle Cusseaux (50), Freddie Gray (25), Janisha Fonville (20), Eric Garner (43), Akai Gurley (28), Gabriella Nevarez (22), Tamir Rice (12), Michael Brown (18), Tanisha Anderson (37) …[2] »Wie viele noch?«, »wie lange noch?«, fragt die *Black Lives Matter*-Bewegung, die es müde ist, immer wieder sagen zu müssen, dass auch das Leben schwarzer Menschen schützenswert ist.

Der Tod von George Floyd löste landesweit Massenproteste aus, viele waren friedlich, doch mancherorts, gerade in Minneapolis, mündete die Wut in Ausschreitungen, Vandalismus und Plünderungen. Inmitten dieser schmerzhaften Zeit, in einem von Donald Trump gespaltenen und von der Pandemie gebeutelten Land, teilte David Shor, ein 28-jähriger weißer Datenanalyst, auf Twitter eine wissenschaftliche Studie.[3] Die Studie (des schwarzen Politikwissenschaftlers Omar Wasow) analysierte den Einfluss friedlicher und gewaltvoller afroamerikanischer Proteste auf den Wahlausgang bei der US-Präsidentschaftswahl von 1968, die der Republikaner Richard Nixon gewann. Während friedliche Proteste laut Studie ein positives Medienecho zugunsten der Demokraten hatten, bewirkten Ausschreitungen das Gegenteil und stärkten die Republikaner.

Angesichts der bevorstehenden US-Wahl zwischen Trump und Biden im November 2020 hielt Shor diese Studie wohl für eine relevante Info. Doch der Tweet kam gar nicht gut an. Für viele schwarze Amerikaner las er sich wie: »Könntet ihr euch bitte etwas friedlicher von der Polizei umbringen lassen? Wir müssen schließlich diese Wahl gewinnen.« Und nicht zuletzt fühlten sich viele von dem Vorschlag, es doch lieber friedlich zu versuchen, verhöhnt, da die Wut schließlich auch deswegen so groß war, weil jahrzehntelange friedliche Proteste offenbar immer noch nicht hatten verhindern können, dass schwarze Menschen von Polizisten umgebracht werden.

In sozialen Medien äußert sich Wut oft impulsiv und ungerichtet, und kann dabei schnell unverhältnismäßig werden. Viele denken nicht darüber nach, dass das, was sie da ins Handy tippen, echte Konsequenzen hat – zum Beispiel, als einige wütende Twitterer forderten, dass David Shor seinen Job verlieren sollte. Wenige Tage nach dem Shitstorm wurde Shor von seinem Arbeitgeber *Civis Analytics* gefeuert. Offiziell hatte es natürlich nichts mit der geteilten Studie und den Reaktionen darauf zu tun. David Shor, der ein *Non-Disclosure Agreement* unterzeichnet hat, darf sich öffentlich nicht dazu äußern.[4]

WARUM WIR EINE KLEINSTE GEMEINSAME WIRKLICHKEIT BRAUCHEN

Wir Menschen sind soziale Wesen. Deswegen sind wir auch so süchtig nach sozialen Netzwerken. Dabei ist unser Umgang miteinander im Internet oft alles andere als sozial. Anonymität und Distanz strapazieren unsere Empathiefähigkeit und entlocken vielen Leuten Boshaftigkeiten, die sie im echten Leben nie aussprechen würden, müssten sie der anderen Person dabei in die Augen sehen. Man gewöhnt sich erschreckend schnell daran. Nach mehreren Jahren »YouTube-Schule« gibt es kaum mehr eine persönliche Beleidigung gegen mich, die in mir eine nennenswerte Reaktion auslöst – ich bin mir nicht sicher, ob mich das eher stolz oder besorgt machen sollte. Allerdings versuche ich, es so positiv wie möglich zu sehen. Ich habe es immerhin oft genug erlebt, dass sich Leute bei mir entschuldigt haben, nachdem ich auf einen beleidigenden Kommentar sachlich geantwortet hatte. »Sorry, ich hatte einen schlechten Tag.« Viele Kommentare werden offenbar in der Erwartung verfasst, dass sie eh niemand liest. Das Internet scheint als eine Art Boxsack zu dienen, an dem man Wut und Frust rauslässt – und manchen tut es dann doch leid, wenn sie merken, dass sie dabei einen Menschen getroffen haben. Während einer globalen Pandemie, die all die anderen gesellschaftlichen Brennpunkte und Baustellen überschattet und gleichzeitig verstärkt, kann man nachvollziehen, dass das Frustlevel in der Bevölkerung besonders hoch und der Ton im Netz besonders rau ist. Doch der positive Blickwinkel fiel auch mir schwerer als sonst.

In seinem weltweiten Bestseller »Factfulness«, der 2018 erschien, führt uns der wunderbare Hans Rosling mithilfe von Zahlen und Statistiken vor Augen, dass die Welt besser ist, als wir glauben. Zum Beispiel schätzen die meisten, dass der Anteil der Menschen, die in extremer Armut leben, in den letzten zwanzig Jahren gleich geblieben oder gestiegen ist. Dabei hat sich der Anteil weltweit fast halbiert. Die allermeisten glauben auch, dass Suizide in den letzten zwanzig Jahren häufiger geworden sind. In Wirklichkeit ist die Suizidrate weltweit aber um 25 Prozent gesunken. Ich würde gerne wissen, was Hans Rosling zur Coronapandemie gesagt hätte, wenn er sie hätte erleben müssen – irgendwie stelle ich mir vor, dass er selbst für 2020 einen faktenbasierten und tröstenden Blickwinkel im Angebot gehabt hätte. Seine Definition von »Factfulness« war: »The stress-reducing habit of only carrying opinions for which you have strong supporting facts« – die stressreduzierende Angewohnheit, nur Meinungen zu vertreten, für die man faktische Belege hat. Doch dass uns genau das immer schwerer fällt, ist ein Trend, von dem ich glaube, dass er tatsächlich steil nach oben geht. Seit Jahren ärgern wir uns nun mit »alternativen Fakten« und »Fake News« herum, mit Kampfbegriffen wie »Lügenpresse« und neuerdings mit »Querdenkern«. Wahrheit, Lüge, Fakten, Ideologien – alles verschmilzt zu einem nutzlosen Blob. Das Paradox unseres Informationszeitalters ist: Je mehr Informationen verfügbar sind, desto schwieriger wird es, sich zu informieren. Volker Stollorz, Wissenschaftsjournalist und Leiter des Science Media Center Deutschland, resümierte Ende 2020 bei *ZEIT-Online:* »Wie sich Demokratien besser gegen bewusste Desinformation im Umgang mit Wissenschaft immunisieren können – ohne die legitime Meinungsvielfalt einzuschränken –, ist eine der großen ungelösten Herausforderungen der digitalen Transformation von Öffentlichkeit.«

Falschinformation kann tödlich sein, zum Beispiel während einer Pandemie. Doch nicht nur das. Im Jahr 2020 ist das Wort »Cancel Culture« aus den USA nach Deutschland geschwappt. Die »Cancellation« von David Shor über einen Tweet, also die unverhältnismäßige, öffentliche Verurteilung mit schwerwiegenden Konsequenzen für das echte Leben dieser Person, ist ein weiteres Problem, welches das Internet mit sich gebracht hat. Doch genau wie »Fake News« wird der Begriff »Cancel Culture« inzwischen so willkürlich und inflationär benutzt, dass jede Bedeutung verloren gegangen ist. Das wohl berühmteste Beispiel ist Donald Trump, für den bekanntlich alle negativen News über ihn »fake« sind, alle positiven nicht. Auf ähnliche Weise wird »Cancel Culture« immer häufiger als Abwehr missbraucht, um Kritik von sich zu weisen. Um sich in Kontroversen als Opfer, seine Kritiker als barbarischen Mob zu inszenieren. Aber klar, wenn ich jede Information, die mir gefällt, als Fakt und jede, die mir nicht gefällt, als Fake abstempeln kann, dann kann ich natürlich genauso gut jede Kritik als Cancel Culture abtun, mich aber bei eigener Kritik auf Meinungsfreiheit berufen.

Der Unterschied zwischen Fake News und echter Information sowie zwischen valider Kritik und persönlichem Angriff liegt in der Sachlichkeit. Ohne ein Verständnis der Tatsachen können wir diese Unterscheidungen also nicht machen. Solange wir kein gemeinsames Verständnis darüber haben, was wirklich Wirklichkeit ist, können wir auch nicht richtig streiten.

Nur, wie definiert man Fakten? Oder Wirklichkeit? Ich habe während der Pandemie oft über Greta Thunbergs »Unite Behind the Science« nachgedacht. So beendete sie ihre Rede bei der Nationalversammlung in Paris im Sommer 2019, die Wissenschaftler weltweit wahrscheinlich mit der Faust auf den Tisch hauen und »Jawoll!« rufen ließ. »That is all we ask, just unite behind the science.« Ist das denn wirklich zu viel verlangt? – Offensichtlich schon. Doch ich meine, seit Corona besser zu verstehen, warum.

FALSCHE BILDER VON »WISSENSCHAFTSRELIGION« UND »CANCEL CULTURE«

Im Pandemie-Sommer 2020, als man in Deutschland verhältnismäßig unbekümmert das warme, virusfeindliche Wetter genoss, ereignete sich in meiner kleinen Twitter-Nerd-Bubble ein Skandälchen um den Satiriker Dieter Nuhr und die Deutsche Forschungsgemeinschaft DFG: Die DFG feierte 2020 ihr hundertjähriges Jubiläum (herzlichen Glückwunsch nachträglich an dieser Stelle!). Teil dieser coronabedingt digitalen Sause war die Kampagne #fürdaswissen, für welche die DFG kurze Statements sammelte, unter anderem von prominenten Persönlichkeiten, die sich »für das Wissen« aussprachen. Auch Dieter Nuhr war angefragt worden, der das folgende Statement einsprach:

> »Wissen bedeutet nicht, dass man sich zu 100 Prozent sicher ist, sondern dass man über genügend Fakten verfügt, um eine begründete Meinung zu haben. Weil viele Menschen beleidigt sind, wenn Wissenschaftler ihre Meinung ändern: Nein, nein! Das ist normal! Wissenschaft ist gerade, *DASS* sich die Meinung ändert, wenn sich die Faktenlage ändert. Wissenschaft ist nämlich keine Heilslehre, keine Religion, die absolute Wahrheiten verkündet. Und wer ständig ruft, ›Folgt der Wissenschaft!‹, hat das offensichtlich nicht begriffen.

Wissenschaft weiß nicht alles, ist aber die einzige vernünftige Wissensbasis, die wir haben. Deshalb ist sie so wichtig.«

Hätte fast von mir sein können. Doch als die DFG Nuhrs Statement bei Twitter veröffentlichte, waren viele Freunde der DFG und der Wissenschaft *not amused*. Nicht nur die Entscheidung, Dieter Nuhr für ein Testimonial anzufragen, fanden viele unglücklich bis hirnrissig, auch das Statement an sich sorgte für Unmut, der in Form von verärgerten Kommentaren und Retweets zu Bildschirm gebracht wurde. Die DFG reagierte sichtlich überfordert und löschte zunächst Nuhrs Statement, nicht von Twitter, aber von der DFG-Homepage, meldete sich ein paar Tage später mit einer Stellungnahme zurück, in der sie Nuhr anbot, sein Statement mit Kommentar zur Debatte wieder hochzuladen – was der Satiriker aber ablehnte –, nur um es kurze Zeit später dennoch wieder online zu stellen. *What a mess.* Aber warum das alles?

Wer Dieter Nuhrs Auftritte verfolgt, ahnt, dass er nicht unbedingt der größte Liebling bei Wissenschaftlern sein dürfte. Er teilt zum Beispiel gerne Sticheleien gegen *Fridays for Future* aus, wo seiner Ansicht nach Gehirne »nicht nur gewaschen, sondern auch geschleudert und getrocknet« werden. Und während der Pandemie witzelte er: »Frau Merkel ist offenbar diesem Herrn Drosten verfallen«, und fragte sich, ob »dieser Drosten« noch ihr Berater oder sie ihm »schon hörig« sei. Dieter Nuhr eckt an. Und kleine Empörungen werden in der heutigen Medienlandschaft schnell zu großen Kontroversen aufgeblasen. Allein über den Merkel-Drosten-Hörigkeitswitz findet man etliche Online-Artikel. Dabei kann ich mir nur schwer vorstellen, dass Drosten oder Merkel selbst mehr als nur ein Schulterzucken für diesen Witz übrighaben. Es scheint eine Art Empörungsinflation im Gange zu sein: Wo eigentlich Augenrollen angemessen wäre, gehen Aufschreie durch die sozialen Medien.

Natürlich kann man so einen Witz unlustig oder geschmacklos finden. Wenn man allerdings – am besten noch unterstützt durch Beleidigungen – kundtut, dass es verboten sein sollte, über Drosten oder den Klimawandel Witze zu machen, oder dass Nuhr deswegen aus der ARD fliegen sollte, schießt man nicht nur über das Ziel hinaus, sondern fügt sich ironischerweise geschmeidig in Nuhrs Narrativ ein.

Nuhr ist nämlich einer derjenigen, die den Begriff »Cancel Culture« im deutschen Mainstream etabliert haben. Der Gegenwind, den er für kontroverse Aussagen kassiert, mache ihn zum Opfer von »Cancel Culture«, so erklärt er in all den Medienauftritten, die so eine Cancellation offenbar mit sich bringt. Um zu erzählen, dass er unbequeme Meinungen vertritt, die man am liebsten canceln würde, bekommt er immer wieder neue Reichweite. Dass er die Ironie darin nicht anerkennt, ist bemerkenswert. Doch ich teile unbedingt seinen Wunsch, persönliche Angriffe von sachlichen zu trennen, nicht zuletzt, da auch ich – nach seiner Definition – regelmäßig »gecancelt« werde, etwa wenn Wissenschaftsvideos von mir in einschlägigen Telegramgruppen geteilt werden, um dann zum »BLITZKRIEG!!!« in Form von Dislikes und bösen Kommentaren aufzurufen. Aber dass diese Aufmerksamkeit meinem Video nur mehr Reichweite verschafft, erkenne ich wenigstens an.

Verwandt damit ist Nuhrs wiederkehrendes Bild eines wissenschaftlichen Dogmatismus, dem Menschen wie einer Religion folgen. In seiner Sendung »Nuhr im Ersten« vom 30. April 2020 sagte er:

> »Wie sagte diese Philosophin, die heute kaum jemand mehr kennt – Greta hieß sie, glaub ich –, sie sagte: ›Folgt der Wissenschaft!‹ Aber das ist bei Corona nicht so einfach, ›folgt der Wissenschaft‹ – ja, welcher denn? Der von Herrn Drosten, Herrn Streeck oder Herrn Kekulé? Da sieht man, wie bescheu-

ert dieser Satz schon immer war, als wenn es die eine wissenschaftliche Wahrheit gäbe. In unbequemen Zeiten wächst das Bedürfnis der Menschen nach Führung, durch ›vom Wissen Erleuchtete‹, aber diese Erleuchtung, diese Wahrheit, die gibt es nicht.«

Ich musste echt schmunzeln, dass Nuhr offenbar genervt davon ist, dass Leute blind der Wissenschaft nachlaufen. Daran werde ich beim nächsten Telegram-Sturm denken, um mich zu trösten. Jedenfalls ist die inhaltliche Ähnlichkeit dieses Ausschnitts zu *»Wissenschaft ist nämlich keine Heilslehre, keine Religion, die absolute Wahrheiten verkündet. Und wer ständig ruft, ›Folgt der Wissenschaft!‹, hat das offensichtlich nicht begriffen«* schwer von der Hand zu weisen. Genau daran störten sich nun viele bei der DFG-Kampagne und warfen Nuhr vor, ausgerechnet in einem Testimonial »für das Wissen« einen Seitenhieb gegen Fridays for Future und Greta Thunbergs Appell »Unite behind the Science« unterzuheben. Es ist übrigens eine gängige Masche unter manchen Politikern und Journalisten, Klimaaktivismus als Klimareligion zu framen, um die wissenschaftlich begründeten Forderungen als dogmatisch darzustellen. Durch den Vergleich mit einer Religion möchte man Evidenzbasiertheit und Wissenschaftlichkeit zur Glaubenssache degradieren. Dieter Nuhr, so lautet die Kritik, würde genau solche Wissenschaftsfeindlichkeiten füttern, und das als ein Postergesicht der Deutschen Forschungsgemeinschaft.

Obwohl die DFG den Beitrag wieder online stellte, wurde ihr überforderter Umgang mit dem Twitter-Skandälchen von einigen als versuchte Zensur gesehen. Dass sie unter anderem klarstellte: »Auch wenn [Nuhrs] Pointiertheit als Satiriker für manchen irritierend sein mag, so ist gerade eine Institution wie die DFG der Freiheit des Denkens auf Basis der Aufklärung verpflichtet«[5] war manchen nicht genug. Und die vielen Nuhr-kritischen Stimmen, die hauptsächlich aus der Wissenschaft kamen, empfanden manche als eine Art wütenden Mob, der keine andere Meinung aushalten wollte. Das Bild der »Wissenschaftsreligion« und der »Cancel Culture« kam zusammen zu einer perfekten Mär. Doch die könnte in meinen Augen nicht falscher sein. Wissenschaftlicher Konsens ist das Gegenteil von Religion. Und wissenschaftliche Diskussionskultur ist das Gegenteil von Cancel Culture.

Aber fangen wir mal mit dem Konsens an.

DIE KUNST DES WISSENSCHAFTLICHEN KONSENSES

> »Zurzeit demonstrieren regelmäßig viele junge Menschen für Klimaschutz und den Erhalt unserer natürlichen Lebensgrundlagen. Als Wissenschaftlerinnen und Wissenschaftler erklären wir auf Grundlage gesicherter wissenschaftlicher Erkenntnisse: Diese Anliegen sind berechtigt und gut begründet. Die derzeitigen Maßnahmen zum Klima-, Arten-, Wald-, Meeres- und Bodenschutz reichen bei Weitem nicht aus.«

Das sind die ersten Sätze aus der initialen Stellungnahme von *Scientists for Future*, die Anfang 2019 von 44 deutschsprachigen Wissenschaftlerinnen und Wissenschaftlern verfasst wurde. Ich bin eine von 26 800 weiteren Wissenschaftlern, die diese Stellungnahme unterschrieben haben. Obwohl die Stellungnahme natürlich wissenschaftlich begründet und mit der abgedruckten Liste von 24 Fakten zum Klimawandel versehen ist, ist sie nichtsdestotrotz eine politische Stellungnahme. Wer unterzeichnete, stellte sich politisch auf die Seite der Klimaschutzdemonstrationen von *Fridays for Future* und ihrer poli-

BOX 9.1: 24 FAKTEN ZUM KLIMAWANDEL

Zitiert aus dem Anhang der initialen Stellungnahme[6] von *Scientists for Future* und aktuell auf der S4F-Homepage[7] zu finden. Jede Aussage ist mit wissenschaftlichen Quellen belegt, die unter https://de.scientists4future.org/ueber-uns/stellungnahme/fakten/ verlinkt sind.

1. Weltweit ist die Durchschnittstemperatur bereits um etwa 1 °C angestiegen. Rund die Hälfte des Anstiegs erfolgte in den letzten dreißig Jahren.
2. Weltweit waren die Jahre 2015, 2016, 2017, 2018, 2019 und 2020 die heißesten seit Beginn der Wetteraufzeichnungen.
3. Der Temperaturanstieg ist nahezu vollständig auf die von Menschen verursachten Treibhausgasemissionen zurückzuführen.
4. Bereits mit der aktuellen Erwärmung sind wir in vielen Regionen mit häufigeren und stärkeren Extremwetterereignissen und deren Folgen wie Hitzewellen, Dürren, Waldbränden und Starkniederschlägen konfrontiert.
5. Die Auswirkungen der globalen Erwärmung sind zudem eine Gefahr für die menschliche Gesundheit. Neben den oben genannten direkten Folgen sind dabei auch indirekte Folgen der globalen Erwärmung wie Ernährungsunsicherheit und die Verbreitung von Krankheitserregern und -überträgern zu beachten.
6. Falls die Weltgemeinschaft die vom Pariser Abkommen angestrebte Beschränkung der Erwärmung auf 1,5 °C verfehlt, ist in vielen Regionen der Welt mit erheblich verstärkten Klimafolgen für Mensch und Natur zu rechnen.
7. Um mit hoher Wahrscheinlichkeit eine Erwärmung von 1,5 °C nicht zu überschreiten, müssen die Nettoemissionen von Treibhausgasen (insbesondere CO_2) sehr rasch sinken und in den nächsten zwanzig bis dreißig Jahren weltweit auf null reduziert werden (IPCC 2018).
8. Stattdessen steigen die CO_2-Emissionen weiter. Mit den Vorschlägen, die weltweit derzeit auf dem Tisch liegen, wird die Erwär-

mung bis zum Ende des Jahrhunderts wahrscheinlich bei über 3 °C liegen und anschließend aufgrund anhaltender Emissionen und Rückkoppelungseffekte weiter zunehmen.

9. Bei den derzeitigen Emissionen reicht das verbleibende globale CO_2-Emissionsbudget für den 1,5-Grad-Pfad nur für etwa zehn Jahre. Auch für den 2-Grad-Pfad reicht es nur für etwa 25 bis dreißig Jahre.

10. Anschließend leben wir von einem »CO_2-Überziehungskredit«, d.h., die ab dann emittierten Treibhausgase müssen später unter großen Anstrengungen wieder aus der Atmosphäre entfernt werden. Bereits die heute lebenden jungen Menschen sollen diesen »Kredit« wieder abbezahlen. Gelingt dies nicht, werden viele nachfolgende Generationen unter den gravierenden Folgen der Erderwärmung leiden.

11. Bei zunehmender Erwärmung der Erde werden gefährliche klimatische Kipp-Punkte des Erdsystems, d.h. sich selbst verstärkende Prozesse, immer wahrscheinlicher. Dies würde letztlich dazu führen, dass eine Rückkehr zu heutigen globalen Temperaturen für kommende Generationen nicht mehr realistisch ist.

12. Die Ozeane nehmen zurzeit rund 90 Prozent der zusätzlichen Wärme auf. Sie haben zudem etwa 30 Prozent des bisher emittierten CO_2 aufgenommen. Die Konsequenzen sind Meeresspiegelanstieg, Verlust von Meereis, Versauerung und Sauerstoffmangel im Ozean. Die konsequente Umsetzung der Ziele des Pariser Abkommens ist essenziell, um Mensch und Natur zu schützen und den Verlust von marinen Arten und Lebensräumen, besonders der akut gefährdeten Korallenriffe, zu begrenzen (IPCC 2018).

13. In vielen Bereichen werden menschliche Lebensgrundlagen durch Überschreitung der planetaren Belastungsgrenzen gefährdet. Mit Stand von 2015 sind zwei der neun Grenzen (Klimaerwärmung und Landnutzungsänderungen) *bedenklich überschritten*, zwei weitere (Zerstörung genetischer Vielfalt (Biodiversität) und Belastung der Phosphor- und Stickstoffkreisläufe) *kritisch überschritten*.

14. Zurzeit findet das größte Massenaussterben seit dem Zeitalter der Dinosaurier statt. Weltweit sterben Arten derzeit hundert- bis

tausendmal schneller aus als vor dem Beginn menschlicher Einflüsse. In den letzten 500 Jahren sind über 300 Landwirbeltierarten ausgestorben, die untersuchten Bestände von Wirbeltierarten sind zwischen 1970 und 2014 im Durchschnitt um 60 Prozent zurückgegangen.

15. Gründe für den Rückgang der Biodiversität sind zum einen Lebensraumverluste durch Landwirtschaft, Entwaldung und Flächenverbrauch für Siedlung und Verkehr. Zum anderen sind es invasive Arten, sowie Übernutzung in Form von Übersammlung, Überfischung und Überjagung.

16. Die Erderwärmung kommt hinzu: Bei unveränderten CO_2-Emissionen könnten bis 2100 z. B. aus dem Amazonasbecken oder von den Galapagosinseln die Hälfte der Tier- und Pflanzenarten verschwinden. Auch für die tropischen Korallenriffe ist die Meereserwärmung der Hauptbedrohungsfaktor.

17. Auch der Verlust von landwirtschaftlicher Nutzfläche und Bodenfruchtbarkeit sowie die irreversible Zerstörung von Artenvielfalt und Ökosystemen, gefährden die Lebensgrundlagen und Handlungsoptionen heutiger und kommender Generationen.

18. Insgesamt besteht durch unzureichenden Schutz der Böden, Ozeane, Süßwasserressourcen und Artenvielfalt – bei gleichzeitiger Erderwärmung als »Risikovervielfacher« – die Gefahr, dass Trinkwasser- und Nahrungsmittelknappheit in vielen Ländern soziale und militärische Konflikte auslösen oder verschärfen und zur Migration größerer Bevölkerungsgruppen beitragen.

19. Eine nachhaltige Ernährung mit starker Reduzierung unseres Fisch-, Fleisch- und Milchkonsums und eine Neuausrichtung der Landwirtschaft auf ressourcenschonende Lebensmittelproduktion sind für den Schutz des Klimas, der Land- und Meeresökosysteme notwendig.

20. Nutztierhaltung erzeugt auf über vier Fünfteln der landwirtschaftlich genutzten Fläche weniger als ein Fünftel der weltweit konsumierten Kalorien und hat einen erheblichen Anteil am Ausstoß klimaschädlicher Treibhausgase. Da die landwirtschaftlich genutzte Fläche Dauergrünland, Dauerkulturen und Ackerflächen umfasst, und ein erheblicher Teil des Dauergrünlandes nicht in Ackerland verwandelt werden kann, ist auch folgender

Vergleich relevant: Über ein Drittel der weltweiten Getreideernte wird zurzeit als Tierfutter verwendet.
21. Ein verstärkter Direktkonsum von pflanzlicher Nahrung reduziert den Bedarf an knapper Ackerfläche, erzeugt weniger Treibhausgase und hat zudem erhebliche gesundheitliche Vorteile.
22. Die direkten staatlichen Subventionen für fossile Brennstoffe betragen jährlich mehrere 100 Milliarden US-Dollar. Berücksichtigt man zusätzlich noch die nicht durch Steuern ausgeglichenen Sozial- und Umweltkosten (vor allem Gesundheitskosten durch Luftverschmutzung), wird die Nutzung fossiler Brennstoffe nach Schätzungen von Experten des Internationalen Währungsfonds (IMF) weltweit mit rund 5 Billionen US-Dollar pro Jahr unterstützt; das sind 6,5 Prozent des Welt-Bruttoinlandsproduktes von 2014.
23. Um dem Verursacherprinzip Rechnung zu tragen, müssten die Klimaschäden den Kosten der Verbrennung fossiler Brennstoffe zugerechnet werden. Eine Methode, mit der die Emissionen besonders effizient gesenkt werden können, sind z. B. CO_2-Preise. Solange eine Versorgung durch kostengünstige erneuerbare Energieformen noch nicht ausreichend erreicht ist, müssen die dadurch entstehenden Belastungen sozialverträglich gestaltet werden. Dies ist beispielsweise durch Transferzahlungen oder Steuererleichterungen für besonders betroffene Haushalte oder eine pauschale Auszahlung an die Bürgerinnen und Bürger möglich.
24. Stark sinkende Kosten und steigende Produktionskapazitäten für bereits eingeführte klimafreundliche Technologien machen eine Abkehr von fossilen Brennstoffen hin zu einem vollständig auf erneuerbaren Energien basierenden Energiesystem bezahlbar und schaffen neue ökonomische Chancen.

tischen Forderungen. »*Ihnen gebührt unsere Achtung und unsere volle Unterstützung.*« Eine Verbündung mit einer aktivistischen Gruppe ist für Wissenschaftler sicher ungewöhnlich. Wissenschaft muss doch sachlich sein und frei von Ideologie. Wie politisch darf Wissenschaft denn sein?

Na ja, wenn man mich und wahrscheinlich auch, wenn man die anderen Unterzeichnenden fragt, fragen wir zurück: Wie unwissenschaftlich darf denn Politik sein? Erst nachdem eine beeindruckend große Gruppe junger Menschen freitags auf die Straße ging, die nicht nur junge Wähler waren, sondern wahrscheinlich auch Einfluss auf das Wahlverhalten ihrer Eltern und Großeltern nahmen, zeigte sich die Politik beeindruckt. Manche Politiker versuchten zwar noch, die Bewegung über das junge Alter der Aktivisten zu diskreditieren. Ich erinnere nur an Christian Lindners Aussage, Klimaschutz sei eine »Sache für Profis«, womit er witzigerweise Politiker wie sich meinte, und nicht etwa Klimaforscher, die seit Jahrzehnten Politiker vor der Klimakrise warnten und seit Jahrzehnten auf taube Ohren stießen. Auch Aufforderungen, dass die Klimaaktivisten doch lieber freitags in die Schule gehen sollten, um die Klimakrise durch Bildung zu bekämpfen, war für viele hochgebildete Wissenschaftlerinnen und Wissenschaftler, denen man trotz Professorentitel und jahrzehntelanger Expertise keine Aufmerksamkeit schenkte, wie ein Schlag ins Gesicht.

Doch es sind vor allem zwei Dinge, die so viele Wissenschaftler dazu bewegt haben zu unterschreiben: Erstens, es gibt kaum ein anderes wissenschaftliches Thema, das eine derartige politische Relevanz hat. Und zweitens gibt es – da die Klimakrise nicht erst seit gestern erforscht wird – in den Kernaspekten großen wissenschaftlichen Konsens. **Mit »die Wissenschaft« und mit »wissenschaftlichen Fakten« ist also meist wissenschaftlicher Konsens gemeint.** Doch die öffentliche Diskussion um wissenschaftlichen Klimakonsens hat möglicherweise zu mehr Verwirrung als Aufklärung geführt:

»97 Prozent der Klimaforscher sind sich einig, dass der Klimawandel menschengemacht ist.« Diese rauf und runter zitierte

Aussage stammt aus einem Paper, das 2013 erschien.[8] Darin wurden knapp 12 000 wissenschaftliche Studien analysiert, die zwischen 1991 und 2011 veröffentlicht wurden und die man in Datenbanken unter den Suchbegriffen »global warming« und »global climate change« fand. Man kann natürlich nicht erwarten, dass sich alle 12 000 Studien nur darum drehen, ob der Klimawandel menschengemacht ist oder dass die Ursache des Klimawandels überhaupt Gegenstand der Studie ist. Um das herauszufinden, lasen sich neun Wissenschaftlerinnen und Wissenschaftler alle Abstracts durch, um nach Aussagen über den menschengemachten Klimawandel zu suchen. (Der Abstract einer wissenschaftlichen Veröffentlichung ist eine kurze Zusammenfassung der wichtigsten Ergebnisse und Schlussfolgerungen.) Zwei Drittel der Studien machten in ihrem Abstract keine Aussage über den menschengemachten Klimawandel, doch in dem Drittel der Studien, in denen er erwähnt wurde, hieß es in 97,1 Prozent der Fälle sinngemäß: Yep, wir Menschen sind schuld.

In einem zweiten Teil der Analyse wurden die Autorinnen und Autoren der untersuchten Studien angeschrieben. Per Mail erhielten 8500 Wissenschaftler eine Einladung zu einer Umfrage, in der sie angeben sollten, welche Position ihre veröffentlichte Studie zum menschengemachten Klimawandel einnahm. Durch diese Umfrage sollten auch Positionen erfasst werden, die nicht im Abstract auftauchten. 1200 der 8500 angeschriebenen Wissenschaftler nahmen teil. Ein gutes Drittel gab an, dass ihre Studie keine Aussage über den menschengemachten Klimawandel beinhalte. Unter den restlichen Antworten zeigte sich ein ähnliches Bild wie bei der Abstract-Analyse: 97,2 Prozent der Wissenschaftler gaben an, dass ihre Forschung den menschengemachten Klimawandel bestätigte.

Wenn man weiß, wie die viel zitierten 97 Prozent ermittelt wurden (Methoden! Es wird nicht alt …), kann man leichter nachvollziehen, wieso diese Studie nicht nur von Klimawandelleugnern angegriffen wurde, sondern auch von Klimaforschern methodisch kritisiert wurde. Wohlgemerkt stellte keiner der wissenschaftlichen Kritiker den Konsens über den menschengemachten Klimawandel infrage – allerdings störten sich viele an den »97 Prozent«, weil eine solche Prozentangabe dem Grundkonzept eines wissenschaftlichen Konsenses eigentlich widerspricht.

Hier zwei verbreitete Missverständnisse über wissenschaftlichen Konsens:

1) Ein wissenschaftlicher Konsens ist keine Abstimmung

Bei einem wissenschaftlichen Konsens geht es nicht um die klassische, demokratische Mehrheit, wie wir sie aus Umfragen oder politischen Wahlen kennen. Wissenschaftlicher Konsens entsteht stattdessen durch die »Mehrheit« der Daten, die wissenschaftliche Evidenz. »Mehrheit« ist deshalb in Anführungszeichen, weil es hier weniger um die Anzahl, sondern mehr um das »Gewicht« geht. Zwar hilft es, wenn besonders viele Studien eine bestimmte Hypothese unterstützen, aber relevanter ist es, wie stark und aussagekräftig die Studien sind. Wenn es methodisch starke Studien sind, wenn es gut reproduzierbare Methoden mit wenig Researcher Degrees of Freedom sind, und wenn Ergebnisse von unterschiedlichen Methoden, die unterschiedliche Aspekte der Hypothese beleuchten, sich ineinanderfügen lassen und ein konsistentes Bild ergeben – wenn die Puzzleteile zusammenpassen –, dann kann man von einem wissenschaftlichen Konsens sprechen.

Zwar wurden bei der 97-Prozent-Konsens-Studie korrekterweise keine persönlichen Einschätzungen unterschiedlicher Fachleute abgefragt – nicht die Personen sollten sprechen, sondern die Daten. So sollten sie bei der Umfrage nicht etwa angeben, ob sie denken, dass der Klimawandel menschengemacht ist, sondern ob es ihre Studie so ergeben hat. Dieser Unterschied ist wesentlich. Aber genau deswegen ist es eigentlich unsinnig, eine Prozentzahl für den Anteil von Papern oder Wissenschaftlern anzugeben. Allein in diesem Buch haben wir anhand etlicher Beispiele gesehen, dass Studie nicht gleich Studie ist. Manche Studien liefern solide Belege, andere interessante Hinweise, wieder andere sind methodisch so schwach, dass sie gar nicht viel aussagen. Doch in der Konsens-Studie wurde jede Studie gleich gewichtet. Damit erwies sie dem Konzept des wissenschaftlichen Konsenses eigentlich einen Bärendienst, da sie in den Köpfen vieler Menschen wissenschaftlichen Konsens mit einer Umfrage gleichsetzte. **Dabei ist ein wissenschaftlicher Konsens gerade deshalb so bedeutend, da nicht Meinungen oder Studien gezählt werden, sondern die Konsistenz methodisch starker Studien zu einem Konsens führt.**

2) Wissenschaftlicher Konsens verändert sich mit neuen Erkenntnissen

Natürlich kann ein Konsens durch neue Evidenz angepasst, wenn nicht sogar ganz umgeworfen werden. **Wenn die Evidenz es verlangt, muss man auch seine Meinung ändern,** das ist eines der Grundprinzipien von Wissenschaft, welches in der Geschichte schon oft bewundert werden konnte – sei es, dass die Erde sich doch um die Sonne bewegt und nicht andersrum, oder dass das Gehirn doch dynamisch ist und nicht starr. Auch einzelne Wissenschaftler können mit einzelnen Schlüsselexperimenten die Mehrheitsmeinung erschüttern und Paradigmenwechsel, Revolutionen anstoßen. Doch leider wird auch dieses fantastische wissenschaftliche Grundprinzip oft missverstanden oder bewusst verzerrt.

Ein gutes (beziehungsweise schlechtes) Beispiel ist der ehemalige Professor und Mikrobiologe Sucharit Bhakdi, der sich während der Coronakrise einen Namen machte, indem er sich öffentlichkeitswirksam gegen den Konsens von Virologen und Epidemiologen stellte und auf der Harmlosigkeit von Corona bestand – allerdings, ohne seine Aussagen auf entsprechende Evidenz zu stützen. Deswegen konnte er seriöse Wissenschaftler auch nicht von seinen Ansichten überzeugen. Dass Bhakdi von der wissenschaftlichen Community so gnadenlos ausgeschlossen wurde, wirkte auf manche Beobachter nicht nur respektlos, sondern erzeugte bei einigen eben den Eindruck einer dogmatischen Wissenschaftsreligion, in der Andersdenkende nicht geduldet würden. Auch ich habe schon den Zorn von Bhakdi-Fans zu spüren bekommen, als ich in einem Beitrag seine Aussagen als wissenschaftlich unhaltbar bezeichnete. Ironischerweise wurde mir insbesondere vorgeworfen, dass ich diese Bewertung nicht belegt hatte. **Dabei liegt die Beweislast bei demjenigen, der dem wissenschaftlichen Konsens widerspricht.** Und je stärker der Widerspruch, desto stärker müssen die Methoden sein, mit denen man den Widerspruch belegt. Ich kann nicht einfach behaupten, dass Gegenstände manchmal gar nicht zu Boden fallen, sondern in den Himmel, nur dass es niemand mitbekommt oder die Lügenpresse nie darüber berichtet – und einen Paradigmenwechsel fordern, solange mir niemand das Gegenteil beweist.

In den Medien allerdings merkt man vom wissenschaftlichen Konsens oft wenig. Da scheinen alle immer nur zu streiten. Volker Stollorz beobachtete während der Coronapandemie: »Zu übermächtig waren in vielen Medien die Reflexe, jede Einschätzung aus der Wissenschaft mit einer Gegenposition zu kontrastieren und ungeprüfte Forschungsergebnisse aus Einzelstudien uneingeordnet zu vermelden, sodass sie Zweifel an dem weckten, was längst wissenschaftlicher Konsens war.« (Mehr zur Rolle der Medien in Box 9.2, Seite 345.) Dabei ist es innerhalb der Wissenschaft geradezu bewundernswert, dass man selbst in den kontroversesten und hitzigsten Fachdiskussionen unter Expertinnen und Experten praktisch immer einen Konsens identifizieren kann, die Frage ist nur, wie groß er ist. In Kapitel 1 stritten sich David Nutt und seine Kritiker darüber, ob sein Drogenranking eine sinnvolle Entscheidungsbasis für Politiker sein könnte. Doch sie konnten sich darauf einigen, dass das Ranking methodisch fehlerhaft war. In Kapitel 2 stritten sich Bushman und Ferguson, ob gewaltvolle Videospiele aggressiv machen oder nicht. Doch sie waren sich einig, dass ihre Forschung kaum etwas über die Ursachen für Extremereignisse wie Amokläufe aussagen kann. Und in Kapitel 7 stieß Joel mit ihrer Mosaik-Hirn-Studie einen ausgiebigen Streit darüber an, ob es so etwas wie ein »typisch männliches« und ein »typisch weibliches« Gehirn gibt. Doch selbst ihre schärfsten Kritiker stimmen zu, dass man aus neurologischen Unterschieden nicht automatisch unterschiedliches Verhalten ableiten kann.

Wenn man bedenkt, wie verhärtet die Fronten in unseren gesellschaftlichen und politischen Diskussionen erscheinen und wie unglaublich rau bis unmenschlich der Ton in sozialen Medien oftmals wird, wirkt die Fähigkeit von Wissenschaftlern, sich auf eine kleinste gemeinsame Wirklichkeit zu einigen, fast schon wie eine Superkraft. Warum kriegen Wissenschaftler das offensichtlich besser hin als der Rest der Gesellschaft?

DER WISSENSCHAFTLICHE SPIRIT

Ich werde oft gefragt, wieso ich mich für Chemie interessiere, warum ich es studiert habe, was so faszinierend daran ist. Ich finde diese Frage eigentlich höchst irritierend, ich habe mich nur inzwischen daran gewöhnt. Wie kann man sich *nicht* für die Moleküle interessieren, aus denen man aufgebaut ist? Dass wir

BOX 9.2: »KONSENSDISKRIMINIERUNG« IN DEN MEDIEN

Während der Coronapandemie konnte man in besonderem Ausmaß beobachten, wie wissenschaftlicher Konsens in den Medien unterrepräsentiert wurde – ein Phänomen, das ich »**Konsensdiskriminierung**« taufe. Sechs Faktoren spielen dabei eine wichtige Rolle:

1. Keine Zeit für Grundlagen

Wissenschaft wird in den Medien oft verkürzt dargestellt, in Polittalkshows oder Nachrichtensendungen war noch nie viel Zeit für ausführliche Erklärungen. Während der Coronapandemie kam erschwerend hinzu, dass sich die Menschen natürlich in erster Linie für die neuesten Forschungsergebnisse interessierten, die allerdings immer auf einem Berg von Grundlagen und Konsens aufbauen. Angesichts der begrenzten Zeit oder der Aufmerksamkeit des Publikums konzentrieren sich Medienmacher meistens nur auf die Neuigkeiten, ohne die Grundlagen ausführlich zu behandeln, ohne die neue Erkenntnisse aber kaum sinnvoll einzuordnen sind. Da neue Erkenntnisse automatisch mit mehr Unsicherheit versehen sind als etablierte Grundlagen, geht leicht unter, dass bei den wichtigen Grundlagen viel mehr Sicherheit und Konsens besteht, als es scheint.

2. Keine Zeit für Methoden

Durch die Verkürzung bleibt auch wenig Zeit für eine nachvollziehbare Erklärung der Methoden, mit denen wissenschaftliche Ergebnisse entstehen. Ohne Aufklärung über die Methoden können Laien nur schlecht nachvollziehen, warum es bei manchen Studien Unsicherheiten gibt oder warum andere Studien besonders stark sind. Auch warum sich Ergebnisse auf den ersten Blick widersprechen können, obwohl vielleicht nur unterschiedliche Aspekte mit unterschiedlichen Methoden untersucht wurden, ist schwer zu durchschauen. Da Fachfremde auf diese Weise nur schlecht nachvollziehen können, wie Unsicherheiten oder Widersprüchlichkeiten zu erklären sind, entstehen Verunsicherung und Verwirrung.

3. Große Bühne für schwarze Schafe

Obwohl Wissenschaft von Differenzierung, von Nuancen, von Details lebt, verschaffen sich in den Medien oft diejenigen besonders lautes Gehör, die klare Ansagen machen, welche aber verkürzt bis falsch sein können. Während besonders meinungsstarke Aussagen, die gegen die Mehrheitsmeinung gehen, in der Wissenschaft nur mit entsprechender Evidenz ernst genommen werden (siehe das Stichwort »Beweislast« in diesem Kapitel), bekommt außerhalb der Wissenschaft alles, was aus der Reihe tanzt, besonders viel Aufmerksamkeit. Zusammen mit der **False Balance** (Falsche Balance), bei der eine Stimme des wissenschaftlichen Konsenses mit einer Außenseitermeinung kontrastiert wird, kann ein Forschungsbereich in den Medien gespalten wirken, selbst wenn in Wirklichkeit großer Konsens herrscht.

4. Brandaktualität vor Verlässlichkeit

Auch methodisch schwache oder fehlerhafte wissenschaftliche Studien tragen zur Verunsicherung bei. Um gewisse wissenschaftliche Standards sicherzustellen, durchläuft eine Studie normalerweise zuerst das sogenannte **Peer Review,** die wissenschaftliche Qualitätskontrolle durch andere Fachleute. Im Laufe des Peer Reviews werden Verbesserungen eingefordert, manchmal wird auch verlangt, Experimente zu wiederholen oder neue hinzuzufügen, oder Manuskripte werden ganz abgelehnt. Wenn eine Studie alle Anforderungen der Reviewer erfüllen kann, wird sie in einem wissenschaftlichen Journal veröffentlicht.

Während der Coronapandemie wurde es gängige Praxis – aufgrund der Dringlichkeit neuer wissenschaftlicher Erkenntnisse –, Manuskripte von Studien vorab auf sogenannten **Preprint-Servern** zu veröffentlichen, bevor sie begutachtet worden sind. Für fachfremde Journalisten ist es schwierig, die Verlässlichkeit solcher Vorabveröffentlichungen zu beurteilen, trotzdem wurde über viele halb gare Studien vorschnell berichtet, um brandaktuell zu sein.

5. Nimm's persönlich

Im Sommer 2020 wollte die *BILD*-Zeitung sachliche Methodenkritik, die Statistiker an einem Preprint-Manuskript von Christian Drosten geübt hatten, als großen persönlichen Streit inszenieren. Dabei ist das schonungslose Auseinandernehmen und Hinterfragen ein wichtiger und normaler Teil des wissenschaftlichen Diskurses und beispielsweise auch des Peer Reviews. Durch die Veröffentlichung von Manuskripten auf Preprint-Servern ergab sich für Wissenschaftler – die dazu in der Lage sind, seriöse Studien von unseriösen schon vor dem Peer Review zu unterscheiden – die Möglichkeit, an einer Art »Open Peer Review« teilzunehmen. Eine virologische Studie von Drosten würde normalerweise in erster Linie von Fachexperten desselben Gebiets geprüft werden. Dass nun auch Statistiker mit Virologen oder Epidemiologen in intensiven fachlichen Diskurs treten konnten, empfanden viele als bereichernd. Indem sachliche Auseinandersetzungen, die der wissenschaftlichen Qualität dienen, als persönliche Zwiste interpretiert werden, entsteht leider oft ein falsches Bild von Expertenstreits, das die Existenz eines Konsenses von außen betrachtet infrage stellt.

6. Die Autoritätsfalle

Während sich im wissenschaftlichen Diskurs die Meinung durchsetzt, die von der stärksten Evidenz gestützt ist, bleibt Fachfremden, die unterschiedliche Evidenz nicht einordnen können, oft nichts anderes übrig, als auf die Expertise von Wissenschaftlern zu vertrauen. Laien passiert oft der Fehlschluss, dass sie eine Professorin mit zwei Doktortiteln automatisch für vertrauenswürdiger oder verlässlicher halten als eine Wissenschaftsjournalistin ohne akademischen Titel. Experten, die ihren Doktor- oder Professorentitel zur Verbreitung persönlicher Meinungen missbrauchen wollen, bekommen von Journalisten noch zu oft den Raum dafür. Im Vergleich zu Politikern, bei denen Journalisten ihre Rolle als kritische Hinterfrager verstehen, lässt man wissenschaftliche Experten oft als Autoritäten zu Wort kommen, ohne sich mit ihren Aussagen kritisch auseinanderzusetzen. Diese Rolle haben Wissenschaftsjournalisten, deren Expertise darin liegt, wissenschaftliche Aussagen in einen großen Kontext einzuordnen und mit dem Konsens abzugleichen. Doch gerade in den Redaktionen politischer Formate ist wissenschaftsjournalistische Expertise leider noch rar. So können immer wieder einzelne Experten mit unbelegter Außenseitermeinung das Bild vom wissenschaftlichen Konsens verzerren.

Wissenschaft, insbesondere die Naturwissenschaften, fast schon wie eine Art nerdiges Orchideenwissen behandeln, steht einer aufgeklärten Gesellschaft nicht. Wer als gebildet oder intellektuell durchgehen möchte, muss sich hierzulande mit Geschichte, Politik und Weltgeschehen auskennen, gerne auch mit Kunst und Literatur – doch was die drei Hauptsätze der Thermodynamik sind – ach, Freak-Wissen, das keiner braucht. Doch!! Wie wichtig, teils lebenswichtig naturwissenschaftliche Allgemeinbildung ist, hat sich spätestens während der Coronakrise gezeigt. Wissenschaftliche Allgemeinbildung ist ein Impfstoff gegen Desinformation. Dabei geht die Wichtigkeit von wissenschaftlicher Allgemeinbildung sogar noch weit darüber hinaus, wissenschaftliche Zusammenhänge mit gesellschaftlicher Relevanz zu verstehen (Corona, Klimawandel, Gentechnik, Künstliche Intelligenz …). Die Wissenschaft beruht nämlich auf Denkweisen und Haltungen, auf einem »wissenschaftlichen Spirit«, von denen wir auch in unseren politischen und gesellschaftlichen Debatten unbedingt mehr gebrauchen könnten.

Was zum wissenschaftlichen Spirit gehört, haben wir in diesem Buch anhand einiger Beispiele erfahren:

1) Wissenschaftliches Denken

Wissenschaftliches Denken bedeutet für mich eine Freude an Komplexität und eine Skepsis gegenüber zu einfachen Antworten. Eine Freude an Differenzierungen, Nuancen, Details und Grautönen. Wenn man das mit so mancher verhärteten politischen Debatte vergleicht, wirken typisch wissenschaftliche Diskurse fast wie ein wohltuendes Entspannungsbad. Wissenschaftliches Denken ist aber in erster Linie kritisches Denken – und deswegen auch außerhalb der Wissenschaft gefragt. Wer wissenschaftlich denkt, nimmt Dinge nicht einfach so hin, sondern hinterfragt. Deswegen wäre es höchst unwissenschaftlich, von Menschen zu verlangen, »der Wissenschaft zu folgen«, ohne sie auch immer wieder zu hinterfragen. So gesehen ist es fast schon tragisch, dass einige von denen, die mit begrüßenswerter Skepsis anfangen, sich am Ende in wilden Verschwörungserzählungen verlieren und dabei nicht merken, wie einseitig ihre Skepsis ist. Zu einer gesunden Skepsis gehört, kritisches Denken in allen Bereichen anzuwenden, auch bei sich selbst. Es ist zwar wichtig, Scheinargumente und Fehlschlüsse (in diesem Buch sind wir einigen begegnet: Confirmation Bias, post/cum hoc, ergo propter hoc, individualistischer Fehlschluss, naturalistischer Fehlschluss ...) identifizieren zu können, um nicht auf Fehlinformation reinzufallen – doch man muss auch das Bewusstsein besitzen, dass man selbst nicht vor Fehlschlüssen gefeit ist. Genau deswegen gibt es wissenschaftliche Methoden.

2) Wissenschaftliche Methoden

Wenn ihr nur eins aus diesem Buch mitnehmt, dann, dass wissenschaftliche Ergebnisse wenig aussagen, solange ihr nicht die Methoden kennt, mit denen diese Ergebnisse erstellt wurden. Zur Wissenschaft gehört, dass nicht jede Studie gleich Studie, nicht jeder Beleg gleich Beleg ist. Evidenz kann knallhart oder nachgiebig schwammig sein. Und ohne diese Einordnung kann man auch nicht evidenzbasiert argumentieren. In diesem Buch haben wir unterschiedliche Begriffe kennengelernt, mit denen man Evidenz einordnen kann: Meta-Analysen, Kohortenstudien, randomisierte kontrollierte Studien, statistische Signifikanz, p-Hacking, HARKing, Effektgrößen, Korrelationskoeffizienten, Präregistrierung von Studien – wenn solche wissenschaftlichen Begriffe Bestandteile unserer Allgemeinbildung wären, würden sich viele unnötige Streitfragen bereits von selbst auflösen.

3) Wissenschaftliche Fehlerkultur

Wissenschaft ist nicht nur lösungsorientiert, sondern auch problem- und fehlerorientiert. Wer selbst einmal geforscht hat, weiß, dass man meistens weniger enttäuscht darüber ist, dass ein Experiment nicht funktioniert hat, als dass man überrascht ist, wenn es tatsächlich funktioniert. Viele Hypothesen erweisen sich als falsch. Doch jeder Irrtum ist eine Erkenntnis, die einen weiterbringt. Man irrt sich vorwärts. Wenn wir bei *maiLab* an einem neuen Videoskript arbeiten, fordern wir uns immer gegenseitig dazu heraus, beim anderen Fehler zu entdecken. Wir orientieren uns an dem wissenschaftlichen Prinzip der **Falsifizierung**, wonach sich jede Behauptung nicht nur durch möglichst starke Belege beweisen, sondern auch Angriffen und Widerlegungsversuchen standhalten muss. Nicht umsonst spricht man bei der Abschlussprüfung einer Doktorarbeit von einer Verteidigung – man verteidigt seine Arbeit gegen rigorose, aber sachlich fundierte Angriffe. Kann eine Behauptung solchen Angriffen nicht standhalten, hat man sich zwar leider geirrt, aber auch hier irrt man sich vorwärts. Die bessere Methode, die stärkere Auswertung, die schlüssigere Hypothese gewinnt.

In gesellschaftlichen und politischen Diskussionen hingegen wird Standfestigkeit oft eher als Stärke angesehen. Wir sind enttäuscht, wenn sich jemand geirrt hat oder seine Position wechselt. »Wozu auf die Wissenschaft hören?«, hat sich so mancher während der Coronapandemie gefragt, die irren sich doch eh ständig. Dabei übersehen wir, dass der Unterschied zwischen jemandem, der immer recht hat, und jemandem, der oft irrt, oft nur darin liegt, dass Letzterer seinen Irrtum einsieht.

4) Wissenschaftliche Diskussionskultur

Beim wissenschaftlichen Streit gewinnt nicht diejenige mit der höchsten Autorität oder derjenige mit der brillantesten Rhetorik, sondern die Aussage mit der stärksten methodischen Evidenz, die auch sämtlichen Falsifizierungsversuchen standhält. Das macht Streit natürlich ein wenig aufwendiger, als wir es sonst gewohnt sind. Man muss es wirklich wertschätzen, dass Wissenschaftler nicht einfach sagen, »Diese Methode über die Mosaik-Gehirne ist Quatsch«, sondern sich die Mühe machen, morphologische Daten von Affengesichtern zu sammeln, die Methode zu reproduzieren und eine mehrseitige Auswertung und Diskussion zu veröffentlichen. Aber diese Art der Auseinandersetzung macht Streit in der Wissenschaft eigentlich nicht netter, sondern umso härter. Es ist zwar nicht persönlich, aber gerade weil man nicht Meinungen, sondern Methoden und Daten austauscht, geht es erst richtig an die Substanz. Daher sind Streit und Diskussionen in der Wissenschaft nicht nur Tagesgeschäft, sie sind ein wichtiger Motor für wissenschaftlichen Fortschritt.

Doch vor allem beruhen auch noch so kontroverse Diskussionen auf robusten, wissenschaftlichen Grundlagen, auf einem wissenschaftlichen Konsens. In manchen Bereichen ist er größer, in anderen kleiner, doch man kann sich weitestgehend darauf einigen, was denn nun Wirklichkeit ist. Und mit jeder neuen Erkenntnis zeichnen wir ein besseres Bild von der Wirklichkeit. Nein, Wissenschaft ist vielleicht nicht »die Wahrheit« – aber ein wissenschaftlicher Konsens ist unsere beste Annäherung an die Wahrheit. Und wir kommen ihr umso näher, je größer und breiter der wissenschaftliche Konsens in einem Forschungsgebiet ist. Das gemeinsame Ringen um eine Erweiterung des Konsenses – das ist es, worüber es sich zu streiten lohnt. Wenn wir im Streit stattdessen nur versuchen, unsere persönliche Ansicht mit allen Mitteln durchzusetzen, wenn es das einzige Ziel ist, recht zu haben, treten wir auf der Stelle. Wissenschaftlicher Diskurs hingegen bedeutet: sich vorwärts streiten.

DER DEBATTENFEHLSCHLUSS

Was heißt nun »Unite behind the Science«? Was ist das Mindeste an Konsens, das man verlangen kann? Na ja, man könnte die Frage für jedes Thema – Klimawandel, Erblichkeit von Intelligenz, Drogenpolitik – einzeln beantworten. Doch die individuellen Antworten haben eines gemeinsam: Konstruktive Debatten und konstruktive Problemlösungen brauchen wissenschaftlichen Spirit – wissenschaftliches Denken, wissenschaftliche Methoden, wissenschaftliche Fehler- und Diskussionskultur. Sich hinter »der Wissenschaft« zu versammeln, bedeutet für mich – und das sage ich jetzt auf die Gefahr hin, dann doch fast schon religiös zu klingen –, einen wissenschaftlichen Spirit zu teilen.

Denn wir sollten nicht den Fehler machen zu glauben, dass die Suche nach dem Konsens, die Suche nach der kleinsten gemeinsamen Wirklichkeit, dem freien Meinungsaustausch und einer freien Debattenkultur im Wege steht. Nein, ich nenne das den **Debattenfehlschluss,** denn genau das Gegenteil ist der Fall. Wenn wir uns nicht darauf einigen können, ob ein neues Virus gefährlich ist oder nicht, verlieren wir Zeit für die eigentlich wichtige Diskussion, nämlich wie wir dieses Virus am besten bekämpfen. Wenn wir uns nicht darauf einigen können, dass die Klimakrise immer schwieriger zu bewältigen sein wird, je länger wir warten, verlieren wir kostbare Zeit, in der wir um gute Klimastrategien ringen könnten. Ohne ein gemeinsames Verständnis von Wirklichkeit, auf dessen Fundament wir unsere Debatten austragen, streiten wir nur auf der Stelle und nicht vorwärts. **Wissenschaftlichkeit heißt nicht, weniger zu streiten, sondern besser.**

2020 wäre auch so schon ein verrücktes Jahr für mich gewesen, weil ich Mutter geworden bin. Wenn ich an die Zukunft meiner Tochter denke und an unseren gesellschaftlichen Umgang mit Wirklichkeit, diesen Blob aus Wahrheit, Lüge, Fakten und Ideologie – macht mir das Sorgen. Jede Krise, sei es eine Pandemie oder der Klimawandel, wird durch eine solche Informationskrise um ein Vielfaches verstärkt. Doch – mal ganz unwissenschaftlich – ich weigere mich zu glauben, dass das einfach so weitergehen soll. Dass wir Menschen nicht doch vernünftiger sein können. Ich hoffe, dass wir von der Wissenschaft lernen können. Ich hoffe, dass es besser wird. Ich hoffe, dass meine Tochter irgendwann dieses Buch liest und mich danach fragt, warum wir damals eigentlich so seltsam waren.

DANKE

Thomas fürs Überreden

Lars und Jens für eure wunderbaren Gehirne

Julia und Constanze fürs Rückenfreihalten

Kim und Simon für das ganze Essen

Mama und Papa, ich meine Oma und Opa

Matthias für die Care-Arbeit und für einfach alles

ANMERKUNGEN

Vor-Vorwort zur Taschenbuchausgabe
1 https://www.rtl.de/cms/professor-behauptet-adventskranz-verursacht-mehr-feinstaub-als-dieselautos-4252272.html
2 https://bit.ly/2RuXVuS; https://bit.ly/2EcAd37
3 https://youtu.be/5jsvTepG2m0?si=qpOoQsWcilOEy75W
4 https://bit.ly/2SAxp8N
5 https://taz.de/Falsche-Angaben-zu-Stickoxid/!5572843/

Kapitel 1
1 »*Cannabis ist kein Brokkoli*« – *Bundesdrogenbeauftragte über Legalisierung & Entkriminalisierung,* Jung & Naiv, https://youtu.be/L27ffKWOBBE
2 https://hanfverband.de/sites/default/files/2019.09.02_hanfverband_cannabis_graf.pdf
3 Nutt, D. J. (2009). Equasy - an overlooked addiction with implications for the current debate on drug harms. *Journal of Psychopharmacology,* 23(1), 3–5.
4 https://www.gov.uk/penalties-drug-possession-dealing
5 http://news.bbc.co.uk/2/hi/uk_news/7882708.stm
6 https://www.crimeandjustice.org.uk/sites/crimeandjustice.org.uk/files/Estimating%20drug%20harms.pdf
7 https://www.theguardian.com/politics/2009/nov/02/drug-policy-alan-johnson-nutt
8 https://archive.senseaboutscience.org/pages/principles-for-the-treatment-of-independent-scientific-advice-.html
9 https://www.gov.uk/government/publications/scientific-advice-to-government-principles
10 Nutt, D. J., King, L. A., & Phillips, L. D. (2010). Drug harms in the UK: a multicriteria decision analysis. *The Lancet, 376* (9752), 1558–1565.
11 Ebd.
12 Nutt, D. J., King, L. A., Saulsbury, W., & Blakemore, C. (2007). Development of a rational scale to assess the harm of drugs of potential misuse. *The Lancet, 369* (9566), 1047–1053.
13 https://www.bayernkurier.de/inland/13158-bayern-und-bier-eine-besondere-beziehung/
14 *Horst Seehofer (CSU) zur Cannabis-Legalisierung,* Jung & Naiv, https://youtu.be/YALk76OKm-8
15 Levine, H. G. (1984). The alcohol problem in America: From temperance to alcoholism. *British Journal of Addiction, 79*(4), 109–119.

16 Blocker Jr, J. S. (2006). Did prohibition really work? Alcohol prohibition as a public health innovation. *American journal of public health, 96*(2), 233–243.

17 *What people get wrong about Prohibition*, German Lopez, 19.10.2015, https://www.vox.com/2015/10/19/9566935/prohibition-myths-misconceptions-facts

18 Okrent, D. (2010). *Last call: The rise and fall of prohibition*. Simon and Schuster.

19 Miron, J. A., & Zwiebel, J. (1991). *Alcohol consumption during prohibition* (No. w3675). National Bureau of Economic Research.

20 Ebd.

21 Blocker Jr, J. S. (2006). Did prohibition really work? Alcohol prohibition as a public health innovation. *American journal of public health, 96*(2), 233–243.

22 Ebd.

23 Ebd.

24 World Health Organization. (2019). *Global status report on alcohol and health 2018*. World Health Organization.

25 Forney, R. B. (1971). Toxicology of marihuana. *Pharmacological reviews, 23*(4), 279.

26 Gaffuri, A. L., Ladarre, D., & Lenkei, Z. (2012). Type-1 cannabinoid receptor signaling in neuronal development. *Pharmacology, 90*(1–2), 19–39.

27 Schonhofen, P., Bristot, I. J., Crippa, J. A., Hallak, J., Zuardi, A. W., Parsons, R. B., & Klamt, F. (2018). Cannabinoid-Based Therapies and Brain Development: Potential Harmful Effect of Early Modulation of the Endocannabinoid System. *CNS drugs, 32*(8), 697–712.

28 Marconi, A., Di Forti, M., Lewis, C. M., Murray, R. M., & Vassos, E. (2016). Meta-analysis of the association between the level of cannabis use and risk of psychosis. *Schizophrenia bulletin, 42*(5), 1262–1269.

29 Fischer, B., Russell, C., Sabioni, P., Van Den Brink, W., Le Foll, B., Hall, W., … & Room, R. (2017). Lower-risk cannabis use guidelines: a comprehensive update of evidence and recommendations. *American journal of public health, 107*(8), e1–e12.

30 »*Cannabis ist kein Brokkoli*« – *Bundesdrogenbeauftragte über Legalisierung & Entkriminalisierung,* Jung & Naiv, https://youtu.be/L27ffKWOBBE

31 Gekürzte Übersetzung aus dem wissenschaftlichen Artikel Fischer, Benedikt, et al.: Lower-risk cannabis use guidelines: a comprehensive update of evidence and recommendations. *American journal of public health, 107*.8 (2017): e1–e12. Wissenschaftliche Quellen für jede der zehn Empfehlungen können dort nachgeschlagen werden.

32 Greenwald, G. (2009). *Drug decriminalization in Portugal: lessons for creating fair and successful drug policies*. Cato Institute Whitepaper Series.

33 Szalavitz, M. (2009). Drugs in Portugal: Did Decriminalization Work?. *Time Magazine*.

The Economist. (27. April 2009). Portugal's drug policy: treating not punishing. *The Economist.*

Vastag, B. (07. April 2009). 5 years after: Portugal's drug decriminalization policy shows positive results. *Scientific American.*

34 Coelho, M. P. (2015). Drugs: The Portuguese fallacy and the absurd medicalization of Europe. *Motricidade, 11*(2), 3–15.

35 https://wfad.se/blog/2011/01/01/best-portugal-advice-to-the-world-dont-follow-us/

36 Hughes C. E., & Stevens, A. (2015). A resounding success or a disastrous failure: re-examining the interpretation of evidence on the Portuguese decriminalization of illicit drugs. In M. W. Brienen & J. D. Rosen (Eds.), *New Approaches to Drug Policies* (pp. 137–162). Palgrave Macmillan.

37 Ebd.

38 Gonçalves, R., Lourenço, A., & da Silva, S. N. (2015). A social cost perspective in the wake of the Portuguese strategy for the fight against drugs. *International Journal of Drug Policy, 26*(2), 199–209.

39 https://www.npr.org/2011/01/20/133086356/Mixed-Results-For-Portugals-Great-Drug-Experiment?t=1606333368748&t=1607425484679

40 https://compendium.ch/product/1179602-diaphin-ir-tabl-200-mg/mpro
https://www.cancerresearchuk.org/about-cancer/cancer-in-general/treatment/cancer-drugs/drugs/diamorphine

41 https://www.deutsche-apotheker-zeitung.de/daz-az/2009/az-23-2009/durchbruch-im-diamorphin-streit

42 https://www.aerzteblatt.de/archiv/211759/Diamorphingestuetzte-Substitutionsbehandlung-Die-taegliche-Spritze

43 https://www.dkfz.de/de/tabakkontrolle/download/Publikationen/sonst Veroeffentlichungen/Tabakatlas-Deutschland-2020.pdf

44 https://www.bzga.de/fileadmin/user_upload/Alkoholsurvey_2016_Bericht_Rauchen_fin.pdf

45 https://www.fr.de/sport/sport-mix/nikotin-groesseres-suchtpotenzial-heroin-11587729.html

46 Kozlowski, L. T., Wilkinson, D. A., Skinner, W., Kent, C., Franklin, T., & Pope, M. (1989). Comparing tobacco cigarette dependence with other drug dependencies. Greater or equal ›difficulty quitting‹ and ›urges to use‹ but less ›pleasure‹ from cigarettes. *JAMA, 261*(6), 898–901. https://doi.org/10.1001/jama.261.6.898

47 Caulkins, J. P., Reuter, P., & Coulson, C. (2011). Basing drug scheduling decisions on scientific ranking of harmfulness: false promise from false premises. *Addiction, 106*(11), 1886–1890.

48 https://www.emcdda.europa.eu/publications/drug-profiles/synthetic-cannabinoids_de

49 https://www.emcdda.europa.eu/topics/pods/synthetic-cannabinoids_de

50 https://www.gesetze-im-internet.de/npsg/

51 https://www.forschung-bundesgesundheitsministerium.de/foerderung/bekanntmachungen/evaluation-zu-den-auswirkungen-des-gesetzes-zur-bekaempfung-der-verbreitung-neuer-psychoaktiver-stoffe-npsg

52 Caulkins, J. P., Reuter, P., & Coulson, C. (2011). Basing drug scheduling decisions on scientific ranking of harmfulness: false promise from false premises. *Addiction, 106*(11), 1886–1890.

53 Van Amsterdam, J., Opperhuizen, A., Koeter, M., & van den Brink, W. (2010). Ranking the harm of alcohol, tobacco and illicit drugs for the individual and the population. *European addiction research, 16*(4), 202–207.
Bonomo, Y., Norman, A., Biondo, S., Bruno, R., Daglish, M., Dawe, S., … & Lubman, D. I. (2019). The Australian drug harms ranking study. *Journal of Psychopharmacology, 33*(7), 759–768.

54 Lachenmeier, D. W., & Rehm, J. (2015). Comparative risk assessment of alcohol, tobacco, cannabis and other illicit drugs using the margin of exposure approach. *Scientific reports, 5*, 8126.

55 Ebd.

56 Dubljević, V. (2018). Toward an improved Multi-Criteria Drug Harm Assessment process and evidence-based drug policies. *Frontiers in pharmacology, 9*, 898.

57 Caulkins, J. P., Reuter, P., & Coulson, C. (2011). Basing drug scheduling decisions on scientific ranking of harmfulness: false promise from false premises. *Addiction, 106*(11), 1886–1890.

58 Nutt, D. (2011). Let not the best be the enemy of the good. *Addiction, 106*(11), 1892–1893.

59 Ebd.

60 Fischer, B., & Kendall, P. (2011). Nutt et al.'s harm scales for drugs – Room for improvement but better policy based on science with limitations than no science at all. *Addiction, 106*(11), 1891–1892.

Kapitel 2

1 Ferguson, C. J. (2015). Does media violence predict societal violence? It depends on what you look at and when. *Journal of Communication, 65*(1), E1–E22.)

2 https://www.bpb.de/gesellschaft/digitales/verbotene-spiele/63500/chronik-der-schlagzeilen?p=0

3 https://www.youtube.com/watch?v=s2ktyt5D5hE&feature=youtu.be

4 Rosling, H. (2019). *Factfulness*. Flammarion.

5 Dodou, D., & de Winter, J. C. (2014). Social desirability is the same in offline, online, and paper surveys: A meta-analysis. *Computers in Human Behavior, 36*, 487–495.

6 https://www.nature.com/news/1-500-scientists-lift-the-lid-on-reproducibility-1.19970

7 Baker, M. (2016). Reproducibility crisis. *nature, 533*(26), 353–66.

8 Open Science Collaboration. (2015). Estimating the reproducibility of psychological science. *Science, 349*(6251).

9 Gilbert, D. T., King, G., Pettigrew, S., & Wilson, T. D. (2016). Comment on »Estimating the reproducibility of psychological science«. *Science, 351*(6277), 1037.

10 Chandler, J. (2016). *Response to Comment on »Estimating the Reproducibility of Psychological Science«.* Mathematica Policy Research.

11 Gilbert, D. T., King, G., Pettigrew, S., & Wilson, T. D. (2016). *A Response to the Reply to our Technical Comment on »estimating the Reproducibility of Psychological Science«.*

12 https://www.wired.com/2016/03/psychology-crisis-whether-crisis/

13 https://www.ndr.de/nachrichten/info/54-Coronavirus-Update-Eine-Empfehlung-fuer-den-Herbst,podcastcoronavirus238.html

14 Elson, M., Mohseni, M. R., Breuer, J., Scharkow, M., & Quandt, T. (2014). Press CRTT to measure aggressive behavior: The unstandardized use of the competitive reaction time task in aggression research. *Psychological assessment, 26*(2), 419.

15 Warburton, W. A., & Bushman, B. J. (2019). The competitive reaction time task: The development and scientific utility of a flexible laboratory aggression paradigm. *Aggressive behavior, 45*(4), 389–396.

16 Taylor, S. P. (1967). Aggressive behavior and physiological arousal as a function of provocation and the tendency to inhibit aggression 1. *Journal of personality, 35*(2), 297–310.

17 http://www.tylervigen.com/spurious-correlations

18 Ferguson, C. J. (2015). Does movie or video game violence predict societal violence? It depends on what you look at and when. *Journal of Communication, 65*(1), 193–212.

19 Chester, D. S., & Lasko, E. N. (2019). Validating a standardized approach to the Taylor Aggression Paradigm. *Social Psychological and Personality Science, 10*(5), 620–631.

20 Giancola, P. R., & Parrott, D. J. (2008). Further evidence for the validity of the Taylor aggression paradigm. Aggressive Behavior: *Official Journal of the International Society for Research on Aggression, 34*(2), 214–229.
Ferguson, C. J., & Rueda, S. M. (2009). Examining the validity of the modified Taylor competitive reaction time test of aggression. *Journal of Experimental Criminology, 5*(2), 121.

21 Chester, D. S., & Lasko, E. N. (2019). Validating a standardized approach to the Taylor Aggression Paradigm. *Social Psychological and Personality Science, 10*(5), 620–631.

22 Elson, M., Mohseni, M. R., Breuer, J., Scharkow, M., & Quandt, T. (2014). Press CRTT to measure aggressive behavior: The unstandardized use of the competitive reaction time task in aggression research. *Psychological assessment, 26*(2), 419.

23 Head, M. L., Holman, L., Lanfear, R., Kahn, A. T., & Jennions, M. D. (2015). The extent and consequences of p-hacking in science. *PLoS Biol, 13*(3), e1002106.

24 Schäfer, T., & Schwarz, M. A. (2019). The meaningfulness of effect sizes in psychological research: Differences between sub-disciplines and the impact of potential biases. *Frontiers in Psychology, 10,* 813.

25 de Vrieze, J. (2018). The metawars. *Science, 361*(6408), 1184-1188.

26 Anderson, C. A., Shibuya, A., Ihori, N., Swing, E. L., Bushman, B. J., Sakamoto, A., ... & Saleem, M. (2010). Violent video game effects on aggression, empathy, and prosocial behavior in Eastern and Western countries: A meta-analytic review. *Psychological bulletin, 136*(2), 151.

27 Huesman, L. R. (2010). Nailing the coffin shut on doubts that violent video games stimulate aggression: comment on Anderson et al. (2010). *Psychological Bullettin, 136*(2), 179–181.

28 Ferguson, C. J., & Kilburn, J. (2010). Much ado about nothing: The misestimation and overinterpretation of violent video game effects in Eastern and Western nations: Comment on Anderson et al. (2010). *Psychological Bulletin, 136*(2), 174–178.

29 Ferguson, C. J. (2015). Do angry birds make for angry children? A meta-analysis of video game influences on children's and adolescents' aggression, mental health, prosocial behavior, and academic performance. *Perspectives on psychological science, 10*(5), 646–666.

30 Huesman, L. R. (2010). Nailing the coffin shut on doubts that violent video games stimulate aggression: comment on Anderson et al. (2010). *Psychological Bullettin, 136*(2), 179–181.

31 Mathur, M. B., & VanderWeele, T. J. (2019). Finding common ground in meta-analysis »wars« on violent video games. *Perspectives on psychological science, 14*(4), 705–708.

32 McCarthy, R. J., Coley, S. L., Wagner, M. F., Zengel, B., & Basham, A. (2016). Does playing video games with violent content temporarily increase aggressive inclinations? A pre-registered experimental study. *Journal of Experimental Social Psychology, 67,* 13–19.

Ferguson, C. J. (2019). A preregistered longitudinal analysis of aggressive video games and aggressive behavior in Chinese youth. *Psychiatric quarterly, 90*(4), 843–847.

Przybylski, A. K., & Weinstein, N. (2019). Violent video game engagement is not associated with adolescents' aggressive behaviour: evidence from a registered report. *Royal Society open science, 6*(2), 171474.

Ferguson, C. J., & Wang, J. C. (2019). Aggressive video games are not a risk factor for future aggression in youth: A longitudinal study. *Journal of youth and adolescence,* 48(8), 1439–1451.

33 Gentile, D. A. (2013). Catharsis and media violence: A conceptual analysis. *Societies, 3*(4), 491–510.

34 https://www.bundestag.de/resource/blob/412164/886df268546152fbf9e2b14908d01ba2/WD-9-223-06-pdf-data.pdf

35 Griffiths, M. D., Davies, M. N., & Chappell, D. (2003). Breaking the stereotype: The case of online gaming. *CyberPsychology & Behavior, 6*(1), 81–91.

36 https://theconversation.com/coronavirus-making-friends-through-online-video-games-134459

37 Herrenkohl, T. I., Maguin, E., Hill, K. G., Hawkins, J. D., Abbott, R. D., & Catalano, R. F. (2000). Developmental risk factors for youth violence. *Journal of adolescent health, 26*(3), 176–186.
Ferguson, C. J., San Miguel, C., & Hartley, R. D. (2009). A multivariate analysis of youth violence and aggression: The influence of family, peers, depression, and media violence. *The Journal of pediatrics, 155*(6), 904–908.
Hawkins, J. D. (2000). *Predictors of youth violence*. US Department of Justice, Office of Justice Programs, Office of Juvenile Justice and Delinquency Prevention.

Kapitel 3

1 https://www.equalpayday.de/fileadmin/public/user_upload/2020_12_10_PM_NeuesDatumEPD2021_final.pdf

2 https://www.destatis.de/DE/Themen/Arbeit/Verdienste/Verdienste-Verdienstunterschiede/_inhalt.html

3 https://www.destatis.de/DE/Themen/Arbeit/Verdienste/FAQ/gender-pay-gap.html

4 https://www.equalpayday.de/fileadmin/public/user_upload/2020_12_10_PM_NeuesDatumEPD2021_final.pdf

5 https://www.destatis.de/DE/Themen/Arbeit/Verdienste/Verdienste-Verdienstunterschiede/Methoden/Erlaeuterungen/erlaeuterung-Verdienststrukturerhebung.html
https://www.destatis.de/DE/Methoden/WISTA-Wirtschaft-und-Statistik/2017/02/verdienstunterschiede-022017.pdf?__blob=publicationFile

6 Moss-Racusin, C. A., Dovidio, J. F., Brescoll, V. L., Graham, M. J., & Handelsman, J. (2012). Science faculty's subtle gender biases favor male students. *Proceedings of the national academy of sciences, 109*(41), 16474–16479.

7 Paulhus, D. L., & Williams, K. M. (2002). The dark triad of personality: Narcissism, Machiavellianism, and psychopathy. *Journal of research in personality, 36*(6), 556–563.

8 Spurk, D., Keller, A. C., & Hirschi, A. (2016). Do bad guys get ahead or fall behind? Relationships of the dark triad of personality with objective and subjective career success. *Social psychological and personality science, 7*(2), 113–121.

9 Jonason, P. K., & Davis, M. D. (2018). A gender role view of the Dark Triad traits. *Personality and Individual Differences, 125*, 102–105.

10 https://www.destatis.de/DE/Methoden/WISTA-Wirtschaft-und-Statistik/2017/02/verdienstunterschiede-022017.pdf?__blob=publicationFile

11 Finke, C., Dumpert, F., & Beck, M. (2017). Verdienstunterschiede zwischen

Männern und Frauen: eine Ursachenanalyse auf Grundlage der Verdienststrukturerhebung 2014. *WISTA Wirtschaft und Statistik,* (2), 43–62.

12 Ebd.

13 https://www.destatis.de/DE/Themen/Gesellschaft-Umwelt/Soziales/Elterngeld/Publikationen/Downloads-Elterngeld/elterngeld-leistungsbezuege-j-5229210197004.pdf?__blob=publicationFile

14 https://www.freundin.de/so-viel-kostet-ein-baby-im-ersten-jahr#:~:text=Windeln,gut%20und%20kosten%20weitaus%20weniger.

15 Bertrand, M., Goldin, C., & Katz, L. F. (2010). Dynamics of the gender gap for young professionals in the financial and corporate sectors. *American economic journal: applied economics, 2*(3), 228–55.

16 Bertrand, M., Goldin, C., & Katz, L. F. (2010). Dynamics of the gender gap for young professionals in the financial and corporate sectors. *American economic journal: applied economics, 2*(3), 228–55.

17 Goldin, C. (2014). A grand gender convergence: Its last chapter. *American Economic Review, 104*(4), 1091–1119.

18 Goldin, C. (2014). A grand gender convergence: Its last chapter. *American Economic Review, 104*(4), 1091–1119.

19 https://www.bbc.com/worklife/article/20200108-is-minimum-leave-a-better-alternative-to-unlimited-time-off

20 https://jobs.netflix.com/culture

21 https://humaninterest.com/blog/unlimited-paid-time-off-pto-startups-pros-cons/

22 https://www.bpb.de/politik/innenpolitik/care-arbeit/

23 Ebd.

24 https://www.handelsblatt.com/unternehmen/management/vorstandsgehaelter-fast-zehn-millionen-euro-vw-chef-herbert-diess-ist-neuer-dax-topverdiener/26002856.html?ticket=ST-7068936-KVq51aSdzH66BYXTW0d2-ap4

25 Koebe, J., Samtleben, C., Schrenker, A., & Zucco, A. (2020). *Systemrelevant, aber dennoch kaum anerkannt: Entlohnung unverzichtbarer Berufe in der Corona-Krise unterdurchschnittlich.*

26 Ebd.

27 Ebd.

Kapitel 4

1 https://www.spiegel.de/geschichte/medizin-skandal-todesstudie-von-tuskegee-a-947601.html
https://www.sueddeutsche.de/wissen/menschenversuche-das-verbrechen-von-tuskegee-1.702457

2 https://www.hhs.gov/ohrp/regulations-and-policy/belmont-report/index.html

3 https://www.bundesaerztekammer.de/fileadmin/user_upload/downloads/pdf-Ordner/International/Deklaration_von_Helsinki_2013_20190905.pdf

4 https://www.who.int/cancer/PRGlobocanFinal.pdf

5 Grimes, D. R. (2016). On the viability of conspiratorial beliefs. *PLoS One, 11*(1), e0147905.
6 https://www.deutsche-apotheker-zeitung.de/news/artikel/2019/03/05/homoeopathie-absatzzahlen-werden-mehr-oder-weniger-packungen-verkauft/chapter:1
7 https://www.contergan.de/images/zahlen-daten-fakten/20140317113301CON_Zahlen-Daten-Fakten_140311_mit_links.pdf
8 https://www.contergan.de/index.php/presseservice/zahlen-daten-fakten
9 https://www.deutsche-apotheker-zeitung.de/news/artikel/2017/09/26/fuer-die-opfer-ist-der-skandal-noch-nicht-vorbei/chapter:2
10 https://www.test.de/Bluthochdruck-Verunreinigte-Medikamente-zurueckgerufen-5354979-0/
11 https://theconversation.com/the-two-obstacles-that-are-holding-back-alzheimers-research-86435
12 https://www.sciencemediacenter.de/alle-angebote/fact-sheet/details/news/arzneimittel-von-der-entwicklung-bis-zur-zulassung/
13 http://dipbt.bundestag.de/doc/btd/07/050/0705091.pdf
14 https://www.gesetze-im-internet.de/amg_1976/__8.html
15 Bundesinstitut für Arzneimittel und Medizinprodukte, *Jahresbericht 2017/18*
16 https://www.bfarm.de/DE/Arzneimittel/Arzneimittelzulassung/Zulassungsarten/BesondereTherapierichtungen/Homoeopathische_und_anthroposophische_Arzneimittel/KriterienIndikationen.html;jsessionid=0F33AF316618AF9442A981A4C5555F73.1_cid344
17 https://www.bfarm.de/DE/Arzneimittel/Arzneimittelzulassung/Zulassungsarten/BesondereTherapierichtungen/Homoeopathische_und_anthroposophische_Arzneimittel/mitglieder-kommission-d.html
18 Baell, J., & Walters, M. A. (2014). Chemistry: Chemical con artists foil drug discovery. *Nature News, 513*(7519), 481.
19 Nelson, K. M., Dahlin, J. L., Bisson, J., Graham, J., Pauli, G. F., & Walters, M. A. (2017). The essential medicinal chemistry of curcumin: miniperspective. *Journal of medicinal chemistry, 60*(5), 1620–1637.
20 Rawat, S., & Meena, S. (2014). Publish or perish: Where are we heading? *Journal of research in medical sciences: the official journal of Isfahan University of Medical Sciences, 19*(2), 87.
21 Baell, J., & Walters, M. A. (2014). Chemistry: Chemical con artists foil drug discovery. *Nature News, 513*(7519), 481.
22 Anand, P., Kunnumakkara, A. B., Newman, R. A., & Aggarwal, B. B. (2007). Bioavailability of curcumin: problems and promises. *Molecular pharmaceutics, 4*(6), 807–818.
23 Ebd.
24 https://www.krebsdaten.de/Krebs/DE/Content/Krebsarten/Brustkrebs/brustkrebs_node.html
25 https://www.hirntumorhilfe.de/hirntumor/tumorarten/

26 https://www.roche.com/sustainability/philanthropy/science_education/pathways.htm
27 Wechsler, M. E., Kelley, J. M., Boyd, I. O., Dutile, S., Marigowda, G., Kirsch, I., ... & Kaptchuk, T. J. (2011). Active albuterol or placebo, sham acupuncture, or no intervention in asthma. *New England Journal of Medicine, 365*(2), 119–126.
28 Hróbjartsson, A., & Gøtzsche, P. C. (2010). Placebo interventions for all clinical conditions. The Cochrane database of systematic reviews, 2010(1), CD003974. https://doi.org/10.1002/14651858.CD003974.pub3
29 Evers, A. W., Colloca, L., Blease, C., Annoni, M., Atlas, L. Y., Benedetti, F., ... & Crum, A. J. (2018). Implications of placebo and nocebo effects for clinical practice: expert consensus. *Psychotherapy and psychosomatics, 87*(4), 204–210.
30 Girrbach, F. F., Bernhard, M., Hammer, N., & Bercker, S. (2018). Intranasale Medikamentengabe im Rettungsdienst. *Notfall+ Rettungsmedizin, 21*(2), 120–128.
31 Levine, J., Gordon, N., & Fields, H. (1978). The mechanism of placebo analgesia. *The Lancet, 312*(8091), 654–657.
32 Eippert, F., Finsterbusch, J., Bingel, U., & Büchel, C. (2009). Direct evidence for spinal cord involvement in placebo analgesia. *Science (N.Y.), 326*(5951), 404. https://doi.org/10.1126/science.1180142
33 Ebd.
34 Hadamitzky, M., Sondermann, W., Benson, S., & Schedlowski, M. (2018). Placebo effects in the immune system. *International review of neurobiology, 138*, 39–59).
35 Kirchhof, J., Petrakova, L., Brinkhoff, A., Benson, S., Schmidt, J., Unteroberdörster, M., ... & Schedlowski, M. (2018). Learned immunosuppressive placebo responses in renal transplant patients. *Proceedings of the National Academy of Sciences, 115*(16), 4223–4227.
36 Carvalho, C., Caetano, J. M., Cunha, L., Rebouta, P., Kaptchuk, T. J., & Kirsch, I. (2016). Open-label placebo treatment in chronic low back pain: a randomized controlled trial. *Pain, 157*(12), 2766.
37 Irving, G., Neves, A. L., Dambha-Miller, H., Oishi, A., Tagashira, H., Verho, A., & Holden, J. (2017). International variations in primary care physician consultation time: a systematic review of 67 countries. *BMJ open, 7*(10), e017902.
38 Howe, L. C., Leibowitz, K. A., & Crum, A. J. (2019). When Your Doctor »Gets It« and »Gets You«: The Critical Role of Competence and Warmth in the Patient-Provider Interaction. *Frontiers in psychiatry, 10*, 475. https://doi.org/10.3389/fpsyt.2019.00475
39 https://www.welt.de/wirtschaft/article195631627/Aerztepraesident-Reinhardt-Es-wird-kuenftig-Gegenden-ohne-Hausarzt-geben.html
40 *Homöopathie wirkt** | *NEO MAGAZIN ROYALE mit Jan Böhmermann – ZDFneo,* https://youtu.be/pU3sAYRl4-k
41 https://www.hevert.com/market-us/en_US/products

42 https://www.spiegel.de/panorama/zweifelhafte-heilsversprechen-der-tragische-krebstod-der-anja-weiss-a-24925d8a-e04b-446f-a7d5-f6697f78f450

43 https://www.krebsdaten.de/Krebs/DE/Content/Krebsarten/Brustkrebs/brustkrebs_node.html

44 https://www.heilpraktiker-psychotherapie-werden.de/rechtliches-2/

45 https://www.gesetze-im-internet.de/heilprg/BJNR002510939.html

46 https://www.vdh-heilpraktiker.de/fileadmin/nutzerdateien/vdh-heilpraktiker.pdf

47 https://www.heilpraktiker-fakten.de/heilpraktikerfakten/die-heilpraktiker ueberpruefung-vor-dem-gesundheitsamt/

48 https://www.bdh-online.de/bdh-weist-kritik-an-heilpraktiker-beruf-in-deutschland-zurueck-2/

Kapitel 5

1 Plotkin, S. A., & Plotkin, S. L. (2013). A short history of vaccination. In S. A. Plotkin, W. A. Orenstein & P. A. Offit (Eds.), *Vaccines* (pp. 1–13). Elsevier-Saunders.

2 Ebd.
https://www.who.int/bulletin/volumes/86/2/07-040089/en/

3 https://www.rki.de/DE/Content/Infekt/Impfen/Praevention/praevention_node.html

4 https://www.rki.de/DE/Content/Infekt/EpidBull/Merkblaetter/Ratgeber_Masern.html#doc2374536bodyText3

5 https://www.deutschlandfunk.de/kinderlaehmung.709.de.html?dram:article_id=86222#:~:text=Allein%20im%20Jahre%201952%20erkrankten,darauffolgenden%20Jahr%20auf%20nur%20295.

6 https://www.impfen-info.de/wissenswertes/herdenimmunitaet.html

7 https://www.rki.de/DE/Content/Infekt/Impfen/Praevention/praevention_node.html

8 Ebd.

9 Ebd.

10 https://www.mta-dialog.de/artikel/masernausbrueche-in-deutschland.html

11 Petrova, V. N., Sawatsky, B., Han, A. X., Laksono, B. M., Walz, L., Parker, E., … & Kellam, P. (2019). Incomplete genetic reconstitution of B cell pools contributes to prolonged immunosuppression after measles. *Science immunology*, *4*(41).
Mina, M. J., Kula, T., Leng, Y., Li, M., De Vries, R. D., Knip, M., … & Larman, H. B. (2019). Measles virus infection diminishes preexisting antibodies that offer protection from other pathogens. *Science*, *366*(6465), 599–606.

12 Schönberger, K., Ludwig, M. S., Wildner, M., & Weissbrich, B. (2013). Epidemiology of subacute sclerosing panencephalitis (SSPE) in Germany from 2003 to 2009: a risk estimation. *PloS one*, *8*(7), e68909.

13 https://www.aerzteblatt.de/archiv/215468/Masern-Der-Zwang-zum-Kombinationsimpfen-wird-Folgen-haben

14 https://www.deutsche-apotheker-zeitung.de/news/artikel/2020/08/17/einzelimpfstoff-gegen-masern-auch-als-import-nicht-mehr-verfuegbar/chapter:2

15 Van Prooijen, J. W., & Douglas, K. M. (2017). Conspiracy theories as part of history: The role of societal crisis situations. *Memory studies, 10*(3), 323-333.

16 A timeline of the Wakefield retraction. *Nat Med 16,* 248 (2010).

17 https://www.bzga.de/fileadmin/user_upload/PDF/studien/Infektionsschutzstudie_2018.pdf

18 Lu, R., Zhao, X., Li, J., Niu, P., Yang, B., Wu, H., ... & Bi, Y. (2020). Genomic characterisation and epidemiology of 2019 novel coronavirus: implications for virus origins and receptor binding. *The Lancet, 395*(10224), 565–574.

19 https://www.bundesregierung.de/breg-de/themen/themenseite-forschung/corona-impfstoff-1787044#:~:text=Ein%20Impfstoff%20gegen%20Covid%2D19,mit%20insgesamt%20750%20Millionen%20Euro

20 https://www.bloomberg.com/news/features/2020-10-29/inside-operation-warp-speed-s-18-billion-sprint-for-a-vaccine

21 https://ec.europa.eu/info/live-work-travel-eu/coronavirus-response/public-health/coronavirus-vaccines-strategy_en

22 https://www.ema.europa.eu/en/documents/leaflet/infographic-fast-track-procedures-treatments-vaccines-covid-19_en.pdf

23 Gouglas, D., Le, T. T., Henderson, K., Kaloudis, A., Danielsen, T., Hammersland, N. C., ... & Røttingen, J. A. (2018). Estimating the cost of vaccine development against epidemic infectious diseases: a cost minimisation study. *The Lancet Global Health, 6*(12), e1386–e1396.

24 https://www.rki.de/DE/Content/Infekt/Impfen/ImpfungenAZ/Influenza/Influenza.html

25 Schenck, C. H., Bassetti, C. L., Arnulf, I., & Mignot, E. (2007). English translations of the first clinical reports on narcolepsy and cataplexy by Westphal and Gélineau in the late 19th century, with commentary. *Journal of Clinical Sleep Medicine, 3*(3), 301–311.

26 Kornum, B. R., Knudsen, S., Ollila, H. M., Pizza, F., Jennum, P. J., Dauvilliers, Y., & Overeem, S. (2017). Narcolepsy. *Nature reviews Disease primers, 3*(1), 1–19.

27 https://web.archive.org/web/20110217101203/http://www.lakemedelsverket.se/english/All-news/NYHETER-2010/The-MPA-investigates-reports-of-narcolepsy-in-patients-vaccinated-with-Pandemrix/

28 Han, F., Lin, L., Warby, S. C., Faraco, J., Li, J., Dong, S. X., ... & Yan, H. (2011). Narcolepsy onset is seasonal and increased following the 2009 H1N1 pandemic in China. *Annals of neurology, 70*(3), 410–417.

29 Huang, W. T., Huang, Y. S., Hsu, C. Y., Chen, H. C., Lee, H. C., Lin, H. C.,

   ... & Yang, C. H. (2020). Narcolepsy and 2009 H1N1 pandemic vaccination in Taiwan. *Sleep medicine, 66,* 276–281.

30 Han, F., Lin, L., Warby, S. C., Faraco, J., Li, J., Dong, S. X., ... & Yan, H. (2011). Narcolepsy onset is seasonal and increased following the 2009 H1N1 pandemic in China. *Annals of neurology, 70*(3), 410–417.

31 Huang, W. T., Huang, Y. S., Hsu, C. Y., Chen, H. C., Lee, H. C., Lin, H. C., ... & Yang, C. H. (2020). Narcolepsy and 2009 H1N1 pandemic vaccination in Taiwan. *Sleep medicine, 66,* 276–281.

32 Kornum, B. R., Knudsen, S., Ollila, H. M., Pizza, F., Jennum, P. J., Dauvilliers, Y., & Overeem, S. (2017). Narcolepsy. *Nature reviews Disease primers, 3*(1), 1–19.
Katzav, A., Arango, M. T., Kivity, S., Tanaka, S., Givaty, G., Agmon-Levin, N., Honda, M., Anaya, J. M., Chapman, J., & Shoenfeld, Y. (2013). Passive transfer of narcolepsy: anti-TRIB2 autoantibody positive patient IgG causes hypothalamic orexin neuron loss and sleep attacks in mice. *Journal of autoimmunity, 45,* 24–30.

33 Ebd.

34 Oldstone M. B. (2014). Molecular mimicry: its evolution from concept to mechanism as a cause of autoimmune diseases. *Monoclonal antibodies in immunodiagnosis and immunotherapy, 33*(3), 158–165. https://doi.org/10.1089/mab.2013.0090

35 Luo, G., Ambati, A., Lin, L., Bonvalet, M., Partinen, M., Ji, X., Maecker, H. T., & Mignot, E. J. (2018). Autoimmunity to hypocretin and molecular mimicry to flu in type 1 narcolepsy. *Proceedings of the National Academy of Sciences of the United States of America, 115*(52), E12323–E12332. https://doi.org/10.1073/pnas.1818150116

36 Nohynek, H., Jokinen, J., Partinen, M., Vaarala, O., Kirjavainen, T., Sundman, J., ... & Saarenpää-Heikkilä, O. (2012). AS03 adjuvanted AH1N1 vaccine associated with an abrupt increase in the incidence of childhood narcolepsy in Finland. *PloS one, 7*(3), e33536.

37 Kwok, R. (2011). The real issues in vaccine safety. *Nature, 473*(7348), 436.

38 Klein, N. P., Fireman, B., Yih, W. K., Lewis, E., Kulldorff, M., Ray, P., ... & Belongia, E. A. (2010). Measles-mumps-rubella-varicella combination vaccine and the risk of febrile seizures. *Pediatrics, 126*(1), e1–e8.

39 Nohynek, H., Jokinen, J., Partinen, M., Vaarala, O., Kirjavainen, T., Sundman, J., ... & Saarenpää-Heikkilä, O. (2012). AS03 adjuvanted AH1N1 vaccine associated with an abrupt increase in the incidence of childhood narcolepsy in Finland. *PloS one, 7*(3), e33536.

40 https://www.pei.de/DE/newsroom/veroffentlichungen-arzneimittel/sicherheitsinformationen-human/2015/ablage2015/2015-05-11-sicherheitsinformation-rotavirus-darminvagination.html#:~:text=Invagination%20ist%20eine%20insgesamt%20seltene,Säuglinge%20innerhalb%20des%20ersten%20Lebensjahres.

41 Ebd.

42 Schonberger, L. B., Bregman, D. J., Sullivan-Bolyai, J. Z., Keenlyside, R. A.,

Ziegler, D. W., Retailliau, H. F., Eddins, D. L., & Bryan, J. A. (1979). Guillain-Barre syndrome following vaccination in the National Influenza Immunization Program, United States, 1976–1977. *American journal of epidemiology, 110*(2), 105–123. https://doi.org/10.1093/oxfordjournals.aje.a112795

43 Kwok, R. (2011). The real issues in vaccine safety. *Nature, 473*(7348), 436.

44 https://www.tagesschau.de/ausland/allergien-corona-101.html

45 Sarkanen, T., Alakuijala, A., Julkunen, I., & Partinen, M. (2018). Narcolepsy associated with Pandemrix vaccine. *Current neurology and neuroscience reports, 18*(7), 43.

46 https://www.pei.de/SharedDocs/Downloads/DE/newsroom/bulletin-arzneimittelsicherheit/einzelartikel/2018-daten-pharmakovigilanz-impfstoffe-2016.pdf?__blob=publicationFile&v=2

47 https://www.gesetze-im-internet.de/ifsg/__6.html

48 https://www.pei.de/DE/arzneimittelsicherheit/pharmakovigilanz/meldeformulare-online-meldung/meldeformulare-online-meldung-node.html
https://www.rki.de/DE/Content/Infekt/IfSG/Meldeboegen/Impfreaktion/impfreaktion_node.html

49 Kwok, R. (2011). The real issues in vaccine safety. *Nature, 473*(7348), 436.

50 Petrova, V. N., Sawatsky, B., Han, A. X., Laksono, B. M., Walz, L., Parker, E., ... & Kellam, P. (2019). Incomplete genetic reconstitution of B cell pools contributes to prolonged immunosuppression after measles. *Science immunology, 4*(41).
Mina, M. J., Kula, T., Leng, Y., Li, M., De Vries, R. D., Knip, M., ... & Larman, H. B. (2019). Measles virus infection diminishes preexisting antibodies that offer protection from other pathogens. *Science, 366*(6465), 599–606.

51 https://youtu.be/KEggd1S9_9Y?si=8xy-TtkeU_2kE-dc

52 https://www.pei.de/DE/newsroom/hp-meldungen/2021/210315-vorueberge-hende-aussetzung-impfung-covid-19-impfstoff-astra-zeneca.html;jsessionid=06A07CCF519F86B5F0D630CB0952A355.intranet241

53 https://www.bmj.com/content/373/bmj.n1114

54 https://www.thelancet.com/journals/eclinm/article/PIIS2589-5370(21)00341-2/fulltext

55 https://www.aspirin.de/document/5441

56 https://pmc.ncbi.nlm.nih.gov/articles/PMC9537923/#:~:text=Based%20on%20reported%20COVID%E2%80%9019,20.4)%20deaths%20prevented%20(Fig.

Kapitel 6

1 Francis, G. (1910). *Genie und Vererbung.* Deutsche Ausgabe, Leipzig.

2 Legg, S., & Hutter, M. (2007). A collection of definitions of intelligence. *Frontiers in Artificial Intelligence and applications, 157*, 17.

3 Schuerger, J. M., & Witt, A. C. (1989). The temporal stability of individually tested intelligence. *Journal of Clinical Psychology, 45*(2), 294–302.

4 Rinaldi, L., & Karmiloff-Smith, A. (2017). Intelligence as a developing function: A neuroconstructivist approach. *Journal of Intelligence, 5*(2), 18.

5 Ebd.
Deary, I. J. (2014). The stability of intelligence from childhood to old age. *Current Directions in Psychological Science, 23*(4), 239–245.

6 Deary, I. J. (2014). The stability of intelligence from childhood to old age. *Current Directions in Psychological Science, 23*(4), 239–245.

7 Alhola, P., & Polo-Kantola, P. (2007). Sleep deprivation: Impact on cognitive performance. *Neuropsychiatric disease and treatment, 3*(5), 553-567.

8 Duckworth, A. L., Quinn, P. D., Lynam, D. R., Loeber, R., & Stouthamer-Loeber, M. (2011). Role of test motivation in intelligence testing. *Proceedings of the National Academy of Sciences, 108*(19), 7716–7720.

9 Spearman, C. (1961). »General Intelligence« Objectively Determined and Measured. In J. J. Jenkins & D. G. Paterson (Eds.), *Studies in individual differences: The search for intelligence* (p. 59–73). Appleton-Century-Crofts.
Laird, J. E., Newell, A., & Rosenbloom, P. S. (1987). Soar: An architecture for general intelligence. *Artificial intelligence, 33*(1), 1–64.
Chabris, C. F. (2007). Cognitive and neurobiological mechanisms of the Law of General Intelligence. In M. J. Roberts (Ed.), *Integrating the mind: Domain general vs domain specific processes in higher cognition* (p. 449–491). Psychology Press.

10 Ebd.

11 Spearman, C. (1904). (1904). »General intelligence«, objectively determined and measured. *American Journal of Psychology, 15,* 201–293.

12 Roth, B., Strenze, T. (2007). Intelligence and socioeconomic success: A meta-analytic review of longitudinal research. *Intelligence, 35*(5), 401–426.
Gottfredson, L. S. (2004). Intelligence: is it the epidemiologists' elusive »fundamental cause« of social class inequalities in health? *Journal of personality and social psychology, 86*(1), 174.
Gottfredson, L. S., & Deary, I. J. (2004). Intelligence predicts health and longevity, but why? *Current Directions in Psychological Science, 13*(1), 1–4.
Becker, N., Romeyke, S., Schäfer, S., Domnick, F., & Spinath, F. M. (2015). Intelligence and school grades: A meta-analysis. *Intelligence, 53,* 118–137.
Ceci, S. J., & Williams, W. M. (1997). Schooling, intelligence, and income. *American Psychologist, 52*(10), 1051.

13 Strenze, T. (2007). Intelligence and socioeconomic success: A meta-analytic review of longitudinal research. *Intelligence, 35*(5), 401–426.

14 https://www.genome.gov/17516714/2006-release-about-whole-genome-association-studies

15 https://medlineplus.gov/genetics/understanding/traits/height/

16 Flynn, J. R. (1987). Massive IQ gains in 14 nations: What IQ tests really measure. *Psychological bulletin, 101*(2), 171.
Flynn, J. R. (2007). *What is intelligence?: Beyond the Flynn effect.* Cambridge University Press.

17 Plomin, R., & Deary, I. J. (2015). Genetics and intelligence differences: five special findings. *Molecular psychiatry*, 20(1), 98–108.

18 Rushton, J. P., & Jensen, A. R. (2005). Thirty years of research on race differences in cognitive ability. *Psychology, public policy, and law*, 11(2), 235.

19 Plomin, R., & Deary, I. J. (2015). Genetics and intelligence differences: five special findings. *Molecular psychiatry*, 20(1), 98–108.

20 Røysamb, E., & Tambs, K. (2016). The beauty, logic and limitations of twin studies. *Norsk Epidemiologi*, 26(1-2).

21 Sauce, B., & Matzel, L. D. (2018). The paradox of intelligence: Heritability and malleability coexist in hidden gene-environment interplay. *Psychological bulletin*, 144(1), 26.

22 Neyer, F. J., & Asendorpf, J. B. (2017). *Psychologie der Persönlichkeit*. Springer-Verlag.

23 Haworth, C. M., Wright, M. J., Luciano, M., Martin, N. G., de Geus, E. J., van Beijsterveldt, C. E., ... & Kovas, Y. (2010). The heritability of general cognitive ability increases linearly from childhood to young adulthood. *Molecular psychiatry*, 15(11), 1112–1120.
Plomin, R., & Deary, I. J. (2015). Genetics and intelligence differences: five special findings. *Molecular psychiatry*, 20(1), 98–108.
Deary, I. J., Spinath, F. M., & Bates, T. C. (2006). Genetics of intelligence. *European Journal of Human Genetics*, 14(6), 690–700.

24 Lee, T., Henry, J. D., Trollor, J. N., & Sachdev, P. S. (2010). Genetic influences on cognitive functions in the elderly: A selective review of twin studies. *Brain research reviews*, 64(1), 1–13.

25 Plomin, R. (1986). *Development, genetics, and psychology*. Psychology Press.

26 Ge, C., Ye, J., Weber, C., Sun, W., Zhang, H., Zhou, Y., ... & Capel, B. (2018). The histone demethylase KDM6B regulates temperature-dependent sex determination in a turtle species. *Science*, 360(6389), 645–648.

27 Feil, R., & Fraga, M. F. (2012). Epigenetics and the environment: emerging patterns and implications. *Nature reviews genetics*, 13(2), 97–109.
Alegría-Torres, J. A., Baccarelli, A., & Bollati, V. (2011). Epigenetics and lifestyle. *Epigenomics*, 3(3), 267–277.

28 Gordon, L., Joo, J. E., Powell, J. E., Ollikainen, M., Novakovic, B., Li, X., ... & Alisch, R. S. (2012). Neonatal DNA methylation profile in human twins is specified by a complex interplay between intrauterine environmental and genetic factors, subject to tissue-specific influence. *Genome research*, 22(8), 1395–1406.

29 Greer, E. L., Maures, T. J., Ucar, D., Hauswirth, A. G., Mancini, E., Lim, J. P., ... & Brunet, A. (2011). Transgenerational epigenetic inheritance of longevity in Caenorhabditis elegans. *Nature*, 479(7373), 365–371.

30 Greer, E. L., Maures, T. J., Ucar, D., Hauswirth, A. G., Mancini, E., Lim, J. P., ... & Brunet, A. (2011). Transgenerational epigenetic inheritance of longevity in Caenorhabditis elegans. *Nature*, 479(7373), 365-371.
Heard, E., & Martienssen, R. A. (2014). Transgenerational epigenetic

inheritance: myths and mechanisms. *Cell, 157*(1), 95-109.

Horsthemke, B. (2018). A critical view on transgenerational epigenetic inheritance in humans. *Nature communications, 9*(1), 1-4.

Gordon, L., Joo, J. E., Powell, J. E., Ollikainen, M., Novakovic, B., Li, X., ... & Saffery, R. (2012). Neonatal DNA methylation profile in human twins is specified by a complex interplay between intrauterine environmental and genetic factors, subject to tissue-specific influence. Genome research, 22(8), 1395-1406.

31 Kaminski, J. A., Schlagenhauf, F., Rapp, M., Awasthi, S., Ruggeri, B., Deserno, L., ... & Quinlan, E. B. (2018). Epigenetic variance in dopamine D2 receptor: a marker of IQ malleability? *Translational psychiatry, 8*(1), 1–11.

32 https://www.genome.gov/human-genome-project/What

33 Ebd.

34 1000 Genomes Project Consortium: Auton, A., Brooks, L. D., Durbin, R. M., Garrison, E. P., Kang, H. M., Korbel, J. O., Marchini, J. L., McCarthy, S., McVean, G. A., & Abecasis, G. R. (2015). A global reference for human genetic variation. *Nature, 526*(7571), 68–74.

35 Ritchie, S. J., & Tucker-Drob, E. M. (2018). How much does education improve intelligence? A meta-analysis. *Psychological science, 29*(8), 1358-1369.

36 Plomin, R. & von Stumm, S. (2018). The new genetics of intelligence. *Nature Reviews Genetics, 19*(3), 148.

37 Ritchie, S. J., Tucker-Drob, E. M., Cox, S. R., Corley, J., Dykiert, D., Redmond, P., ... & Deary, I. J. (2016). Predictors of ageing-related decline across multiple cognitive functions. *Intelligence, 59*, 115–126.

38 Dirk, J., & Schmiedek, F. (2016). Fluctuations in elementary school children's working memory performance in the school context. *Journal of Educational Psychology, 108*(5), 722.

39 https://blogs.scientificamerican.com/beautiful-minds/toward-a-new-frontier-in-human-intelligence-the-person-centered-approach/

Kapitel 7

1 Van Hemert, D. A., van de Vijver, F. J., & Vingerhoets, A. J. (2011). Culture and crying: Prevalences and gender differences. *Cross-Cultural Research, 45*(4), 399–431.

2 Björkqvist, K. (2018). Gender differences in aggression. *Current Opinion in Psychology, 19*, 39–42.

3 Weisberg, Y. J., DeYoung, C. G., & Hirsh, J. B. (2011). Gender differences in personality across the ten aspects of the Big Five. *Frontiers in psychology, 2*, 178.

4 Johnson, W., Carothers, A., & Deary, I. J. (2008). Sex differences in variability in general intelligence: A new look at the old question. *Perspectives on psychological science, 3*(6), 518–531.

5 Von Stumm, S., Chamorro-Premuzic, T., & Furnham, A. (2009). Decomposing

self-estimates of intelligence: Structure and sex differences across 12 nations. *British Journal of Psychology, 100*(2), 429–442.

6 Linn, M. C., & Petersen, A. C. (1985). Emergence and characterization of sex differences in spatial ability: A meta-analysis. *Child Development, 56*(6), 1479–1498.

7 Machin, S., & Pekkarinen, T. (2008). Global sex differences in test score variability. *Science, 322*(5906), 1331–1332.

8 Lippa, R. (1998). Gender-related individual differences and the structure of vocational interests: The importance of the people–things dimension. *Journal of personality and social psychology, 74*(4), 996.

9 Zell, E., Krizan, Z., & Teeter, S. R. (2015). Evaluating gender similarities and differences using metasynthesis. *American Psychologist, 70*(1), 10.

10 Del Giudice, M., Puts, D. A., Geary, D. C., & Schmitt, D. (2019). Sex differences in brain and behavior: Eight counterpoints. *Psychology Today.*

11 https://directorsblog.nih.gov/2018/06/21/brain-in-motion/

12 https://scopeblog.stanford.edu/2018/07/05/the-beating-brain-a-video-captures-the-organs-rhythmic-pulsations/

13 Azevedo, F. A., Carvalho, L. R., Grinberg, L. T., Farfel, J. M., Ferretti, R. E., Leite, R. E., ... & Herculano-Houzel, S. (2009). Equal numbers of neuronal and nonneuronal cells make the human brain an isometrically scaled-up primate brain. *Journal of Comparative Neurology, 513*(5), 532–541.

14 Drachman, D. A. (2005). Do we have brain to spare?

15 Lledo, P. M., Alonso, M., & Grubb, M. S. (2006). Adult neurogenesis and functional plasticity in neuronal circuits. *Nature Reviews Neuroscience, 7*(3), 179–193.

16 Zatorre, R. J., Fields, R. D., & Johansen-Berg, H. (2012). Plasticity in gray and white: neuroimaging changes in brain structure during learning. *Nature neuroscience, 15*(4), 528–536.

17 Lombardo, M. V., Ashwin, E., Auyeung, B., Chakrabarti, B., Taylor, K., Hackett, G., ... & Baron-Cohen, S. (2012). Fetal testosterone influences sexually dimorphic gray matter in the human brain. *Journal of Neuroscience, 32*(2), 674–680.

18 Zatorre, R. J., Fields, R. D., & Johansen-Berg, H. (2012). Plasticity in gray and white: neuroimaging changes in brain structure during learning. *Nature neuroscience, 15*(4), 528–536.

19 https://www.pharmazeutische-zeitung.de/inhalt-48-1998/medizin1-48-1998/

20 Ritchie, S. J., Cox, S. R., Shen, X., Lombardo, M. V., Reus, L. M., Alloza, C., ... & Liewald, D. C. (2018). Sex differences in the adult human brain: evidence from 5216 UK Biobank participants. *Cerebral Cortex, 28*(8), 2959–2975.

21 Joel, D., Berman, Z., Tavor, I., Wexler, N., Gaber, O., Stein, Y., ... & Liem, F. (2015). Sex beyond the genitalia: The human brain mosaic. *Proceedings of the National Academy of Sciences, 112*(50), 15468–15473.

22 Ebd.

23 Ebd.

24 Maney, D. L. (2016). Perils and pitfalls of reporting sex differences. Philosophical Transactions of the Royal Society B: *Biological Sciences, 371*(1688), 20150119.

25 Wolfgang, R., & Michael, N. (2008). Franz Joseph Gall und seine »sprechenden Schedel« schufen die Grundlagen der modernen Neurowissenschaften. *Wiener Medizinische Wochenschrift, 158*(11–12), 314–319.

26 Bocchio, M., Nabavi, S., & Capogna, M. (2017). Synaptic plasticity, engrams, and network oscillations in amygdala circuits for storage and retrieval of emotional memories. *Neuron, 94*(4), 731–743.

27 Burgos-Robles, A., Kimchi, E. Y., Izadmehr, E. M., Porzenheim, M. J., Ramos-Guasp, W. A., Nieh, E. H., ... & Anandalingam, K. K. (2017). Amygdala inputs to prefrontal cortex guide behavior amid conflicting cues of reward and punishment. *Nature neuroscience, 20*(6), 824–835.

28 Santos, S., Almeida, I., Oliveiros, B., & Castelo-Branco, M. (2016). The role of the amygdala in facial trustworthiness processing: A systematic review and meta-analyses of fMRI studies. *PloS one, 11*(11), e0167276.

29 De Pisapia, N., Bacci, F., Parrott, D., & Melcher, D. (2016). Brain networks for visual creativity: a functional connectivity study of planning a visual artwork. *Scientific reports, 6*, 39185.

30 Maguire, E. A., Woollett, K., & Spiers, H. J. (2006). London taxi drivers and bus drivers: a structural MRI and neuropsychological analysis. *Hippocampus, 16*(12), 1091–1101.

31 Jones, O. P., Alfaro-Almagro, F., & Jbabdi, S. (2018). An empirical, 21st century evaluation of phrenology. *Cortex, 106*, 26–35.

32 Coccaro, E. F., McCloskey, M. S., Fitzgerald, D. A., & Phan, K. L. (2007). Amygdala and orbitofrontal reactivity to social threat in individuals with impulsive aggression. *Biological psychiatry, 62*(2), 168–178.
Xie, C., Li, S. J., Shao, Y., Fu, L., Goveas, J., Ye, E., ... & Yang, Z. (2011). Identification of hyperactive intrinsic amygdala network connectivity associated with impulsivity in abstinent heroin addicts. *Behavioural brain research, 216*(2), 639–646.
Zheng, D., Chen, J., Wang, X., & Zhou, Y. (2019). Genetic contribution to the phenotypic correlation between trait impulsivity and resting-state functional connectivity of the amygdala and its subregions. *Neuroimage, 201*, 115997.

33 De Vries, G. J. (2004). Minireview: sex differences in adult and developing brains: compensation, compensation, compensation. *Endocrinology, 145*(3), 1063–1068.

34 Jiang, Y., & Platt, M. L. (2018). Oxytocin and vasopressin flatten dominance hierarchy and enhance behavioral synchrony in part via anterior cingulate cortex. *Scientific reports, 8*(1), 1–14.

35 Snyder-Mackler, N., & Tung, J. (2017). Vasopressin and the neurogenetics of parental care. *Neuron, 95*(1), 9–11.

36 Bluhm, R. (2013). Self-fulfilling prophecies: The influence of gender stereotypes on functional neuroimaging research on emotion. *Hypatia, 28*(4), 870–886.

37 Joel, D., Berman, Z., Tavor, I., Wexler, N., Gaber, O., Stein, Y., ... & Liem, F. (2015). Sex beyond the genitalia: The human brain mosaic. *Proceedings of the National Academy of Sciences, 112*(50), 15468–15473.

38 Del Giudice, M., Lippa, R., Puts, D., Bailey, D., Bailey, J. M., & Schmitt, D. (2015). *Mosaic Brains? A Methodological Critique of Joel et al.* https://doi.org/10.13140/RG.2.1.1038.8566

39 Cahill, L. (2006). Why sex matters for neuroscience. *Nature reviews neuroscience, 7*(6), 477–484.

Cahill, L. (2014, March). Equal≠ the same: sex differences in the human brain. In: *Cerebrum: the Dana forum on brain science* (Vol. 2014). Dana Foundation.

40 Ebd.

41 Clayton, J. A., & Collins, F. S. (2014). Policy: NIH to balance sex in cell and animal studies. *Nature News, 509*(7500), 282.

42 Ebd.

43 Abraham, E., Hendler, T., Shapira-Lichter, I., Kanat-Maymon, Y., Zagoory-Sharon, O., & Feldman, R. (2014). Father's brain is sensitive to childcare experiences. *Proceedings of the National Academy of Sciences, 111*(27), 9792–9797.

44 Gordon, I., Zagoory-Sharon, O., Leckman, J. F., & Feldman, R. (2010). Oxytocin and the development of parenting in humans. *Biological Psychiatry, 68*(4), 377–382.

45 Gettler, L. T., McDade, T. W., Feranil, A. B., & Kuzawa, C. W. (2011). Longitudinal evidence that fatherhood decreases testosterone in human males. *Proceedings of the National Academy of Sciences, 108*(39), 16194–16199.

Kapitel 8

1 Heimliche Aufnahmen: Tierversuche am Max-Planck-Institut – Reportage 1 von 6 | *stern*-TV, 2016, https://youtu.be/MY03Tj3g6sw

2 http://www.tierversuchsgegner.de/downloads/Anzeige-Alekto-Stella.pdf

3 https://www.deutschlandfunk.de/kontroverse-um-affenversuche-verfahren-gegen-tuebinger.676.de.html?dram:article_id=436710

4 https://www.bmel.de/SharedDocs/Meldungen/DE/Presse/2020/200524-fleischkonsum-ernaehrungsverhalten.html

5 Clark, M., & Steger-Hartmann, T. (2018). A big data approach to the concordance of the toxicity of pharmaceuticals in animals and humans. Regulatory toxicology and pharmacology: *RTP, 96*, 94–105. https://doi.org/10.1016/j.yrtph.2018.04.018

6 Richtlinie 2010/63/EU des Europäischen Parlaments und des Rates vom 22. September 2010 zum Schutz der für wissenschaftliche Zwecke verwendeten Tiere; Text von Bedeutung für den EWR.

7 https://www.tierversuche-verstehen.de/versuchstierzahlen-2019/.

8 https://www.tierversuche-verstehen.de/wp-content/uploads/2020/11/

Vorbild-fuer-Europa_Tierversuchs-Ausstieg-in-den-Niederlanden_Mythos-und-Wirklichkeit.pdf
9 Luepke, N. P., & Kemper, F. H. (1986). The HET-CAM test: an alternative to the Draize eye test. *Food and Chemical Toxicology, 24*(6-7), 495-496.
10 https://www.isc.fraunhofer.de/de/presse-und-medien/presseinformationen/projektstart-ImAi-weltweiten-standard-tierversuch-ersetzen.html
11 Ebd.
12 Kaushik, G., Ponnusamy, M. P., & Batra, S. K. (2018). Concise Review: Current Status of Three-Dimensional Organoids as Preclinical Models. *Stem Cells, 36*(9), 1329-1340.
13 Zhao, Y., Kankala, R. K., Wang, S. B., & Chen, A. Z. (2019). Multi-Organs-on-Chips: Towards Long-Term Biomedical Investigations. *Molecules, 24*(4), 675.
Low, L. A., Mummery, C., Berridge, B. R., Austin, C. P., & Tagle, D. A. (2020). Organs-on-chips: into the next decade. *Nature Reviews Drug Discovery.* https://doi.org/10.1038/s41573-020-0079-3
14 Gough, A., Soto-Gutierrez, A., Vernetti, L., Ebrahimkhani, M. R., Stern, A. M., & Taylor, D. L. (2020). Human biomimetic liver microphysiology systems in drug development and precision medicine. *Nature Reviews Gastroenterology & Hepatology,* 1-17.
15 https://www.humanbrainproject.eu/en/
16 Low, L. A., Mummery, C., Berridge, B. R., Austin, C. P., & Tagle, D. A. (2020). Organs-on-chips: Into the next decade. *Nature Reviews Drug Discovery,* 1-17.
17 http://www.gesetze-im-internet.de/tierschg/__7a.html
18 https://www.dfg.de/download/pdf/dfg_im_profil/reden_stellungnahmen/2018/genehmigungsverfahren_tierversuche.pdf
19 Vogel, A., Kanevsky, I., Che, Y., Swanson, K., Muik, A., Vormehr, M., ... & Loschko, J. (2020). A prefusion SARS-CoV-2 spike RNA vaccine is highly immunogenic and prevents lung infection in non-human primates. *bioRxiv.*
20 Martinon, F., Krishnan, S., Lenzen, G., Magné, R., Gomard, E., Guillet, J. G., ... & Meulien, P. (1993). Induction of virus-specific cytotoxic T lymphocytes in vivo by liposome-entrapped mRNA. *European journal of immunology, 23*(7), 1719-1722.
21 BMEL
22 https://www.aerzte-gegen-tierversuche.de/images/pdf/statistiken/umfrage_2017.pdf
23 Wilks, M., Caviola, L., Kahane, G., & Bloom, P. (2020). Children prioritize humans over animals less than adults do. *Psychological Science.* https://doi.org/10.1177/0956797620960398

Kapitel 9

1 https://www.sueddeutsche.de/politik/george-floyd-tod-polizeigewalt-videos-rekonstruktion-1.4928047

2 https://interactive.aljazeera.com/aje/2020/know-their-names/index.html

3 https://twitter.com/davidshor/status/1265998625836019712?ref_src=twsrc%5Etfw%7Ctwcamp%5Etweetembed%7Ctwterm%5E1265998625836019712%7Ctwgr%5E%7Ctwcon%5Es1_&ref_url=https%3A%2F%2Fwww.vox.com%2F2020%2F7%2F29%2F21340308%2Fdavid-shor-omar-wasow-speech

4 https://nymag.com/intelligencer/2020/07/david-shor-cancel-culture-2020-election-theory-polls.html

5 https://dfg2020.de/beitrag-von-dieter-nuhr-wieder-online/

6 https://de.scientists4future.org/wp-content/uploads/sites/3/2020/12/S4F-Stellungnahme-2019-03-13de.pdf

7 https://de.scientists4future.org/ueber-uns/stellungnahme/fakten/

8 Cook, J., Nuccitelli, D., Green, S. A., Richardson, M., Winkler, B., Painting, R., ... & Skuce, A. (2013). Quantifying the consensus on anthropogenic global warming in the scientific literature. *Environmental research letters, 8*(2), 024024.

BILDNACHWEIS

Alle Grafiken und Illustrationen im Innenteil von Ivonne Schulze nach:

S. 25 Nutt, D. J., King, L. A., & Phillips, L. D. (2010). Drug harms in the UK: a multicriteria decision analysis. *The Lancet, 376*(9752), 1558–1565; **S. 50** ebd.; **S. 54** Ferguson, C. J. (2015). Does media violence predict societal violence? It depends on what you look at and when. *Journal of Communication, 65*(1), E1–E22.; **S. 56** ebd.; **S. 59** Nature, Monya Baker: 1,500 scientists lift the lid on reproducibility, 25 May 2016, https://www.nature.com/news/1-500-scientists-lift-the-lid-on-reproducibility-1.19970; **S. 68** Tyler Vigen, Spurious Correlations, Hachette Books, 978-0316339438, http://www.tylervigen.com/spurious-correlations; **S. 71** https://user.ocstatic.com/upload/2019/04/29/15565586319994_ch03_001_weight_height.png; **S. 72** Bruce C. Dudek, R/Shiny app: https://shiny.rit.albany.edu/stat/corrsim; **S. 84** https://sexdifference.org/: Manley DL. 2016 Perils and pitfalls of reporting sex differences. Phil. Trans. R. Soc. B371: 20150119. https://royalsocietypublishing.org/doi/10.1098/rstb.2015.0119; **S. 85 o.** Archiv der Autorin; **S. 85 u.** Schäfer, T., & Schwarz, M. A. (2019). The meaningfulness of effect sizes in psychological research: Differences between sub-disciplines and the impact of potential biases. *Frontiers in Psychology, 10*(813); **S. 92** Ferguson, C. J. (2015). Does media violence predict societal violence? It depends on what you look at and when. *Journal of Communication, 65*(1), E1–E22.; **S. 99** Statistisches Bundesamt (Destatis), 2020; **S. 106** Bertrand, M., Goldin, C., & Katz, L. F. (2010). Dynamics of the gender gap for young professionals in the financial and corporate sectors. *American economic journal: applied economics, 2*(3), 228–55; **S. 107** Goldin, C. (2014). A grand gender convergence: Its last chapter. *American Economic Review, 104*(4), 1091–1119; **S. 115** Koebe, J., Samtleben, C., Schrenker, A., & Zucco, A. (2020). *Systemrelevant, aber dennoch kaum anerkannt: Entlohnung unverzichtbarer Berufe in der Corona-Krise unterdurchschnittlich;* **S. 117** ebd.; **S. 138** L. Röper/B. Haas/N. Eckstein, Arzneimittelstudien in besonderen Fällen, *Deutsche Apotheker Zeitung, Nr. 22*(30.05.2013), S. 50 © DAZ / Hammelehle; **S. 150** © 2014 by Roche Diacnostics GmbH, 68298 Mannheim, Germany; **S. 188** © EMA [1995-2021]; **S. 192** Han, F., Lin, L., Warby, S. C., Faraco, J., Li, J., Dong, S. X., ... & Yan, H. (2011). Narcolepsy onset is seasonal and increased following the 2009 H1N1 pandemic in China. *Annals of neurology, 70*(3), 410-417; **S. 212** Archiv der Autorin; **S. 217** https://commons.wikimedia.org/wiki/File:Reliability_and_validity.svg, Nevit Dilmen; **S. 219** Bruce C. Dudek, R/Shiny app: https://shiny.rit.albany.edu/stat/corrsim; **S. 225** stock.adobe.com/Kateryna_Kon; **S. 226** Zvitaliy/Shutterstock.com, Mai Thi Nguyen-Kim; **S. 237** Archiv der Autorin; **S. 245** Zvitaliy/Shutterstock.com, Mai Thi Nguyen-Kim; **S. 260 o.** https://sexdifference.org/: Manley DL. 2016 Perils and pitfalls of reporting sex differences. Phil. Trans. R. Soc. B371:

20150119. https://royalsocietypublishing.org/doi/10.1098/rstb.2015.0119; **S. 260 u.** Petros Katsioloudis, Vukica Jovanovic, Millie Jones: A Comparative Analysis of Spatial Visualization Ability and Drafting Models for Industrial and Technology Education Students; https://www.researchgate.net/publication/268982370_A_Comparative_Analysis_of_S; **S. 261** Archiv der Autorin; **S. 266** ShadeDesign/Shutterstock.com; **S. 271 o.** Madhura Ingalhalikara,1, Alex Smitha,1, Drew Parkera, Theodore D. Satterthwaiteb, Mark A. Elliottc, Kosha Ruparelb, Hakon Hakonarsond, Raquel E. Gurb, Ruben C. Gurb and Ragini Vermaa,2: Sex differences in the structural connectome of thehuman brain, a Section of Biomedical Image Analysis and c Center for Magnetic Resonance and Optical Imaging, Department of Radiology, and b Department of Neuropsychiatry, Perelman School of Medicine, University of Pennsylvania, Philadelphia, PA 19104; and d Center for Applied Genomics, Children's Hospital of Philadelphia, Philadelphia, PA 19104; **S. 271 u.** Maney DL. 2016 Perils and pitfalls of reporting sex differences. Phil. Trans. R. Soc. B 371: 20150119, http://dx.doi.org/10.1098/rstb.2015.0119; **S. 281** Mai Thi Nguyen-Kim; **S. 282** Joel, D., Berman, Z., Tavor, I., Wexler, N., Gaber, O., Stein, Y., Liem, F. (2015). Sex beyond the genitalia: The human brain mosaic. *Proceedings of the National Academy of Sciences, 112*(50), 15468-15473; **S. 283** ebd.; **S. 284** ebd.; **S. 285** ebd.; **S. 286** Archiv der Autorin; **S. 296** Bundesministerium für Ernährung und Landwirtschaft, 2014; **S. 297** ebd. 2019; **S. 301** ebd.; **S. 304** ebd.; **S. 309** Gartner.com; Hype Cycles: https://www.gartner.com/en/research/methodologies/gartner-hype-cycle; **S. 313** http://www.animalresearch.info/en/medical-advances/nobel-prizes/; **S. 314** ebd.; **S. 315** ebd.; **S. 316** ebd.; **S. 318** Bundesministerium für Ernährung und Landwirtschaft, 2019

Außer: **S. 272** INTERFOTO / Sammlung Rauch; **S. 275** mauritius images / FL Historical collection 4 / Alamy; **S. 299** Twitter.com

Dr. Mai Thi Nguyen-Kim

KOMISCH, ALLES CHEMISCH!

Handys, Kaffee, Emotionen – wie man mit Chemie wirklich alles erklären kann

Mit Chemie durch den Tag: Ihr Tagesablauf dient Mai Thi Nguyen-Kim als roter Faden, der durch die ganze Welt von organischer, anorganischer und physikalischer Chemie führt. Er beginnt mit der Chemie des Aufwachens, mit Melatonin- und Cortisol-Spiegel. Wir erfahren, wann der richtige Zeitpunkt für den ersten Kaffee ist, warum Fluoride in der Zahnpasta enthalten sein sollten und warum das Chaos, das uns im Arbeitszimmer auf dem Schreibtisch erwartet, vom Universum gewollt ist. Die intelligente Einführung in die Welt der Chemie von Deutschlands bekanntester Wissenschaftsjournalistin ist zum Klassiker geworden – jetzt liegt das Taschenbuch vor.

»Leichtfüßig bringt sie Licht ins Dunkel.«
DIE ZEIT

Dr. Jens Foell

FOELLIG NERDIGES WISSEN

42 höchst zufällige und äußerst wissenswerte Tatsachen über unsere Welt, das Universum und den Nacktmull

Von vergessenen Lemurenarten auf Madagaskar bis zu den Hinterlassenschaften der ersten Mondfahrer, von der epidemiologischen Verlässlichkeit von World of Warcraft bis zu den berüchtigten Zombie-Ameisen:
In 42 Kapiteln widmet sich der promovierte Neurowissenschaftler und Wissenschaftskommunikator Dr. Jens Foell den skurrilsten und unglaublichsten Fakten und Geschichten aus der Welt der Physik, Chemie und Biologie. So entsteht ein Kompendium abseitiger Tatsachen, das uns die wundersame Welt der Wissenschaft auf phänomenal unterhaltsame Art völlig neu erschließt. Wer noch kein Nerd ist, wird es spätestens mit diesem Buch werden wollen.

»Fantastische Wissenschaft. Und verdammt unterhaltsam.«
Mai Thi Nguyen-Kim